辽宁省高水平特色专业群校企合作开发系列教材

环境质量评价

谢忠睿　主编

中国林业出版社

内 容 简 介

　　《环境质量评价》系统地介绍了环境评价的基本理论、基本程序和技术方法，主要内容包括环境质量评价的法律法规和评价标准、环境质量评价的内容和程序、污染源评价与工程分析、环境质量现状评价与环境影响预测方法，其中对大气、地表水、噪声、固体废物、生态等环境要素进行了详细的阐述，对生态环境评价和环境风险评价也做了必要的介绍。本教材在内容体系与结构编排上充分考虑了环境评价工作的特点，体现了国家环境政策的要求，具有内容全面、体系完整、结构合理、层次分明等特点。

　　本教材可作为高职院校环境保护类专业教材，也可供环境评价工作者参考或用于环境评价培训。

图书在版编目（CIP）数据

环境质量评价/谢忠睿主编 .—北京：中国林业出版社，2021.4
辽宁省高水平特色专业群校企合作开发系列教材
ISBN 978-7-5219-1091-9

Ⅰ.①环… Ⅱ.①谢… Ⅲ.①环境质量评价-教材 Ⅳ.①X82

中国版本图书馆 CIP 数据核字（2021）第 047993 号

策划编辑：高兴荣　范立鹏　肖基浒
责任编辑：田　苗
责任校对：苏　梅
封面设计：睿思视界视觉设计

出版发行　中国林业出版社
　　　　　（100009，北京市西城区刘海胡同 7 号，电话 83143557）
电子邮箱　cfphzbs@163.com
网　　址　www. forestry. gov. cn/lycb. html
印　　刷　北京中科印刷有限公司
版　　次　2021 年 4 月第 1 版
印　　次　2021 年 4 月第 1 次印刷
开　　本　787mm×1092mm　1/16
印　　张　15
字　　数　355 千字
定　　价　45.00 元

《环境质量评价》编写人员

主　编　谢忠睿

副主编　徐　毅

编　者　(按姓氏拼音排序)

付丽梅(辽宁生态工程职业学院)

蒋绍妍(辽宁生态工程职业学院)

李岩岩(辽宁生态工程职业学院)

王怡然(辽宁生态工程职业学院)

谢忠睿(辽宁生态工程职业学院)

邢献予(辽宁生态工程职业学院)

徐　毅(辽宁生态工程职业学院)

阎品初(辽宁生态工程职业学院)

杨　斌(辽宁省绥中县自然资源事务服务中心)

张　鹏(辽宁惠康检测评价技术有限公司)

前　言

我国环境质量评价的发展历程可以追溯到 20 世纪 80 年代，当时我国开始实施环境影响评价制度。随着我国环境保护工作的不断推进，环境影响评价制度也不断完善和发展。2003 年，《中华人民共和国环境影响评价法》的施行确立了环评这一环境管理制度的法律地位，是我国环评制度发展的里程碑。目前，我国环境质量评价工作已经形成了一套完整的体系，包括环境质量标准、环境质量监测、环境质量评价和环境质量信息公开等方面。未来，随着我国经济和社会的发展，环境保护工作将更加重要。因此，加强环境质量评价工作，建立科学、合理、有效的环境质量评价体系，推进美丽中国建设，建设人与自然和谐共生的现代化，对于保障人民群众健康和促进可持续发展具有重要意义。

环境质量评价是高职环境保护类专业的专业核心课程，其定位是培养学生掌握环境质量评价的基本理论、方法和技术，提高学生的环境保护意识和能力，为学生从事环境保护工作打下坚实的基础。环境质量评价在环保行业中具有重要作用，通过对环境质量现状定量判定和预测某项人类活动对环境质量的影响，为政府决策、控制环境污染、制定环境规划、促进国土整治和资源开发利用等提供科学依据。本教材系统地介绍了环境评价的基本理论、基本程序和技术方法，主要内容包括环境质量评价的法律法规和评价标准、环境质量评价的内容和程序、污染源评价与工程分析、环境质量现状评价与环境影响预测方法，其中对大气、地表水、噪声、固体废物、生态等环境要素进行了详细的阐述，对生态环境评价和环境风险评价也做了必要的介绍。本教材在内容体系与结构编排上充分考虑了环境评价工作的特点，体现了国家环境政策的要求，具有内容全面、体系完整、结构合理、层次分明等特点。

本教材由辽宁生态工程职业学院谢忠睿担任主编，徐毅担任副主编，具体分工如下：阎品初负责单元 1 的编写；徐毅负责单元 2 和单元 5 部分内容的编写；付丽梅负责单元 3 的编写；谢忠睿负责单元 4、单元 6、单元 8 的编写；邢献予负责单元 5 部分内容和单元 10 的编写；李岩岩和张鹏负责单元 7 的编写；杨斌负责单元 8 部分内容的编写；蒋绍妍负责单元 9 的编写；王怡然负责单元 11 的编写。全书由谢忠睿统稿。

本教材编写过程中，得到了辽宁生态工程职业学院全体同仁的大力支持，同时，辽宁惠康检测评价技术有限公司张鹏和辽宁省绥中县自然资源事务服务中心杨斌对书稿进行了审阅和修改，在此表示由衷感谢。

由于编者水平所限，经验不足，书中难免有不当或不足之处，敬请行业专家、同行和广大读者不吝赐教，提出宝贵意见，以便修正、完善。

编 者

2021 年 2 月

目　录

单元1 绪 论

环境质量评价的意义是通过对环境质量现状定量判定和预测某项人类活动对环境质量的影响，为控制环境污染、制定环境规划、促进国土整治和资源开发利用等提供科学依据。本单元介绍环境质量评价相关基本概念、环境质量评价的目的和分类，以及环境质量评价的发展历程。

1.1 环境质量评价基本概念

1.1.1 环境

环境是指某一生物体或生物群体以外的空间，以及直接或者间接影响该生物体或生物群体生存的一切事物的总和。环境是针对某一特定主体或者中心而言的，是一个相对的概念，离开主体的环境是没有意义的。

在环境科学中，环境是指以人类为主体的外部世界，主要是地球表面与人类发生相互作用的自然要素及其总体。它既是人类生存发展的基础，也是人类开发利用的对象。《中华人民共和国环境保护法》所称环境，是指影响人类生存和发展的各种天然的和经过人工改造的自然因素的总体，包括大气、水、海洋、土地、矿藏、森林、草原、野生生物、自然遗迹、人文遗迹、自然保护区、风景名胜区、城市和乡村等。

环境质量评价中所指的环境，是围绕着人群的空间以及其中可以直接、间接影响人类生存和发展的各种自然因素和社会因素的总体，包括自然因素的各种物质、现象和过程及在人类历史中的社会、经济成分。

1.1.2 环境质量

环境质量是环境系统客观存在的一种本质属性，并能用定性和定量的方法加以描述的环境系统所处的状态，表述环境优劣程度。

环境质量是由大气、水、土壤等环境介质的质量构成的，而每种介质的质量都是可以通过感官性状指标、理化指标和生物学性状指标的监测数据来反映的。在具体环境中，环境质量是环境总体或某些要素对人群健康、生存和繁衍以及社会经济发展适宜程度的量化表达。

1.1.3 环境影响

环境影响是指人类活动(经济活动和社会活动)对环境的作用和导致的环境变化以及由

此引起的对人类社会产生的效应。研究人类活动对环境的作用是为了认识和评价环境对人类的反作用，从而制定出缓和不利影响的对策和措施，改善生态环境，维护人类健康，保证和促进人类社会的可持续发展。

在研究一项开发活动对环境的影响时，首先应该注意那些受到重大影响的环境要素的质量参数变化。而环境影响的重大性是相对的，如高强度噪声对居民住宅区的影响比对工业区的影响大。这种环境影响是由造成环境影响的源和受影响的环境(受体)两方面构成的。对人类活动进行系统的分析，辨识出那些能对环境产生显著和潜在影响的活动，就是"开发行动分析"，对区域开发和建设项目而言即为"工程分析"，对规划而言则为"规划分析"。环境影响识别是环境影响评价最重要的任务之一。

环境影响按来源可分为直接影响、间接影响和累积影响；按影响效果可分为有利影响和不利影响；按影响性质可分为可恢复影响和不可恢复影响；按影响发生阶段可分为建设期影响、运行期影响和退役期影响等。

1.1.4 环境容量

环境容量是对一定地区(一般是地理单元)，在特定的产业结构和污染源的分布条件下，根据地区的自然净化能力，为达到环境目标值，所能承受的污染物最大排放量。

1.1.5 环境问题

环境影响评价中所指的环境问题主要是在人类与环境相互作用的过程中产生的，是指任何不利于人类生存和发展的环境结构和状态的变化。目前，人类社会面临的环境问题大体可分为环境污染和生态破坏。

环境污染是指由于人为或自然的原因，有害物质或能量进入环境，破坏了环境系统正常的结构和功能，降低了环境质量，对人类或者环境系统本身产生不利影响的现象。环境污染除了本身对人类以及环境造成危害以外，还降低了水、生物和土地等资源中可利用部分的比例，使资源短缺的局面更加严峻，加重了生态破坏，加速了植被的破坏和物种的灭绝。

生态破坏是人类社会活动引起的生态退化及由此衍生的环境效应，导致了环境结构和功能的变化，对人类生存发展以及环境本身产生不利影响的现象。生态环境破坏主要包括水土流失、沙漠化、荒漠化、森林锐减、土地退化、生物多样性减少等。

1.1.6 环境质量评价

环境质量评价是从环境卫生学的角度，对环境要素优劣进行定量的描述，即按照一定的评价标准(建立评价要素的等级序列，提供环境要素的质量分级)和评价方法对一定区域范围的环境质量加以调查研究，并在此基础上做出科学、客观和定量的评定和预测。

自工业革命以来，特别是进入 20 世纪以来，科学技术和经济快速发展，但环境却付出了巨大代价。其中煤烟污染、石油污染、重金属污染、农药污染、难降解的有机物污染所造成的环境污染已成为一些国家的社会公害，成为世界关注的三大问题(资源、能源与环境)之一。人们要求保护环境的呼声日益高涨，环境质量评价工作也随之开展起来。

环境质量评价包括自然环境和社会环境，其中自然环境包括水环境、大气环境、土壤环境、生态环境和地质环境等，社会环境包括人口、经济状况、政治、法律、文化、教育、宗教信仰和生活环境等。

环境质量评价的程序包括准备工作阶段、现状监测阶段、现状分析和评价阶段，以及评价报告书编制阶段。

1.1.7 环境影响评价

《中华人民共和国环境影响评价法》所称环境影响评价，是指对规划和建设项目实施后可能造成的环境影响进行分析、预测和评估，提出预防或者减轻不良环境影响的对策和措施，进行跟踪监测的方法与制度。

目前，我国的环境影响评价按照评价的对象不同，可以分为建设项目环境影响评价和规划（战略）环境影响评价两大类。建设项目环境影响评价是指在建设项目兴建之前，就项目的选址、设计以及建设期和运行期可能带来的环境影响进行分析、预测和评估。规划环境影响评价是指在规划编制阶段，对规划实施可能造成的环境影响进行分析、预测和评价，并提出预防或者减轻不良环境影响的对策和措施的过程。规划和建设项目处于不同的决策层，因此，针对二者所做的环境影响评价的基本任务也有所不同。

环境影响评价作为环境管理的基本制度之一，其实施过程涉及多个相关主体。涉及的相关主体有建设单位、环境影响评价机构、环境影响评价文件的审批部门、建设项目的审批部门等。特别是环境影响评价的对象扩大到规划后，各级政府和政府有关部门（如规划的审批、编制等机构）也是不可缺少的相关主体。

对于拟建中的建设项目，在动工之前进行环境影响评价，只是环境影响评价制度的一部分。一个完整的建设项目环境影响评价还应包括后评价、"三同时"、跟踪检查等一系列制度和措施。否则，环境影响评价制度无法发挥其应有的作用。

1.2 环境质量评价的目的

环境质量评价首先要明确回答下列问题：某区域是否受到污染和破坏？程度如何？主要污染要素是什么？污染源在哪里？污染原因是什么？该区域内哪些区域环境质量最差？哪些区域环境质量较好？同时，要预测和定量地阐释环境质量的现状及变化趋势。

环境质量评价的目的还在于其参与研究和解决下列问题：

①区域环境污染综合防治；

②自然界与工业科学系统相互作用过程中如何维护生态平衡；

③经济发展与环境保护之间协调发展的衡量标准；

④能源政策的制定；

⑤地方环境标准与行业环境标准的制定；

⑥新建、改建、扩建项目计划与规划；

⑦环境科研；

⑧环境管理。

总体来说，环境质量评价针对的是环境质量与人类生存发展需要之间的关系，探讨的是环境质量的社会意义，其主要目的有：

①比较全面地揭示环境质量状况及其变化趋势；

②找出污染治理重点对象；

③为制订环境综合防治方案和城市总体规划及环境规划提供依据；

④研究环境质量与人群健康的关系；

⑤预测和评价拟建的工业或其他建设项目对周围环境可能产生的影响。

1.3 环境质量评价的分类

1.3.1 按时间要素划分

1.3.1.1 环境质量回顾评价

对区域内某一历史时期的环境质量进行评价的依据是历史资料。通过回顾评价可以揭示区域环境污染的变化过程。

1.3.1.2 环境质量现状评价

对目前的环境质量状况进行量化分析，反映的是区域环境质量现状。

环境质量现状评价包括以下内容：

(1)污染源调查和评价

污染源调查和评价是通过对各类污染源的调查、分析和比较，找出主要污染物和主要污染源，为污染治理提供科学依据。

(2)环境质量指数评价

环境质量指数评价是用无量纲指数表征环境质量的高低，是目前最常用的评价方法。当所采用的环境质量标准一致时，这种环境质量指数具有时间和空间上的可比性。

(3)环境质量功能评价

环境质量标准是按功能分类的，环境质量功能评价就是要确定环境质量状况的功能属性，为合理利用环境资源提供依据。

环境质量评价的主要工作还包括环境污染物监测项目的确定、环境监测网点的布设、获得环境监测数据和建立环境质量指数系统进行综合评价等。

1.3.1.3 环境质量影响评价

国家实行建设项目环境影响评价制度，可按下列3项规定对建设项目的环境保护实行分类管理：

①建设项目对环境可能造成重大影响的，应当编制环境影响报告书，对建设项目产生的污染和对环境产生影响要全面详细地进行评价；

②建设项目可能对环境造成轻度影响的，应当编制环境影响报告表，对建设项目产生的污染和对环境产生的影响进行分析或专项评价；

③建设项目对环境影响很小，不需要进行环境影响评价的，应当填报环境影响登

记表。

1.3.2 按环境要素与参数选择划分

1.3.2.1 单环境要素评价

包括大气、地表水、地下水、土壤(农业土、自然土)、作物、噪声等的评价。

1.3.2.2 部分要素的联合评价

包括地表水与地下水的联合评价、土壤与农作物的联合评价、河口与近岸海域水质的联合评价等。

1.3.2.3 整体环境的综合评价

包括对环境诸要素(水环境、大气环境、噪声环境等)的综合评价。

1.3.2.4 按参数选择划分

可分为物理评价、生物学评价、生态学评价、卫生学评价、农业环境质量评价。

1.3.3 按评价的区域划分

按评价区域的空间范围等级可分为局地环境评价、区域环境评价、流域环境评价、全球环境评价;按评价区域的类型可分为城市环境质量评价、海域环境质量评价、风景游览区环境质量评价等。

1.4 环境质量评价的发展概况

1.4.1 国外环境质量评价发展概况

国外环境质量评价始于20世纪60年代中期,最早进行环境质量评价的是美国格林大气污染综合指数评价(1966年),其后提出了"可呼吸到的厌恶污染物含量指数"。美国于1969年制定的《国家环境政策法》(NEPA),在世界范围内首次把环境影响评价制度作为国家政策确定下来。加利福尼亚州是美国第一个把环境影响评价制度列为州法律的州。加利福尼亚大学承担的综合开发旧金山一带的环境影响评价工作的报告中同时对几个方案进行比较评价,以选择一个最优方案。到1976年6月,美国按NEPA要求所作的环境影响评价报告书共7334份,其主要评价对象是对环境有相当影响的联邦政府的主要开发项目,尤其是农业部、运输部、原子能委员会、陆军工兵部队、内务部等的开发项目。

瑞典在1969年制定了以环境影响评价为中心的《环境保护法》,并成立了由环境保护人员、法律专家、工业界人员等组成的环境保护许可委员会。开发项目的环境影响报告先由环境保护局进行技术审查,然后由批准局决定是否颁发许可证(当时瑞典审查仅根据大气污染、水质污染的排放标准、布局状况及项目给当地经济带来的影响)。

日本虽然在20世纪60年代后期已注重环境质量评价工作(浓度控制方式、总量控制方式、按变化的排放量分配方式等),然而直到1972年才把环境影响评价作为一项政策来实施,1976年才提出把环境影响评价制度列为国家的专门法律。1973年6月对北海道的苫小牧东部工业基地的环境影响评价和有关发电厂布局的环境影响评价，是日本在此领域的几个早期案例。

英国从 1970 年开始探讨环境影响评价制度，较强调项目开发后的系统的环境监测计划，并在 1971—1972 年对该国在 1943 年制定的《城市、农村计划法》进行了修改。该法要求对所有开发项目进行环境影响评价，这实际上是当时环境影响评价工作的基础。1974—1977 年平均每年审查 25~50 个开发项目，而在 1977 年对英国克鲁德河流主流与支流进行的水质评价中，仅以五日生化需氧量（BOD_5）、氨氮（NH_3-N）、悬浮固体（SS）及溶解氧（DO）4 项为评价参数。

新西兰在 1973 年 11 月内阁会议上通过了环境保护与改善步骤的条例，虽然其中提出了要做环境影响评价，但只要求对环境有重大影响的项目，如公路建设、电力建设、住宅建设等做环境影响评价。

在东欧，苏联等国采用统一的物理-化学指标进行评价，同时也考虑生物指标。20 世纪 70 年代初期，就已在伏尔加河、顿河、莫斯科河建立了河流污染平衡模式，配合水质预报及最优化控制的水质评价研究进展速度较快。

从评价方法来说，早在 20 世纪 60 年代末期至 70 年代初期，国外的环境质量现状评价方法有几十种，环境影响评价方法也有几十种。纵观其发展，在当时就已形成了由单目标向多目标、由单环境要素向多环境要素、由单纯的自然环境系统向自然环境与社会环境的综合系统、由静态分析向动态分析的发展趋势。

1.4.2 我国环境质量评价工作

我国环境质量评价工作是从 20 世纪 70 年代初期开始发展的，大体上经历了以下阶段。

1.4.2.1 初步尝试阶段（1972—1976 年）

这一阶段从官厅水库水质调查工作开始至成都区域环境会议为止。我国在此阶段探讨了环境质量评价的指数表达等诸多方法，此阶段末期（1976 年）国家还对上海金山地区的环境质量本底值与现状做了大量调研工作，而后，冶金工业部又组织国内一些单位配合宝山钢铁公司对宝钢地区进行了环境现状评价与预测评价。

1.4.2.2 广泛探索阶段（1977—1979 年）

这一阶段从成都区域环境会议到南京区域环境学术研讨会为止。在该阶段，国内环境保护工作者对环境质量评价的理论和方法进行了较广泛的探索，其评价工作实践也从以水体评价为主扩展到大气、噪声、土壤、人群与整个区域环境等，如北京西郊环境质量评价、南京市环境质量评价等。

1.4.2.3 全面发展阶段（1980—1981 年）

这一阶段从南京区域环境学术会议到第一次全国环境质量评价学术研讨会为止。该阶段环境质量评价工作在全国各城市普遍展开，如沈阳市环境质量评价和污染防治综合途径研究、鸭绿江下游环境质量评价与污染防治研究。这一时期的环境质量评价工作已不限于受污染的环境，还涉及美学环境、社会环境等。这一阶段环境质量评价工作的特点是：

①由环境单要素评价发展到区域环境综合评价。

②由环境现状评价发展到环境影响评价。

③由受污染与否的环境评价发展到自然和社会相结合的全环境评价。

④由城市环境质量评价逐步发展到水体环境、农田生态环境、海域环境、风景旅游环境、居住生活环境、工业区生产环境等多领域的环境质量评价。

⑤在评价理论与方法上，已经不限于环境监测数据的指数评价，提出了大量的模糊数学、概率统计、信息论等数学方法。由于系统工程理论与方法的引入，环境评价理论在地学、生态学、化学、卫生学等领域得到广泛发展。例如，用热力学的熵的概念分析环境变异，把干燥度和化学平衡理论应用于环境功能区划等。

1.4.2.4 规范建设环境影响评价阶段(1981—1989 年)

自 1979 年《中华人民共和国环境保护法(试行)》颁布以来，建设项目的环境影响评价在我国已制度化。1981 年，发布《基本建设项目环境保护管理办法》，使新建、改建、扩建项目的环境影响评价有了在全国城乡实施的细则。从此，环境影响评价工作在我国更广泛地开展起来。

1984 年，颁布了《国务院关于加强乡镇、街道企业环境管理的规定》，规定"所有新建、改建、扩建或转产的乡镇、街道企业，都须填写《环境影响报告表》"。1986 年 3 月在河北省石家庄市召开的全国第二次环境质量评价学术研讨会上，除了按综合评价、环境管理、大气评价与水体评价 4 个专题进行研讨之外，还就区域环境影响评价与区域规划、环境评价中的生态学研究、乡镇企业的环境评价、风险评价、经济损益评价等进行了研讨，对评价理论、评价内容、评价的指标体系、预测评价方法等进行了进一步的研究。

1986 年，国家环境保护局颁布了《建设项目环境保护管理办法》，以下简称《86 管理办法》，该文件较 1981 年颁布的《基本建设项目环境保护管理办法》扩大了管理范围，充实了管理内容，进一步明确了职责。

1987 年，国家计划委员会和国务院环境保护委员会又颁布了《建设项目环境保护设计规定》；与此同时，在"七五"期间，有关部委和各省份根据本地区的实际状况，结合贯彻《86 管理办法》相应地制定了一批有关建设项目环境管理实施办法或细则，使国家法规与地方性法规有机地构成了环境影响评价的制度体系。

1988 年 3 月，国家环境保护局颁布了《关于建设项目环境管理问题的若干意见》，进而促进了环境影响评价工作的开展。

1989 年 4 月，国家环境保护局颁布《建设项目环境影响评价证书管理办法》，代替1986 年颁布的《建设项目环境影响评价证书管理办法》，同时以附件形式公布了对持有《建设项目环境影响评价证书》单位的考核规定。

在总结执行《中华人民共和国环境保护法(试行)》10 年经验的基础上，经过认真修改，《中华人民共和国环境保护法》(以下简称《环境保护法》)由第七届全国人大常委会第十一次会议通过，自 1989 年 12 月 26 日起施行。《环境保护法》是我国环境保护的基本法律，其第十三条规定："建设污染环境的项目，必须遵守国家有关建设项目环境保护管理的规定。建设项目的环境影响报告书必须对建设项目产生的污染和对环境的影响做出评价，规定防治措施，经项目主管部门预审并依照规定的程序报环境保护行政主管部门审批。环境影响报告书经批准后，计划部门方可批准建设项目设计任务书。"

1.4.2.5 强化完善环境影响评价阶段(1990—2002年)

进入20世纪90年代，随着我国改革开放的深入和社会主义计划经济向市场经济转轨，建设项目的环境保护管理特别是环境影响评价制度得到强化。

1990年6月国家环境保护局颁布的《建设项目环境保护管理程序》明确了建设项目环境影响评价的管理程序和审批资格。

针对投资多元化造成的建设项目多渠道立项和开发区的兴起，1993年国家环境保护局下发了《关于进一步做好建设项目环境保护管理工作的几点意见》，提出先评价、后建设，并对环境影响评价分类指导和开发区区域环境影响评价作出规定。在注重环境污染的同时，加强了生态影响项目的环境影响评价，防治污染和保护生态并重。开始试行建设项目环境影响评价的公众参与，并逐步扩大和完善公众参与的范围。

为统一我国环境影响评价技术，使环境影响报告书的编制规范化，国家环境保护总局组织编写了《环境影响评价技术导则》，现已出版的有《环境影响评价技术导则　总纲》(HJ/T 2.1—1993)、《环境影响评价技术导则　地面水环境》(HJ/T 2.3—1993)、《环境影响评价技术导则　声环境》(HJ/T 2.4—1995)、《环境影响评价技术导则　非污染生态影响》(HJ/T 19—1997)等。

1994年起，开始建设项目环境影响评价招标试点工作，并陆续颁布实施了多部环境影响评价技术导则和报告书编制规范。

1996年召开了第四次全国环境保护工作会议，发布了《国务院关于环境保护若干问题的决定》。各地加强了对建设项目的审批和检查，并实施污染物排放总量控制，增加了"清洁生产"和"公众参与"的内容，强化了生态环境评价，使环境影响评价的深度和广度得到进一步扩展。

1998年11月18日国务院第10次常务会议通过了《建设项目环境保护管理条例》，该条例于1998年11月29日由国务院颁布实施，是建设项目环境管理的第一个行政法规，提升了我国环境影响评价制度的法律地位，进一步对环境影响评价作出了明确规定。

1999年4月国家环境保护总局发布《建设项目环境保护分类管理名录(试行)》，规定建设项目应按照分类管理名录编制环境影响文件。

2002年10月，第九届全国人大常委会通过《中华人民共和国环境影响评价法》，至此我国的环境影响评价制度进入了一个新的阶段。

1.4.2.6 提高和拓展环境影响评价阶段(2003—2015年)

2003年9月1日起实施的《中华人民共和国环境影响评价法》使环境影响评价从建设项目扩展到规划层次，是我国环境影响评价制度的重大进步。

2003年国家环境保护总局颁布了《规划环境影响评价技术导则(试行)》，并同时制定了《编制环境影响报告书的规划的具体范围(试行)》《编制环境影响篇章或说明的规划的具体范围(试行)》和《专项规划环境影响报告书审查办法》。

2003年国家环境保护总局初步建立了环境影响评价的基础数据库，有效地管理环境影响评价的数据和文件、整合多部门与环境相关的数据信息，促进各部门、各单位在环境影响评价方面的信息交流和信息共享，对于更好地开展环境影响评价工作起到了很好的推动作用。同年，设立了国家环境影响评价审查专家库，充分发挥专家在环境影响评价技术审查中的作用，保证审查活动的公平、公正、公开。

2004 年 2 月 16 日人事部、国家环境保护总局决定在全国环境影响评价行业建立环境影响评价工程师职业资格制度，发布了《环境影响评价工程师职业资格制度暂行规定》《环境影响评价工程师职业资格考试实施办法》《环境影响评价工程师职业资格考核认定办法》等文件，并于 2004 年 4 月 1 日起实施。建立环境影响评价工程师职业资格制度是为了进一步加强对环境影响评价专业技术人员的管理，规范环境影响评价的行为，提高环境影响评价专业技术人员的素质和业务水平，保证环境影响评价工作的质量，维护国家环境安全和公众利益。

2004 年，国家环境保护总局首次发布《建设项目环境风险评价技术导则》，随后环境保护部相继修订并颁布了《环境影响评价技术导则 大气环境》（HJ 2.2—2008）、《环境影响评价技术导则 声环境》（HJ 2.4—2009）等。

2009 年 8 月 17 日国务院颁布《规划环境影响评价条例》，自 2009 年 10 月 1 日起施行，进一步加强规划环境影响评价工作，提高规划的科学性，从源头预防环境污染和生态破坏，促进经济、社会和环境的全面协调和可持续发展，这是我国环境立法的重大进展，标志着环境保护参与综合决策进入新阶段。

国家环境保护标准的修订和制定与时俱进，取得了突飞猛进的发展，截至 2013 年 6 月，修订和新制定的国家环境标准多达 791 项，为环境影响评价工作提供了大量的技术依据。如《环境影响评价技术导则 生态影响》（HJ 19—2011）、《环境影响评价技术导则 总纲》（HJ 2.1—2011）、《环境影响评价技术导则 地下水环境》（HJ 610—2011）、《规划环境影响评价技术导则 总纲》（HJ 130—2014）等。

环境影响评价导则是环境影响评价工作所依据的重要文件，2011 年 9 月环境保护部发布了新的《环境影响评价技术导则总纲》，对建设项目环境影响评价的一般性原则、方法、内容及要求进行了修订和完善，对环境影响评价起到了更好的指导作用。截至 2013 年 6 月，环境影响评价导则的更新达到 17 项，不仅对专项环境影响评价技术导则（如生态、地下水、声、大气、风险环境影响评价导则）进行了修订更新，还新制定了多个行业建设项目环境影响评价技术导则（如煤炭采选工程、制药建设项目、农药建设项目等）。导则的更新加强了环境影响评价工作的规范性、操作性和可行性，推动我国环境影响评价工作不断向前发展。为了使环境影响评价工作人员尽快地熟悉新的导则和标准，环境保护部环境工程评估中心开展了环评培训（如环评技术人员岗位培训、环评工程师技术培训、专题培训等）和研讨。通过培训和研讨，给环评工作者提供了相互学习和交流的机会，促进了环评工作的飞跃发展。

2014 年 4 月 24 日全国人大常委会通过了新修订的《中华人民共和国环境保护法》，于 2015 年 1 月 1 日施行，标志着我国环境保护管理进入了新的阶段。

2015 年 12 月 30 日环境保护部发布了《关于加强规划环境影响评价与建设项目环境影响评价联动工作的意见》，对加强规划环境影响评价与建设项目环境影响评价联动工作提出要求。规划环境影响评价对建设项目环境影响评价具有指导和约束作用，建设项目环境保护管理中应落实规划环境影响评价的成果。该意见进一步阐明了建设项目环境影响评价与规划环境影响评价的关系。

1.4.2.7 改革优化环境影响评价阶段(2016年至今)

2016年7月2日全国人大常委会通过了修订的《中华人民共和国环境影响评价法》。随后，环境保护部印发了《"十三五"环境影响评价改革实施方案》，为在新时期发挥环境影响评价源头预防环境污染和生态破坏的作用、推动实现"十三五"绿色发展和改善生态环境质量总体目标，制订了实施方案。至此，环境影响评价进入了改革和优化阶段。

2016年12月8日环境保护部发布了修订的《建设项目环境影响评价技术导则 总纲》(HJ 2.1—2016)，于2017年1月1日起实施；2017年1月5日发布了《排污许可证管理暂行规定》，同年5月25日发布了《建设项目环境风险评价技术导则(征求意见稿)》。

2017年6月21日国务院常务会议通过了《国务院关于修改〈建设项目环境保护管理条例〉的决定》，于2017年10月1日起施行。与原条例相比，该条例删除了有关行政审批事项；取消了对环境影响评价单位的资质管理；将环境影响登记表由审批制改为备案制；将建设项目环境保护设施竣工验收由环境保护部门验收改为建设单位自主验收；简化了环境影响评价程序；细化了审批要求；强化了事中事后监管；加大了处罚力度；强化了信息公开和公众参与。

随后，环境保护部发布了修订的《建设项目环境影响评价分类管理名录》，于2017年9月1日起施行；同年8月7日公布了《环境影响评价技术导则大气环境(征求意见稿)》，开始更新大气环境影响评价技术标准的进程。新一轮的相关技术方法、标准等即将随之更新，这将使我国环境影响评价方法与制度更加优化与完善。

思考与练习

1. 什么是环境?
2. 什么是环境质量评价?
3. 环境质量评价与环境影响评价的区别有哪些?
4. 简述环境质量评价的目的。
5. 简述环境质量评价的分类。
6. 试述环境质量评价的发展概况。

单元2 环境质量评价标准

环境标准是国家为了保护人民健康，促进生态良性循环，实现社会经济发展目标，根据国家的环境政策和法规，在综合考虑本国自然环境特征、社会经济条件和科学技术水平的基础上，制定的环境中污染物的允许含量和污染源排放污染物的数量、浓度、时间和速度以及监测方法和其他有关技术规范。

环境标准是随着环境问题的产生而出现的，随着科技进步和环境科学的发展，环境标准也随之而发展，其种类和数量也越来越多。我国环境标准可分为国家标准和地方标准；按其内容和性质，可分为环境质量标准、污染物排放标准、方法标准、准样品标准和基础标准等。

2.1 环境标准体系

2.1.1 标准

国际标准化组织(ISO)给标准下的定义是：经公认的权威机关批准的一项特定标准化工作的成果。可采用下述表达形式：

①一项文件，规定一整套必须满足的条件。

②一个基本单位或物理常数，如安培、绝对零度等。

③可用作实体比较的物体。

国家标准总局对标准的定义是：对经济、技术、科学及其管理中需要协调统一的事物和概念所做的统一技术规定。这种规定是为了获得最佳秩序和社会效益，根据科学、技术和实践经验的综合成果，经有关方面协商同意，由主管机关批准，以特定形式发布，作为共同遵守的准则。

2.1.2 环境标准

根据《中华人民共和国环境保护标准管理办法》，环境保护标准是指为保护人群健康、社会物质财富和维持生态平衡，对大气、水、土壤等环境质量，污染源，监测方法以及其他需要所制定的标准。环境标准既是制定和执行环境保护法律法规的技术依据，也是环境管理的技术基础。

2.1.3 环境标准体系

环境标准是相互联系的一个统一整体，由各种具体的标准组成。这个统一的整体就称

为环境标准体系。

我国的环境标准体系可简称为"四类(三类)、两级"标准体系。四类(三类)即环境质量标准、污染物排放标准、基础标准和方法标准；两级是国家级标准和地方级标准。

环境质量标准：为了保障人群健康和社会物质财富，维护生态平衡而对环境中有害物质和因素所做的限制性规定，往往是对污染物质的最高允许含量的要求。

污染物排放标准：为了实现环境质量要求，对污染源产生排入环境的污染物或有害因素所做的限制性规定。

基础标准：对环境标准中具有指导意义的有关词汇、术语、图式、原则、导则、量纲单位所做的统一技术规定。

方法标准：对环境保护领域内以采样、分析、测定、试验、统计等方法为对象所制定的统一技术规定。

2.1.4 环境质量标准与环境基准的关系

环境基准是指环境中污染物或有害因素对特定对象(一般为人和生物)不产生有害影响的最大剂量或水平。一般可用剂量-效益关系表示。例如，大气中二氧化硫年平均浓度超过 $0.115mg/m^3$ 时，对人体健康就会产生有害影响，这个值就是大气中二氧化硫的卫生标准，即保护人类健康的环境质量的基本水准。

环境基准是纯粹自然科学研究结论，是不以人的意志为转移的，不能作为环境质量评价的依据，而环境标准则是将基准与人群健康、社会经济发展和生态保护等对环境的需要综合起来进行综合分析和平衡的结果，并以国家法律形式颁布，因此它是环境质量评价的依据。

基准没有时间性，而标准具有时间性。

基准是单一学科的研究结果，标准是多学科研究的综合结果。

2.1.5 环境质量标准的类型和级别

2.1.5.1 环境质量标准的分类

(1)按环境要素的类型划分

可分为大气环境质量标准、水环境质量标准、土壤环境质量标准等。

(2)按环境功能的角度划分

可分为居住环境质量标准和工作环境标准等。

实际上，不同类型的提法常常是混合使用的，例如，在水环境质量标准中，常分为饮用水质标准、渔业水质标准和灌溉水质标准等，这些名称都是既体现要素的特点，又体现功能的特点。

2.1.5.2 环境质量标准的分级

环境质量标准的分级有两层含义：一是根据管理层次分成国家级环境质量标准和地方级环境质量标准；二是为适应不同功能区域要求而设置的分级。如我国的环境空气质量标准就分为三级。一级是为保护自然生存和人群健康，在长期接触下，不发生任何危害影响的空气质量要求;二级是为保护人群健康和城市、乡村的动植物,在长期和短期接触情况下,不发生伤害的空气质量要求;三级是为保护人群不发生急、慢性中毒和城市一般动植物(敏感者除外)正常生长的空气质量要求。3 种级别的标准分别适用于 3 种不同功能区。

2.1.6 制定环境质量标准的原则、依据和步骤

2.1.6.1 制定的原则
①保障人群的身体健康,使人类不因环境质量的变化而受到危害或毒害;
②既要与当前的社会经济水平相适应,又要有利于促进社会经济的进一步发展;
③保障自然生态系统不受破坏;
④因地制宜,切实可行;
⑤区域差异性原则。

2.1.6.2 制定的依据
①科学性　以自然科学规律(主要是环境质量基准)为依据;
②经济技术可行性　以社会科学规律(环境、经济、社会效益统一)为依据;
③政策性　以国家环保法和相关法规为依据。

2.1.6.3 制定的主要步骤
(1)一般步骤
①通过科学实验和调查确定基准值;
②从环境基准出发,通过社会、经济、技术的评定,确定环境质量的远期理想目标和近期规划目标;
③统一名词术语和分析方法;
④具体确定各种情况下各类项目的环境质量标准值。
(2)我国制定环境质量标准大体步骤
①组成编制组,应以多学科的研究人员为主;
②全面开展调查研究,包括环境基准的调查研究、污染现状的调查与评价、监测方法的研究、技术经济的调查等;
③费用-效益分析;
④初步拟定分级标准值;
⑤可行性调查验证。

2.2 我国常见的环境质量标准及标准实例

我国环境质量标准主要包括大气环境质量标准、水环境质量标准、声环境质量标准和土壤环境质量标准 4 类。

2.2.1 大气环境质量标准

大气环境质量标准包括《环境空气质量标准》(GB 3095—2012)和《室内空气质量标准》

（GB/T 18883—2002），本节以《环境空气质量标准》（GB 3095—2012）为例进行介绍。

《环境空气质量标准》（GB 3095—2012）规定了环境空气功能区分类、标准分级、污染物项目、平均时间及浓度限值、监测方法、数据统计的有效性规定及实施与监督等内容。本标准适用于环境空气质量评价与管理。

《环境空气质量标准》（GB 3095—2012）将环境空气功能区分为二类，分别执行相应的环境质量标准。

一类区为自然保护区、风景名胜区和其他需要特殊保护的区域，适用一级浓度限值。

二类区为居住区、商业交通居民混合区、文化区、工业区和农村地区，适用二级浓度限值。

表 2-1、表 2-2 分别为《环境空气质量标准》（GB 3095—2012）中规定的环境空气污染物基本项目和其他项目浓度限值。

表 2-1 环境空气污染物基本项目浓度限值

序号	污染物项目	平均时间	浓度限值		单位
			一级	二级	
1	二氧化硫（SO_2）	年平均	20	60	$\mu g/m^3$
		24h 平均	50	150	
		1h 平均	150	500	
2	二氧化氮（NO_2）	年平均	40	40	
		24h 平均	80	80	
		1h 平均	200	200	
3	一氧化碳（CO）	24h 平均	4	4	mg/m^3
		1h 平均	10	10	
4	臭氧（O_3）	日最大 8h 平均	100	160	$\mu g/m^3$
		1h 平均	160	200	
5	颗粒物（粒径≤10μm）	年平均	40	70	
		24h 平均	50	150	
6	颗粒物（粒径≤2.5μm）	年平均	15	35	
		24h 平均	35	75	

表 2-2 环境空气污染物其他项目浓度限值

序号	污染物项目	平均时间	浓度限值		单位
			一级	二级	
1	总悬浮颗粒物（TSP）	年平均	80	200	$\mu g/m^3$
		24h 平均	120	300	
2	氮氧化物（NO_x）	年平均	50	50	
		24h 平均	100	100	
		1h 平均	250	250	

(续)

序号	污染物项目	平均时间	浓度限值		单位
			一级	二级	
3	铅(Pb)	年平均	0.5	0.5	μg/m³
		季平均	1	1	
4	苯并[a]芘(BaP)	年平均	0.001	0.001	
		24h 平均	0.0025	0.0025	

2.2.2　水环境质量标准

水环境质量标准包括《地表水环境质量标准》(GB 3838—2002)、《海水水质标准》(GB 3097—1997)、《地下水质量标准》(GB/T 14848—2017)、《农田灌溉水质标准》(GB 5084—2005)等。

2.2.2.1　《地表水环境质量标准》(GB 3838—2002)

《地表水环境质量标准》(GB 3838—2002)按照地表水环境功能分类和保护目标,规定了水环境质量应控制的项目及限制,以及水质评价、水质项目的分析方法与监督。本标准适用于我国江河、湖泊、运河、渠道、水库等具有使用功能的地表水水域。具有特定功能的水域,执行相应的专业用水水质标准。

《地表水环境质量标准》(GB 3838—2002)依据地表水水域环境功能和保护目标,按功能高低依次划分为 5 类,不同功能类别分别执行相应类别的标准值。

Ⅰ类主要适用于源头水、国家自然保护区。

Ⅱ类主要适用于集中式生活饮用水地表水源地一级保护区、珍稀水生生物栖息地、鱼虾类产卵场、仔稚幼鱼的索饵场等。

Ⅲ类主要适用于集中式生活饮用水地表水源地二级保护区、鱼虾类越冬场、洄游通道、水产养殖区等渔业水域及游泳区。

Ⅳ类主要适用于一般工业用水区及人体非直接接触的娱乐用水区。

Ⅴ类主要适用于农业用水区及一般景观要求水域。

《地表水环境质量标准》(GB 3838—2002)一共规定了 109 个项目的标准限值,其中地表水环境质量基本项目 24 个、集中式生活饮用水地表水源地补充项目 5 个、集中式生活饮用水地表水源地特定项目 80 个。部分地表水环境质量基本项目的标准限值见表 2-3。

表 2-3　部分地表水环境质量基本项目标准限值　　　　　　　　　　　mg/L

序号	项　目	标准分类				
		Ⅰ类	Ⅱ类	Ⅲ类	Ⅳ类	Ⅴ类
1	水温(℃)	人为造成的最大环境水温变化应限制在: 周平均最大温升≤1; 周平均最大温降≤2				
2	pH(无量纲)	6~9				

（续）

序号	项目	标准分类				
		I 类	II 类	III 类	IV 类	V 类
3	溶解氧≥	饱和率90% （或7.5）	6	5	3	2
4	高锰酸盐指数≤	2	4	6	10	15
5	化学需氧量（COD）≤	15	15	20	30	40
6	五日生化需氧量（BOD_5）≤	3	3	4	6	10
7	氨氮（NH_3-N）≤	0.15	0.5	1.0	1.5	2.0
8	总磷（以P计）≤	0.02 （湖、库0.01）	0.1 （湖、库0.025）	0.2 （湖、库0.05）	0.3 （湖、库0.1）	0.4 （湖、库0.2）
9	总氮（湖、库以N计）≤	0.2	0.5	1.0	1.5	2.0

2.2.2.2 《海水水质标准》（GB 3097—1997）

《海水水质标准》（GB 3097—1997）规定了海域各类使用功能的水质要求，按照海域的不同使用功能和保护目标，将海水水质分为4类。

第一类适用于海洋渔业水域、海上自然保护区和珍稀濒危海洋生物保护区。

第二类适用于水产养殖区、海水浴场、人体直接接触海水的海上运动或娱乐区，以及与人类食用直接有关的工业用水区。

第三类适用于一般工业用水区、滨海风景旅游区。

第四类适用于海洋港口水域、海洋开发作业区。

海水水质标准中规定了35个项目的标准限值，部分常见项目的标准限值见表2-4。

表2-4　海水水质标准中部分常见项目的标准限值　　　　　　　　　　mg/L

序号	项目	第一类	第二类	第三类	第四类
1	水温	人为造成的海水温升夏季不超过当时当地1℃，其他季节不超过2℃		人为造成的海水温升不超过当时当地4℃	
2	pH	7.8~8.5 同时不超该海域正常变动范围0.2 pH单位		6.8~8.8 同时不超出该海域正常变动范围0.5 pH单位	
3	溶解氧>	6	5	4	3
4	化学需氧量（COD）≤	2	3	4	5
5	五日生化需氧量（BOD_5）≤		3	4	5

2.2.2.3 《地下水质量标准》（GB/T 14848—2017）

《地下水质量标准》（GB/T 14848—2017）规定了地下水的质量分类、指标及限值，地下水质量调查与监测、质量评价等内容。本标准适用于地下水质量调查、监测、评价与管理。

《地下水质量标准》（GB/T 14848—2017）依据我国地下水质量状况和人体健康风险，参照生活饮用水、工业、农业等用水质量要求，依据各组分含量高低（pH除外），分为5类。

Ⅰ类：地下水化学组分含量低，适用于各种用途；

Ⅱ类：地下水化学组分含量较低，适用于各种用途；

Ⅲ类：地下水化学组分含量中等，以 GB 5749—2006 为依据，主要适用于集中式生活饮用水水源及工农业用水；

Ⅳ类：地下水化学组分含量较高，以农业和工业用水质量要求以及一定水平的人体健康风险为依据，适用于农业和部分工业用水，适当处理后可作生活饮用水；

Ⅴ类：地下水化学组分含量高，不宜作为生活饮用水水源，其他用水可根据使用目的选用。

地下水质量常规指标分类及限值见表 2-5。

表 2-5　地下水质量常规指标及限值　　　　　　　　　　　　　　　　　　mg/L

序号	指标	Ⅰ类	Ⅱ类	Ⅲ类	Ⅳ类	Ⅴ类
感官性状及一般化学指标						
1	色(铂钴色度单位)	≤5	≤5	≤15	≤25	>25
2	嗅和味	无	无	无	无	有
3	浑浊度(NTUᵃ)	≤3	≤3	≤3	≤10	>10
4	肉眼可见物	无	无	无	无	有
5	pH	6.5≤pH≤8.5			5.5≤pH<6.5 或 8.5<pH≤9.0	pH<5.5 或 pH>9.0
6	总硬度(以 $CaCO_3$ 计)	≤150	≤300	≤450	≤650	>650
7	溶解性总固体	≤300	≤500	≤1000	≤2000	>2000
8	硫酸盐	≤50	≤150	≤250	≤350	>350
9	氧化物	≤50	≤150	≤250	≤350	>350
10	铁	≤0.1	≤0.2	≤0.3	≤2.0	>2.0
11	锰	≤0.05	≤0.05	≤0.10	≤1.50	>1.50
12	铜	≤0.01	≤0.05	≤1.00	≤1.50	>1.50
13	锌	≤0.05	≤0.50	≤1.00	≤5.00	>5.00
14	铝	≤0.01	≤0.05	≤0.20	≤0.50	>0.50
15	挥发性酚类(以苯酚计)	≤0.001	≤0.001	≤0.002	≤0.01	>0.01
16	阴离子表面活性剂	不得检出	≤0.1	≤0.3	≤0.3	>0.3
17	耗氧量(COD_{Mn}，以 O_2 计)	≤1.0	≤2.0	≤3.0	≤10.0	>10.0
18	氨氮(以 N 计)	≤0.02	≤0.10	≤0.50	≤1.50	>1.50
19	硫化物	≤0.005	≤0.01	≤0.02	≤0.10	>0.10
20	钠	≤100	≤150	≤200	≤400	>400
微生物指标						
21	总大肠菌群(MPNᵇ/100mL 或 CFUᶜ/100mL)	≤3.0	≤3.0	≤3.0	≤100	>100
22	菌落总数(CFU/mL)	≤100	≤100	≤100	≤1000	>1000

（续）

序号	指标	I类	II类	III类	IV类	V类
	毒理学指标					
23	亚硝酸盐（以N计）	≤0.01	≤0.10	≤1.00	≤4.80	>4.80
24	硝酸盐（以N计）	≤2.0	≤5.0	≤20.0	≤30.0	>30.0
25	氰化物	≤0.001	≤0.01	≤0.05	≤0.1	>0.1
26	氟化物	≤1.0	≤1.0	≤1.0	≤2.0	>2.0
27	碘化物	≤0.04	≤0.04	≤0.08	≤0.50	>0.50
28	汞	≤0.0001	≤0.0001	≤0.001	≤0.002	>0.002
29	砷	≤0.001	≤0.001	≤0.01	≤0.05	>0.05
30	硒	≤0.01	≤0.01	≤0.01	≤0.1	>0.1
31	镉	≤0.0001	≤0.001	≤0.005	≤0.01	>0.01
32	六价铬	≤0.005	≤0.005	≤0.05	≤0.10	>0.10
33	铅	≤0.005	≤0.005	≤0.01	≤0.10	>0.10
34	三氯甲烷	≤0.5	≤6	≤60	≤300	>300
35	四氯化碳	≤0.5	≤0.5	≤2.0	≤50.0	>50.0
36	苯（μg/L）	≤0.5	≤1.0	≤10.0	≤120	>120
37	甲苯（μg/L）	≤0.5	≤140	≤700	≤1400	>1400
	放射性指标[d]					
38	总α放射性（Bq/L）	≤0.1	≤0.1	≤0.5	>0.5	>0.5
39	总β放射性（Bq/L）	≤0.1	≤1.0	≤1.0	>1.0	>1.0

a. NTU为散射浊度单位。
b. MPN表示最可能数。
c. CFU表示菌落形成单位。
d. 放射性指标超过指导值，应进行核素分析和评价。

2.2.3 声环境质量标准

声环境质量标准有《声环境质量标准》（GB 3096—2008）、《城市区域环境振动标准》（GB 10070—88）等，本节简单介绍一下《声环境质量标准》（GB 3096—2008）。

《声环境质量标准》（GB 3096—2008）规定了5类声环境功能区的环境噪声限值及测量方法，适用于声环境质量评价与管理。机场周围区域受飞机通过（起飞、降落、低空飞越）噪声的影响，不适用于此标准。

0类声环境功能区：指康复疗养区等特别需要安静的区域；

1类声环境功能区：指以居民住宅、医疗卫生、文化教育、科研设计、行政办公为主要功能，需要保持安静的区域；

2类声环境功能区：指以商业金融、集市贸易为主要功能，或者居住、商业、工业混杂，需要维护住宅安静的区域；

3类声环境功能区：指以工业生产、仓储物流为主要功能，需要防止工业噪声对周围

环境产生严重影响的区域;

4 类声环境功能区:指交通干线两侧一定距离之内,需要防止交通噪声对周围环境产生严重影响的区域,包括 4a 类和 4b 类两种类型。其中 4a 类为高速公路、一级公路、二级公路、城市快速路、城市主干路、城市次干路、城市轨道交通(地面段)、内河航道两侧区域,执行 4a 标准;4b 类为铁路干线两侧区域,执行 4b 标准。

《声环境质量标准》(GB 3096—2008)规定的各类声环境功能区环境噪声限值见表 2-6。

表 2-6　各类声环境功能区环境噪声限值　　　　　　　　　　　　dB(A)

声环境功能区类别		昼间	夜间
0 类		50	40
1 类		55	45
2 类		60	50
3 类		65	55
4 类	4a 类	70	55
	4b 类	70	60

2.2.4　土壤环境质量标准

土壤环境质量标准有《土壤环境质量　农用地土壤污染风险管控标准(试行)》(GB 15618—2018)、《土壤环境质量　建设用地土壤污染风险管控标准(试行)》(GB 36600—2018)等。

《土壤环境质量　农用地土壤污染风险管控标准(试行)》(GB 15618—2018)规定了农用地土壤污染风险筛选和管制值,以及监测、实施与监督要求。其中风险筛选值包括 8 个基本项目和 3 个其他项目,风险管理值 5 项。

《土壤环境质量　建设用地土壤污染风险管控标准(试行)》(GB 36600—2018)规定了保护人体健康的建设用地土壤污染风险筛选值和管制值,以及监测、实施与监督要求。其中风险筛选值和管制值包括 45 个基本项目和 40 个其他项目。

2.3　污染物排放标准

2.3.1　环境质量标准与污染物排放标准的关系

污染物排放标准是指为了实现环境管理目标,国家对人为污染源排入环境的污染物的浓度或总量所做的限量规定。在环境质量评价中有重要意义。

质量标准与排放标准是环境管理的两个方面。环境质量标准是排放标准的具体依据,环境质量标准是目标,而排放标准是实现这一目标的具体手段。排放标准是直接对污染源进行控制,而质量标准则是通过控制环境质量间接地对污染源进行控制。排放标准是执法的依据,而质量标准通常无直接法律效力,是编制规划、制定政策、下达任务、制定排放标准的依据。

2.3.2 污染物排放标准的分类

①浓度标准；

②总量控制标准；

③地区系数法标准；

④负荷标准(排放系数)。

2.3.3 我国主要的污染物排放标准

①2019年6月11日,生态环境部与国家市场监督管理总局联合发布《挥发性有机物无组织排放控制标准》(GB 37822—2019)、《制药工业大气污染物排放标准》(GB 37823—2019)、《涂料、油墨及胶黏剂工业大气污染物排放标准》(GB 37824—2019)。

依据有关法律规定,以上标准具有强制执行效力。

以上标准自2019年7月1日起实施,自实施之日起,制药、涂料、油墨和胶黏剂工业大气污染物排放控制不再执行《大气污染物综合排放标准》(GB 16297—1996)相关规定。

②《污水综合排放标准》(GB 8978—1996)。

思考与练习

1. 制定环境标准的意义是什么?

2. 从发布权限、环保目标、标准类型和执行性质几个方面对环境标准进行分类。

3. 简述环境标准具有的特征。

4. 在环境评价中,标准选择有哪些原则?

5. 简述制定环境质量标准的原则和依据。

6. 论述环境标准在控制污染、保护人类生存环境中所起的作用。

单元3 污染源调查与评价

　　改革开放以来，我国经济发展取得了很大成就，但粗放式的发展模式，给予我们息息相关的生态环境带来了巨大的破坏，水土流失严重、环境容量日益饱和、环境污染问题日益凸显。环境正在以它独特的方式反抗人类，人类在改造自然的过程中所造成的环境污染，不仅影响人类的生活，甚至威胁人类的生存。因此保护我们赖以生存的环境，加大对环境破坏行为的监管和惩罚力度，将环境污染违法犯罪行为扼杀在萌芽阶段，从源头控制环境污染的产生势在必行。

　　2010年环境保护部发布的《第一次全国污染源普查公报》显示，工业源是环境污染的三大主要源头之一，国内工业污染约占总污染的70%。

　　"十二五"期间，我国生态文明建设取得了很大进展，主要污染物排放持续有效减少，节能环保水平大幅提高。各级环保部门依法履行职责，加强了环境监察执法的规范化和环境信息化体系建设，组织开展企业环境污染专项治理活动，加大环保宣传，强化环境监察执法，严厉打击了环境违法犯罪行为，环境问题得到有效控制，污染源环境监管工作取得了积极的进展，形成了公众共同参与生态环境保护的良好氛围。在"十三五"期间，加强环境保护仍然是一项不变的基本任务和目标，应当转变环境监管模式，加强事件过程中、过程后的监管，制定科学高效的环境监管准则，完善监管责任制，推进监管技术现代化。对环境监管手段和机制进行创新，综合利用大数据、信用、市场与法治手段进行监管，促进环境综合执法。加强社会监督，推动执法人员和检查对象抽取的随机性并及时向社会公开检查结果，是对政府提高环境监管工作能力的新要求。新环保法实施以来，特别是国务院相关通知方案的发布进一步明确了环保监管由政府负责，并且对监管机制进行了创新：政府不仅要建立环境污染监测预警机制，更应该按照法律要求依法按时公开预警信息，开启应急模式和预案，减缓污染扩散，同时建立环境污染"黑名单"，"黑名单"将公之于众并被记录到社会诚信档案里。这一举措强调了公民有知晓、获得环境信息和依法参与环境保护监督的权利。

3.1 污染源概述

3.1.1 污染源概念和分类

3.1.1.1 污染源概念

　　污染源是指向环境中排放或释放物理的(声、光、热、辐射、振动等)、化学的(有机物、无机物)、生物的(霉菌、病菌)、有害物质(能量)的设备、装置、场所等。污染物是指以不适当的浓度、数量、速率、形态和途径进入环境系统,并对环境系统产生污染和破坏的物质或能量,也称污染物因子。

3.1.1.2 污染源分类

按照污染的产生过程可将其分为一次污染物和二次污染物。一次污染物是由污染源释放的直接危害人体健康或导致环境质量下降的污染物;二次污染物是指排放物质在一定环境条件下产生的一系列物理、化学和生物化学反应,导致环境质量下降的污染物。

3.1.2 污染源和污染物分类

在环境保护中,为了便于研究,常常根据污染源的特点进行分类调查。污染物的来源、特性、结构、形态和调查研究目的不同,分类也就不一样。污染源的分类方式有下列几种。

3.1.2.1 根据来源分类

根据污染的来源可将其分为自然污染源和人为污染源。自然污染源是指自然界自行向环境中排放有害物质或造成有害影响的场所,如正在活动的火山。人为污染源是指人类社会活动所形成的污染源。人为污染源是环境保护工作研究和控制的主要对象。详细分类如图 3-1 所示。

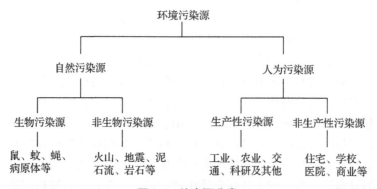

图 3-1 按来源分类

人为污染源有多种分类方法。按排放污染的种类,可分为有机污染源、无机污染源、热污染源、噪声污染源、放射性污染源、病原体污染源和同时排放多种污染物的混合污染源等。事实上,大多数污染源都属于混合污染源。例如,燃煤的火力发电厂就是一个既向大气排放二氧化硫等无机污染物,又向环境排放废热和其他废物的混合污染源。然而,在研究某一特定环境问题时,往往把某些混合污染源作为只排放某一类污染物的污染源。

3.1.2.2 根据人类社会活动功能分类

按人类社会活动功能可分为工业污染源、农业污染源、交通运输污染源和生活污染源。

3.1.2.3 根据污染源状态分类

按污染源状态可分为固定污染源和流动污染源。固定污染源是指烟道、烟囱、排气筒等排放场所。它们排放的废气中既包含固态的烟尘和粉尘，也包含气态和气溶胶态的多种有害物质。如发电厂的燃煤烟囱，钢铁厂、水泥厂、炼铝厂、有色金属冶炼厂、磷肥厂、硝酸厂、硫酸厂、石油化工厂、化学纤维厂的大工业烟囱等。流动污染源主要是指交通车辆、飞机、轮船等排气源，其排放废气中含有烟尘、有机和无机的气态有害物质。

3.1.2.4 根据对象分类

根据对象可分为土壤污染源、大气污染源、水体污染源 3 类。不同的污染物种类之间也存在着相互转化。如大气污染物二氧化硫等可随着降水进入水体循环，成为水污染物；进入水体的污染物随着灌溉等农业活动进入土壤，造成土壤污染；土壤沙尘随着风力作用造成扬尘天气又变成大气污染物。相应地，污染物状态在气液固之间完成变化和迁移。

3.1.2.5 根据污染物理化性质与生物特性划分（图 3-2）

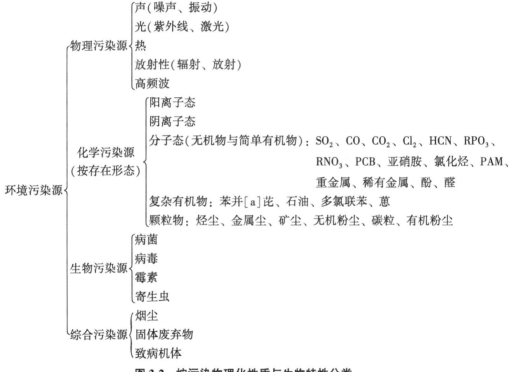

图 3-2 按污染物理化性质与生物特性分类

3.1.2.6 根据污染物分布分类

按污染物分布范围可分为局部污染物、区域污染物和全球污染物。

通过污染源调查，可以掌握污染源的类型、数量及其分布，掌握各类污染源排放的污染种种类、数量及其随时间的变化情况。通过污染源评价，可以确定一个区域内的主要污染源和主要污染物，然后提出具体可行的污染控制和治理方案，为决策提供依据。

3.1.3 污染源调查目的与原则

污染源调查是根据控制污染、改善环境质量的要求，对某一地区（如一个城市或一个流域)造成污染的原因进行调查，建立各类污染源档案，在综合分析的基础上选定评价标准，估量并比较各污染源对环境的危害程度及其潜在危险，确定该地区的重点控制对象(主要污染源和主要污染物)和控制方法的过程。

污染源调查的具体任务因目的而异。如果目的是制订某一区域的综合防治规划或环境质量管理规划，调查的任务就是全面了解区域内的污染源情况，以便确定主要污染源和主要污染物；如果目的是治理一个区域内某一类污染源，如电镀废水污染源，调查的任务就是弄清区域内电镀车间的分布情况，各个车间的生产状况、排污情况及其对环境的影响；如果目的是给日常的污染源管理提供资料，调查的任务就是查明各类污染源的情况及其对环境质量的影响等。上述各种调查可以相互结合综合开展。

污染源调查要遵循以下几个原则：

①明确目的性　明确污染源调查的目的和要求。

②把握系统性　把污染源、环境、生态和人体健康作为一个系统。

③重视联系性　重视污染源周围的环境特性。

④保持统一性　同一基础、同一标准、同一尺度。

3.1.4　污染源调查方法

3.1.4.1　区域污染源调查

区域污染源调查分为普查和详查两个阶段。普查要查清区域内的污染源和污染物的一般情况，并将调查材料进行分类整理；详查是根据区域内环境问题的特点(如主要是大气污染还是水体污染)确定进一步调查的对象，进行深入调查。所用方法都是社会调查，包括印发各种调查表，召开各种类型、不同规模的座谈会，到现场调查、访问、采样和测试等。

(1)普查

从有关部门查清区域内的工矿、交通运输等企事业单位的名单，采用发放调查表的方式对每个单位的规模、性质、排污情况进行概略性的调查；对于农业污染源和生活污染源，可到主管部门收集农业、渔业、畜牧业的基础资料、人口统计资料、供排水和生活垃圾排放等方面资料，通过分析和预测，得出评价区域内污染物排放的基本情况。在普查的基础上，确定重点调查(详查)对象。

(2)详查

详查是对重点污染源展开的系统调查。重点污染源是指污染物排放种类多(特别是含危险污染物)、排放量大、影响范围广、危害程度大的污染源。一般来说，重点污染源排放的主要污染物占调查区域内总排放量的60%以上。详查时，调查人员要深入现场实地调查和开展监测，并通过计算取得系统性的数据。

经过普查和详查资料的综合，总结出评价区域内污染源的详细状况，写出调查报告和建立污染源档案。

3.1.4.2　具体项目的污染源调查

具体项目的污染源调查类似于区域污染源调查中的详查，其内容包括以下几个方面。

(1)排放方式、排放规律调查

对废气要调查排放方式(有组织排放还是无组织排放),对于有组织排放,还要调查其源强、排放方式和排放高度等;对于废水要调查有无排污管道,是否做到清污分流,通过调查,明确废水和废液的种类、成分、浓度、排放方式、排放去向和处置方式;固体废物调查要明确废渣中的有害成分、溶出浓度、数量、处理和处置方式及贮存方法。此外,还要调查污染物的排放规律。

(2)污染物的物理、化学及生物特性

要调查重点污染源所排放的污染物的种类及其理化性质,根据其对环境的影响和排放量的大小,确定评价因子。

(3)对主要污染物进行追踪分析

对代表重点污染源特征的主要污染物要进行追踪分析,弄清其在生产工艺中的流失原因及重点发生源,以便有针对性地采取减少污染物排放的措施。

(4)污染物流失原因分析

用生产管理、能耗、水耗、原材料消耗量定额,根据工艺条件计算理论消耗量,调查国内、国际同类型的先进工厂的消耗量,与重点污染源的实际消耗量进行比较,找出差距,分析原因。

另外,还要进行设备分析和生产工艺分析,查找污染物流失的原因,计算各类原因影响的比重。

在统计污染物排放量的过程中,新建项目主要涉及两个方面:一是工程自身的污染物设计排放量;二是按治理规划和评价规定措施实施后能够实现的污染物削减量。二者之差才是评价需要的污染物最终排放量。对于改扩建项目和技术改造项目污染物的排放量的统计主要包括 3 个方面:一是改扩建和技术改造前现有污染物的实际排放量;二是改扩建和技术改造项目实施的自身污染物排放量;三是实施治理措施后能够削减的污染物量。

3.2　污染源调查内容

污染源排放的污染物种类、数量、排放方式、途径及污染源的类型和位置,直接关系到其影响对象、范围和程度。污染源调查就是要了解和掌握上述情况及其他相关问题。

3.2.1　工业污染源调查

(1)企业和项目概况

企业或项目名称、厂址、主管机关名称、企业性质、企业规模、厂区占地面积、职工构成、投产时间、产品、产量、产值、利润、生产水平、企业环境保护机构名称、辅助设施、配套工程、运输和储存方式等。

(2)工艺调查

工艺原理、工艺流程、工艺水平、设备水平、环保设施等。

(3)能源、水源、辅助材料情况

能源构成、成分、单耗、总耗,水源类型、供水方式、供水量、循环水量、循环利用率、水平衡，辅助原材料种类、产地、成分及含量、消耗定额、总消耗量。

（4）生产布局调查

企业总体布局、原料和燃料堆放场、车间、办公室、厂区、居民区、废渣堆放区、污染源位置、绿化带等。

（5）管理调查

管理体制、编制、生产制度、管理水平及经济指标，环境保护管理机构编制、管理水平。

（6）污染物治理调查

工艺改革、综合利用、管理措施、治理方案、治理工艺、投资、治理效果、运行费用、副产品的成本及销路、存在问题、改进措施、今后污染治理规划或设想。

（7）污染物排放调查

污染物种类、数量、成分、性质，排放方式、规律、途径、排放浓度、排放量，排放口位置、类型、数量、控制方法，排放去向、历史情况、事故排放情况。

（8）污染危害调查

人体健康危害调查、动植物危害调查、污染物危害造成的经济损失调查、危害生态系统情况调查。

（9）发展规划调查

生产发展方向、规模、指标、"三同时"措施、预期效果及存在问题。

3.2.2 农业污染源调查

农业生产过程中，农药、化肥使用不合理会造成环境污染，农业废物也会造成环境污染。

（1）农药使用情况调查

农药品种、使用剂量、方式、时间、施用总量、年限，有效成分含量、稳定性等。

（2）化肥使用情况调查

使用化肥的品种、数量、方式、时间、每亩平均施用量（1 亩≈667 平方米）。

（3）农业废物调查

农作物秸秆、牲畜粪便、农用机油渣等。

（4）农用机械使用情况调查

汽车、拖拉机台数、耗油量、行驶范围和路线，其他机械的使用情况等。

3.2.3 生活污染源调查

生活污染源主要指住宅、学校、医院、商业及其他公共设施。主要污染物有污水、粪便、垃圾、泥污、烟尘及废气等。

（1）城市居民人口调查

总人数、总户数、流动人口、人口构成、人口分布、密度、居住环境。

（2）城市居民用水和排水调查

用水类型，人均用水量，办公楼、旅馆、商店、医院及其他单位的用水量；排水管网情况，机关、学校、商店、医院有无化粪池及小型污水处理设施。

（3）民用燃料调查

燃料构成、燃料来源、成分、供应方式、燃料消耗量及人均燃料消耗量。

（4）城市垃圾及处理方法调查

垃圾种类、成分、构成、数量及人均垃圾量，垃圾场的分布、运输方式、处理方式，处理场自然环境、处理效果，投资、运行费用，管理人员、管理水平。

3.2.4　交通污染源调查

随着人们生活水平的不断提高，汽车拥有量不断增加，交通污染已经越来越引起人们的重视。交通污染调查的主要内容包括以下两个方面。

（1）噪声调查

车辆种类、数量、车流量、车速、路面状况、绿化状况、噪声分布。

（2）汽车尾气调查

汽车的种类、数量、用油量，燃油构成、排气量、排放浓度。

另外，根据评价区的具体情况，除上述调查内容外，还可以增设其他污染源的调查内容。在进行污染源调查时，还需同时进行自然环境背景调查和社会背景调查。自然环境背景调查包括地质、地貌、气象、水文、土壤、生物等；社会背景调查包括居民区、水源区、风景区、名胜古迹、工业区、农业区、林业区等。

3.2.5　电磁辐射污染源调查

影响人类生活环境的电磁辐射污染有天然电磁辐射污染和人为电磁辐射污染两大类。天然电磁辐射污染是由某些自然现象引起的。最常见的是雷电，雷电除了可能对电气设备、飞机、建筑物等造成直接危害外，还会在广泛的区域产生从几千赫兹到几百兆赫的极宽频率范围的严重电磁干扰。火山喷发、地震和太阳黑子活动引起的磁暴等都会产生电磁干扰。天然电磁辐射污染对短波通信的干扰极为严重。人为电磁辐射污染包括：①脉冲放电。例如，切断大电流电路时产生的火花放电，其瞬变电流很大，会产生很强的电磁辐射。它在本质上与雷电相同，只是影响区域较小。②工频交变电磁场。例如，在大功率电机、变压器以及输电线等附近的电磁场，它并不以电磁辐射的形式向外辐射，但在近场区会产生严重电磁干扰。③射频电磁辐射。例如，无线电广播、电视、微波通信等各种射频设备的辐射，频率范围宽，影响区域也较大，能危害近场区的工作人员。射频电磁辐射已经成为电磁辐射污染环境的主要影响因素。

3.2.5.1　电磁辐射污染源的种类

（1）广播电视发射设备

该类设备主要是无线电广播通信，各地广播电视的发射台和中转台等。

（2）通信雷达及导航发射设备通信

该类设备包括短波发射台，微波通信站、地面卫星通信站、移动通信站。

（3）工业、科研、医疗高频设备

该类设备把电能转换为热能或其他能量加以利用，但伴有电磁辐射产生并泄漏出去，引起工作场所环境污染。工业用电磁辐射设备主要为高频感应加热设备，如高频淬火、高频焊接和高频炉、高频熔炼设备等，以及高频介质加热设备，如塑料热合机、高频干燥处理机、高频介质加热联动机等。医疗用电磁辐射设备主要为短波、超短波理疗设备，如高频理疗机、超短波理疗机、紫外线理疗机等。科学研究电磁辐射设备主要为电子加速器及各种超声波装置、电磁灶等。

（4）交通系统电磁辐射干扰

该类设备包括电气化铁路、轻轨及电气化铁道、有轨道电车、无轨道电车等。

（5）电力系统电磁辐射

高压输电线包括架空输电线和地下电缆，变电站包括发电厂和变压器电站。

（6）家用电器电磁辐射

该类家用电器有微波加热与发射设备，包括计算机、显示器、电视机、微波炉、无线电话等。与人们日常生活密切相关的家庭生活中的电磁波污染，是指各种电子生活产品，包括空调机、计算机、电视机、电冰箱、微波炉、卡拉 OK 机、VCD 机、音响、电热毯、移动电话等，在正常工作时所产生的各种不同波长和频率的电磁波对人的干扰、影响与危害。

3.2.5.2　电磁辐射污染源调查内容

①自然界电磁辐射源　雷电、恒星爆发、太阳黑子、宇宙射线等。

②人工电磁辐射源　电磁系统等射频设备的名称、型号、输出功率、输出形式、工作频率、屏蔽条件、接地状况。

③射频设备近区场强分布情况的调查与测试　以其对通信信号的干扰作为电磁污染源调查的主要指标之一。

3.2.6　噪声污染源调查

噪声是一种能量污染（也称环境干扰），其影响范围小、时间短，声源一旦停止发声，影响即结束，没有残留物。噪声污染主要有以下来源。

（1）交通噪声

城市噪声污染区域最严重的是交通干线两侧区域和 2 类功能区的商业区，其中交通干线两侧区域夜间超标率最大。

（2）社会生活噪声

随着城市生活区域的扩大，人们生活水平日益提高，社交活动更加频繁，各类公共娱乐场所数量不断增加，营业时间加长，尤其是群众文体活动如广场舞等成为新的噪声污染来源。

（3）建筑施工噪声

建筑施工噪声对周围群众的影响持续增加，夜间施工噪声在一些城市环境噪声投诉中占首位。建筑施工包括公用设施如地铁、高速公路、桥梁，敷设地下管道和电缆等，以及工业与民用建筑施工过程中使用的各种不同性能的动力机械，都成为噪声污染严重的场所。某些施工现场紧邻居住建筑群，对居民的生活造成很大的干扰。

（4）工业企业噪声

工业噪声不再是城市区域的主要噪声源，但有从城市向农村转移的趋势。对工业噪声源的调查内容主要是声源(机械运行的互相撞击、摩擦等产生)的数量、位置和机械运行规律，车间噪声等级及其与周围居民的关系；对于社会噪声源，主要调查娱乐业扬声器、餐饮业炊事机械和用具等发声噪声等级及波及范围。

3.2.7　放射性污染源调查

环境中的放射性污染源分为自然放射源和人工放射源两大类。人工放射性污染源可能由核试验、核工业、原子反应堆、核动力及核废物的排放产生，其调查首先是本底调查，明确评价区内水、土、气、农作物等的环境本底值含量——这是研究人工放射性污染源的基础。2006年我国第一次全国污染源普查，对放射性污染源进行了较为全面的调查。普查对象是我国所有排放污染物的工业源、农业源、生活源和集中式污染治理设施放射性物质排放的产业活动单位。民用核技术利用单位和大型电磁辐射设施使用单位也是放射性污染源的普查内容之一。放射性污染物普查对象主要集中在工业源与生活源，重点是伴生放射性矿产资源的开采、冶炼和加工过程中产生的放射性污染源，工业源中放射源(含射线装置)和电磁辐射设备(设施)以及生活源(即医院)中放射源(含射线装置)和电磁辐射设备(设施)。

放射性污染源调查内容包括使用辐射源单位的类型、位置和原料来源，放射性废物的处置与排放方式、排放地点、排放量以及周围环境受放射性污染的情况，现场测定 α、β 剂量。

【拓展】

2006年我国第一次全国污染源普查

普查对象为中华人民共和国境内所有排放污染物的工业源、农业源、生活源和集中式污染治理设施。普查内容包括：

(1)工业污染源

工业污染源普查的内容和范围：主要普查《国民经济行业分类》第二产业中除建筑业(含4个行业)外39个行业中的所有产业活动单位，包括采矿业，制造业，电力、燃气及水的生产和供应业等排放的污染物，调查污染源的基本情况、污染物的种类、数量和浓度、污染治理设施及其运行情况等指标。

工业源普查对象分为重点污染源和一般污染源，分别进行详细调查和简要调查。

重点污染源范围：

①有重金属、危险废物、放射性物质排放的所有产业活动单位。

②11个重污染行业[造纸及纸制品业、农副食品加工业、化学原料及化学制品制造业、纺织业、黑色金属冶炼及压延加工业、食品制造业、电力/热力的生产和供应业、皮革毛皮羽毛(绒)及其制品业、石油加工/炼焦及核燃料加工业、非金属矿物制品业、有色金属冶炼及压延加工业]中的所有产业活动单位。

③16个重点行业(饮料制造业、医药制造业、化学纤维制造业、交通运输设备制造业、煤炭开采和洗选业、有色金属矿采选业、木材加工及木竹藤棕草制品业、石油和天然气开采业、通用设备制造业、黑色金属矿采选业、非金属矿采选业、纺织服装/

鞋/帽制造业、水的生产和供应业、金属制品业、专用设备制造业、计算机及其他电子设备制造业)中规模以上的企业。

一般污染源是指工业源中除重点污染源以外的工业企业。

(2)农业污染源

农业污染源主要普查第一产业中的农业、畜牧业和渔业。以规模化养殖场和农业面源为主的农业污染源排放的污染物,包括污染来源、主要污染物排放量、排放规律、污染治理设施及其运行情况等指标。

农业源普查范围主要是结合优势农产品区划,针对谷物种植业、油料和豆类作物种植业、棉麻等种植业、蔬菜及花卉种植业、茶果类及中药材种植业的主要产区开展肥料、农药和农膜污染调查。

畜牧业和渔业源普查范围是人工饲养的规模化畜禽养殖场、养殖小区和养殖专业户、淡水及近海滩涂养殖场。

(3)生活污染源

生活污染源主要普查第三产业中有污染物排放的单位和城镇居民生活污染。

第三产业普查范围主要是具有一定规模的住宿业、餐饮业、居民服务和其他服务业(包括洗染、理发及美容保健、洗浴、摄影扩印、汽车与摩托车维修与保养业)、医院、具有独立燃烧设施的机关事业单位、机动车、民用核技术利用和大型电磁辐射设施使用单位。

城镇居民生活污染普查以城市市区、县城、建制镇为单位(不包括村庄和集镇)进行生活能源消耗量和生活污水、生活垃圾排放量的调查。

(4)集中式污染治理设施

集中式污染治理设施普查范围是城镇污水处理厂、垃圾处理厂(场)和危险废物处置厂等。

3.3 污染源调查与评价方法

3.3.1 污染源调查工作方法

污染源调查一般是采用普查与详查相结合的方法。对于排放量大、影响范围广泛、危害严重的重点污染源,应进行详查。详查时污染源调查人员要深入现场,核实被调查对象填报的数据是否准确,同时进行必要的监测。其余的非重点污染源一般采用普查的方法。进行污染源普查时,对调查时间、项目、方法、标准都要做出规定并采取统一表格。表格一般由被调查对象填写。

污染源的调查一般分为以下 3 个阶段。

①准备、收集资料阶段;

②实地调查、监测、评价阶段;

③总结并提出污染防治对策阶段。

3.3.2 污染源调查技术方法

主要采用的方法有物料衡算法、排污系数法、实地监测法。

3.3.2.1　物料衡算法

该方法的依据是物质不灭定律，根据工厂的原料、燃料、产品、生产工艺及副产方面的平衡数据来推求污染物的排放量。

（1）基础数据

基础数据包括：产品的生产工艺过程、产品生成的化学反应式和反应条件；污染物产品、副产品、回收物品、原料、材料及中间体中的含量；产品产量、纯度（质量）；原材料消耗量以及杂质含量；回收物数量及质量；产品得率、转化率；污染物的去除效率、污染物排放的监测数据。

（2）衡算模型

物料衡算的数学模型为：

$$A = B - (a + b + c + d) \tag{3-1}$$

式中　A——污染物流失总量；

　　　B——生产过程中使用或生成的某种污染物总量；

　　　a——进入主产品结构中的该污染物总量；

　　　b——进入副产品、回收品中的该污染物量；

　　　c——在生产过程中分解、转化掉的该污染物量；

　　　d——采取净化措施处理掉的该污染物量。

如果对各种产品制定 A、B、a、b、c、d 的相应定额值 $A_定$、$B_定$、$a_定$、$b_定$、$c_定$、$d_定$，则污染物的流失总量为：

$$A = A_定 M = [B_定 - (a_定 + b_定 + c_定 + d_定)] M \tag{3-2}$$

式中　M——某种产品总产量。

计算中各种定额值按下述方法计算：

$$B_定 = U_1 H_1 H_{1S} K_{H1} + U_2 H_2 H_{2S} K_{H2} + \cdots + U_n H_n H_{nS} K_{Hn} \tag{3-3}$$

式中　U——原料在生产过程中的转化率，%；

　　　H——单位产品中所消耗的物质量，kg/t；

　　　H_S——原料主要成分的纯度，%；

　　　K_H——当量换算系数。

$$K_H = \frac{W}{E + W} \text{ 或 } K_H = \frac{W}{W - E} \tag{3-4}$$

式中　$E+W$——构成污染物的化合物的质量；

　　　E——产生污染物的化合物的质量；

　　　W——污染物量。

单位产品中的物质定额量：

$$a_定 = 1000 M_S K_M \tag{3-5}$$

式中 M_S——主产品中与某种物质有关的主要成分的纯度,%;

  K_M——当量换算系数。

副产品和回收物中某物质的定额量:

$$b_{定} = FF_SK_F \qquad\qquad (3\text{-}6)$$

式中 F——副产品、回收物品中的回收定额;

  F_S——副产品、回收物品中某种物质的主要成分的纯度,%;

  K_F——当量换算系数。

产品生产中某种物质的转化定额:

$$c_{定} = LL_SK_S \qquad\qquad (3\text{-}7)$$

式中 L——分解定额;

  L_S——分解物中某物质的主成分的纯度,%;

  K_S——当量换算系数。

确定去除量或净化定额:

$$d_{定} = L_\alpha - L_\beta \qquad\qquad (3\text{-}8)$$

式中 L_α——治理前的污染物浓度;

  L_β——治理后的污染物浓度。

根据式(3-3)至式(3-8)的计算结果,再由式(3-2)就可以求出污染物的排放总量。

物料平衡计算法以理论计算为基础,在当量换算系数取值的大小上平衡了设备理想状态运行与实际运行的差异。

3.3.2.2 排污系数法

依据单位产品排放污染物的数量估计总排放量

$$G_i = MR_i \qquad\qquad (3\text{-}9)$$

式中 G_i——某污染物排放总量;

  M——产品产量;

  R_i——某污染物单位产品的排放量,即产品的排污系数,与原材料、生产工艺、生产设备以及操作水平有关,可依类比分析法进行取值。

3.3.2.3 实地监测法

(1)废水及排污量监测

废水流量可用流量计、流速仪测定。在生产过程变化不定的情况下,废水样可在不同时间采集,然后用不同流量加权混合检验分析。

污染物排放量可按下式计算:

$$M_i = C_iQ \qquad\qquad (3\text{-}10)$$

式中 M_i——第 i 种污染物排放总量;

  C_i——第 i 种污染物平均浓度;

  Q——废水流量。

对于不同类别工矿企业废水监测项目,一般可按表3-1选取。

表 3-1 不同类别企业废水监测项目

企业类别		监测项目
城市污水处理厂（只接纳生活污水）		COD、BOD_5、悬浮物、动植物油、石油类、阴离子表面活性剂、总氮、氨氮、总磷、色度、pH、粪大肠菌群数
城市污水处理厂（接纳工业废水）		COD、BOD_5、悬浮物、动植物油、石油类、阴离子表面活性剂、总氮、氨氮、总磷、色度、pH、粪大肠菌群数、总汞、总镉、总铬、六价铬、总砷、总铅
生产区及娱乐设施		pH、BOD_5、COD、悬浮物、氨氮、总磷、阴离子表面活性剂、动植物油
黑色金属矿山（包括磷铁矿、赤铁矿、锰矿等）		pH、COD、悬浮物、硫化物、铜、铅、锌、镉、镍、铬、锰、砷、汞、六价铬
钢铁工业（包括选矿、烧结、炼焦、炼钢、轧钢等）		pH、COD、悬浮物、硫化物、氟化物、挥发酚、总氰化物、石油类、总铜、总锌、总镉、总镍、总铬、总锰、总砷、总汞、六价铬
选矿药剂		pH、COD、BOD_5、悬浮物、硫化物、总铜、总铅、总锌、总镉、总镍、总铬、总锰、总砷、总汞、六价铬
有色金属矿山及冶炼（包括选矿、烧结、电解、精炼等）		pH、COD、悬浮物、总氰化物、硫化物、总铜、总锌、总镍、总铬、总锰、总砷、总汞、六价铬、总铍、氨氮、BOD_5*、色度*、石油类*、铁*、总铅*、总镉*
非金属矿物制品业		pH、COD、BOD_5、悬浮物、总铜、总铅、总锌、总镉、总镍、总铬、总锰、总砷、总汞、六价铬、氨氮
电力、蒸汽、热水生产和供应业		pH、COD、悬浮物、石油类、氨氮、氟化物、硫化物
煤气生产和供应业		pH、COD、BOD_5、悬浮物、硫化物、石油类、挥发酚
煤矿（包括洗煤）		pH、COD、悬浮物、硫化物、石油类、总砷
焦化		pH、COD、BOD_5、悬浮物、硫化物、总氰化物、挥发酚、石油类、氨氮、苯系物、总砷、苯并[a]芘
石油加工及炼焦业		pH、COD、BOD_5、悬浮物、石油类、硫化物、挥发酚、总有机碳、氨氮
化学矿开采	硫化矿	pH、COD、BOD_5、悬浮物、硫化物、总砷
	磷矿	pH、COD、悬浮物、氟化物、硫化物、总磷
	萤石矿	pH、COD、悬浮物、氟化物
	汞矿	pH、COD、悬浮物、硫化物、总铅、总砷、总汞
	雄黄矿	pH、COD、悬浮物、硫化物、总砷
无机原料	硫酸	pH、COD、悬浮物、氟化物、硫化物、总铜、总铅、总锌、总镉、总镍、总铬、总锰、总砷、总汞、六价铬
	氯碱	pH、COD、悬浮物、总汞
	铬盐	pH、COD、悬浮物、六价铬、总铬
有机原料		pH、COD、悬浮物、挥发酚、总氰化物、苯系物、总有机碳
塑料		pH、COD、BOD_5、悬浮物、总有机碳、氨氮、石油类、硫化物
化纤		pH、COD、BOD_5、悬浮物、石油类、色度、总有机碳、氨氮、硫化物
橡胶		pH、COD、BOD_5、悬浮物、硫化物、总有机碳、氨氮、石油类、六价铬
制药		pH、COD、BOD_5、悬浮物、氨氮、动植物油、总有机碳、石油类*、苯胺类*、挥发酚*
染料		pH、COD、悬浮物、氨氮、挥发酚、色度、硫化物、苯胺类、总有机碳

（续）

企业类别		监测项目
颜料		pH、COD、悬浮物、硫化物、色度、总有机碳、总铜、总铅、总锌、总镉、总镍、总铬、总砷、总汞、六价铬
油漆		pH、COD、悬浮物、挥发酚、石油类、六价铬、总铅、总有机碳
合成洗涤剂		pH、COD、BOD$_5$、悬浮物、氨氮、阴离子表面活性剂、石油类、总有机碳、总磷
合成脂肪酸		pH、COD、悬浮物、动植物油、总有机碳
聚氯乙烯		pH、悬浮物、COD、BOD$_5$、总有机碳、硫化物、总汞、氯乙烯
感光材料、广播电影电视业		pH、COD、悬浮物、硫化物、总银、总有机碳、氨氮、氟化物*、挥发酚*、总氰化物*
其他有机化工		pH、COD、BOD$_5$、悬浮物、石油类、氨氮、总有机碳、六价铬*、铅*、镉*、砷*、汞*、色度*、挥发酚*、总氰化物*
化肥	磷肥	pH、COD、悬浮物、总磷、氟化物、氨氮
	氮肥	pH、COD、BOD$_5$、悬浮物、氨氮、挥发酚、总磷
农药	有机磷	pH、COD、BOD$_5$、悬浮物、挥发酚、硫化物、有机磷农药、总磷、氨氮
	有机氯	pH、COD、BOD$_5$、悬浮物、挥发酚、硫化物、有机氯、氨氮
除草剂工业		pH、悬浮物、COD、总有机碳
电镀		pH、COD、悬浮物、总氰化物、总铜、总锌、总镍、总铬、总汞、六价铬、总铍、石油类、总磷、总氮、氨氮、总铝、总铁、总铅*、总镉*、总砷*、氟化物*、总银*
烧碱		pH、悬浮物、总汞
电气机械及器材制造业		pH、悬浮物、COD、BOD$_5$、石油类、总铜、总锌、总镍、总铬、总锰、总砷、六价铬、总铍、氨氮、氟化物*、总磷*、总氮*、铁*、总银*、总氰化物*、总铅*、总镉*、总汞*
普通机械制造		pH、悬浮物、COD、BOD$_5$、石油类、总氰化物、总铜、总铅、总锌、总镉、总镍、总铬、总锰、总砷、总汞、六价铬、总铍
电子仪器、仪表		pH、COD、BOD$_5$、悬浮物、总铜、总锌、总锰、总砷、总铍、氨氮、总氰化物*、总铅*、总镉*、总镍*、总铬*、总汞*、六价铬*、石油类*、氟化物*、总磷*、总氮*、铁*、总银*
造纸及纸制品业		pH、COD、BOD$_5$、悬浮物、色度、氨氮、总氮、总磷、可吸附有机卤化物*（适用于采用含氯漂白工艺，在车间或生产设施废水排口采样）
纺织印染		pH值、COD、BOD$_5$、悬浮物、总氮、氨氮、总磷、色度、六价铬、硫化物、苯胺类、铜*、挥发酚*、二氧化氯*
皮革、毛皮、羽绒服及其制品		pH、COD、BOD$_5$、悬浮物、硫化物、氨氮、总铬、六价铬、石油类
水泥		pH、COD、悬浮物、石油类
油毡		pH、COD、BOD$_5$、悬浮物、挥发酚、硫化物、石油类
玻璃、玻璃纤维		pH、COD、BOD$_5$、悬浮物、挥发酚、总氰化物、氟化物
陶瓷制造		pH、COD、BOD$_5$、悬浮物、总铅、总锌、六价铬、总铍、氨氮、总磷、总氮、石油类、硫化物、氟化物、钡、钴、总铜*、总镉*、总镍*、总铬*、可吸附有机卤化物*、总锰*、总砷*、总汞*
石棉（开采与加工）		pH、COD、悬浮物、石棉、挥发酚

（续）

企业类别	监测项目
木材加工	pH、悬浮物、COD、BOD_5、挥发酚、氨氮
食品加工、发酵、酿造、味精	pH、COD、BOD_5、悬浮物、色度、氨氮、总磷、动植物油、硝酸盐氮*
养殖、屠宰及肉类加工	pH、悬浮物、COD、BOD_5、动植物油、氨氮、总大肠菌群
饮料制造业	pH、悬浮物、COD、BOD_5、氨氮、总磷、动植物油*、色度*
柠檬酸工业	pH、悬浮物、COD、BOD_5、氨氮
船舶工业	pH、悬浮物、COD、六价铬、总锌、总铜、总镍、总砷、总镉、总氰化物、苯系物
制糖	pH、COD、BOD_5、悬浮物、氨氮、色度、石油类
电池	pH、悬浮物、总铅、总锌、总镍、总铬、总锰、总砷、总铍、氨氮、总铜*、总镉*、总汞*、六价铬*
管道运输业	pH、悬浮物、COD、BOD_5、石油类、氨氮
火工	pH、COD、悬浮物、硫化物、总铜、总铅、总锌、总镉、总镍、总铬
电池	pH、COD、悬浮物、总铜、总铅、总锌、总镉、总镍、总铬、总汞
绝缘材料	pH、COD、悬浮物、石油类、挥发酚
卫生用品制造业	pH、悬浮物、COD、石油类、挥发酚、氨氮、总磷

注：1. *为选测项目。

2. 若企业为循环不用水，不对外排放废水，可不开展监测，但应当提供监察部门的相关证明作为支撑。

就某一企业而言，其产品、原材料、生产工艺一旦确定，通过对原料、产品、中间产品的特性及生产工艺的分析，则该厂矿所排废水中主要有哪些污染物基本上是可以确定的，所以废水有时也可根据产生废水的行业部门或生产工艺来命名，例如，焦化厂废水的主要污染物有 COD、硫化物、挥发性酚、氰化物、石油类等；而电镀废水中其主要污染物有重金属、氰化物、酸度（pH）等。

（2）废气及排放量监测

工业废气检测是对企业厂区内燃料燃烧和生产工艺过程中产生的各种排入空气的含有污染物气体检测的总称。工业废气检测通常分为有机废气检测和无机废气检测。有机废气成分主要包括各种烃类、醇类、醛类、酸类、酮类和胺类等；无机废气成分主要包括硫氧化物、氮氧化物、碳氧化物、卤素及其成分的化合物等。工业废气根据其产生的排风量、温度、浓度及自身的化学物理性质，所采用的治理方法各不相同。

工业废气经常检测的工业气体含有工厂车间所产生的苯、甲苯、二甲苯、醋酸乙酯、丙酮丁酮、乙醇、丙烯酸、甲醛等有机废气以及硫化氢、二氧化硫、氨等酸碱类无机废气。具体需要检测的相关参数有以下 3 类：

①温度、相对湿度、空气流速、新风量、总悬浮颗粒等；

②锅炉烟尘、工业炉窑烟尘、烟气林格曼黑度、可吸入颗粒物、铬酸雾等；

③氨、氟化物、氯化氢、硫酸雾、二硫化碳、一氧化碳、二氧化氮、氮氧化物、臭氧、二氧化硫、硫化氢、氰化氢、氯气、酚类化合物、饮食业油烟、苯胺类、甲醛、苯系物、苯、甲苯、二甲苯、苯乙烯、总挥发性有机物（TVOC）、甲醇、丙酮、总烃、丙烯腈、丙烯醛、非甲烷总烃、乙醛、氯乙烯、硝基苯、甲烷等成分。

3.3.3 污染源评价技术方法

污染源评价的目的是要把标准各异、量纲不同的污染源和污染物的排放量，通过一定的数学方法变成一个统一的可比较值，从而确定出主要的污染物和污染源。

污染源评价方法很多，目前多采用等标污染负荷法和排毒系数法，分别对水、气污染物进行评价。

3.3.3.1 等标污染负荷法

(1)污染物的等标污染负荷

$$P_i = \frac{C_i}{S_i} \times Q_i \times 10^{-9} \tag{3-11}$$

式中　P_i——某污染物等标污染负荷，t/d；

　　　C_i——某污染物的实测浓度，mg/L(水)或 mg/m³(气)；

　　　S_i——某污染物的排放浓度标准与 C_i 同单位的数值，为无因次量；

　　　Q_i——某污染物的排放量，L/d(针对水)或 m/d(针对气)。

污染源(工厂)的等标污染负荷 P_n 是其所排各种污染物的等标负荷之和，即：

$$P_n = \sum P_i \tag{3-12}$$

区域的等标污染负荷 P_m 为该区域(或流域)内所有污染源的等标污染负荷之和，即：

$$P_m = \sum P_n \tag{3-13}$$

(2)污染物等标负荷比

污染物占工厂的等标污染负荷比：

$$K_i = \frac{P_i}{\sum P_i} = \frac{P_i}{P_n} \tag{3-14}$$

污染源占区域的等标污染负荷比：

$$K_n = \frac{P_n}{\sum P_n} \tag{3-15}$$

(3)主要污染物的确定

将污染物等标污染负荷按大小排列，从小到大计算累计百分比，将累计百分比大于80%的污染物列为主要污染物。

(4)主要污染源的确定

将污染源按等标污染物负荷大小排列，计算累计百分比，将累计百分比大于80%的污染物列为主要污染源。

采用等标污染负荷法处理容易造成一些毒性大、在环境中易于积累且排放量较小的污染物被漏掉。然而，对这些污染物的排放控制又是必要的，计算后，还应做全面考虑和分析，最后确定主要污染源和主要污染物。

3.3.3.2 排毒系数法

污染物的排毒系数为：

$$F_i = \frac{m_i}{d_i} \qquad\qquad (3\text{-}16)$$

式中 m_i——污染物排放量，mg/d；

$\quad\quad d_i$——能导致一个人出现毒作用反应的污染物最小摄入量，mg/人，根据毒理学实验所得的毒作用剂量阈值计算求得：

废水中污染物 d_i = 污染物毒作用阈剂量(mg/kg) × 成年人平均体重(kg/ 人)

$$(3\text{-}17)$$

式中，成年人平均体重以 55kg/人计算。

废气中污染物 d_i = 污染物毒作用阈剂量(mg/kg) × 人体每日吸入空气量(m³/ 人)

$$(3\text{-}18)$$

式中，人体每日吸入空气量以 10m³/人计算。

思考与练习

1. 什么是污染源？什么是污染物？
2. 污染源调查的目的有哪些？
3. 工业污染源调查的内容有哪些？
4. 噪声污染有哪些来源？
5. 污染源调查的技术方法通常有哪几种？
6. 污染源评价方法有哪些？

单元4 环境质量现状评价

本单元主要介绍了环境质量现状评价的相关内容。了解环境质量现状评价的定义、目的和意义，以及评价的基本步骤和方法。详细探讨污染源调查与评价的方法和技巧，包括污染源的识别、分类和定位，以及污染物的种类、来源和排放特性等。通过学习本单元，掌握环境质量现状评价的基本理论和技术，为实际的环境管理和保护工作提供科学依据。

4.1 环境质量现状评价概述

对一定区域内人类近期和当前的活动导致的环境质量变化，以及受此变化引起人类与环境结构之间的价值关系的改变进行的评价称为环境质量现状评价。

4.1.1 环境质量现状评价的基本程序

4.1.1.1 确定评价目的和计划

进行环境质量现状评价首先要确定评价目的，评价目的主要是指该评价的性质、要求以及评价结果的作用等。评价目的决定了评价区域的范围、评价参数(目的、项目)、采用的评价标准及评价方法。评价前应制订评价工作大纲和具体实施计划。

4.1.1.2 收集与评价有关的背景资料

①水文观察资料；
②气象观察资料；
③环境监测资料；
④国民经济统计资料；
⑤部门调查资料；
⑥区域调查资料；
⑦研究成果资料；
⑧生物群落调查资料。

4.1.1.3 环境质量现状监测

在背景资料收集、分析、整理的基础上，进行环境质量现状监测。现状监测首先要制订监测方案，包括以下内容。

(1)监测项目(因子)

能够体现环境质量的项目很多，现实工作中没有必要监测所有项目，确定监测项目要遵守优先监测原则，即对环境质量影响大的污染物优先(毒性大，易残留的)；有可靠的监测方法、手段，并能获得准确数据的污染物优先；有环境标准或有可比性资料依据的优先；人类活动排放量大的污染物优先。

(2)确定监测范围

建设项目、城市、区域、流域等的监测范围取决于评价目的和评价范围的大小。

(3)确定监测时间

根据污染物的排放方式(如间隙或连续排放)、特点、规律、气象(风向、风速、大气稳定度)、水文条件(枯水、丰水、平水)，确定采样时间(每次采样从开始到结束的时间，又称采样时段)和采样频率(一定时间内的采样次数)。

(4)确定监测点位

环境要素和监测项目不同，监测点位的布置也不同。布点方法一般有扇形布点法、同心圆布点法、网格布点法和功能区布点法。

4.1.1.4 采用适当方法进行现状评价

一般采用指数评价。指数有多种形式，得出主要污染因子、主要污染源(物)、污染程度、对人和生物的危害状况等。

4.1.1.5 提出评价结论及对策

针对评价目的、所要解决的问题，提出合理的治理保护对策。

这是一般程序和过程，针对具体现状评价、评价程序会有所变化。

4.1.2 环境质量现状评价的方法

环境质量现状评价主要采用环境指数评价法。

4.1.2.1 关于环境指数

环境指数的演进过程：直觉感官性状指标—单项物理、化学和生物指标—环境质量指数。

最早的水环境质量指数是1965年霍顿(Horton)指数；最早的大气环境质量指数是1966年格林(Green)指数。

环境质量指数：环境指数的值设计成随环境质量提高而递增。

环境污染指数：环境指数的值设计成随环境污染程度的增加而递增。

在实际使用中并没有如此严格的区分。

4.1.2.2 用环境指数法评价环境质量的主要环节

(1)所要评价的环境要素及其评价参数的确定

确定评价因子的依据主要有：

①环境质量评价的目的和要求，所选择的评价参数应能满足预定的目的和要求。

②区域污染源调查和评价所确定的主要污染物和污染源。

③评价费用的限额与评价单位可能提供的监测和测试条件。

④尽可能选用环境质量标准所规定的因子。

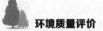

 环境质量评价

（2）环境指数的设计、选用和综合

环境质量指数很多，现状评价尽可能选择国内外或地区范围内通用的指数，以便使评价结果具有可比性，并可节省工作量。其次可选用国内外使用较多、较成熟的指数。在万不得已时才自行设计指数，新设计的指数要求物理概念明确，便于解释，同时易于计算。

建立环境指数的一般过程是：单元指数—分指数—综合指数。

单元指数：可看作某一环境要素的某一环境污染物（环境因子）的指数。

分指数：可看作某一环境要素的环境指数。

综合指数：可看作某一区域各个环境要素的综合。

无论是从单元指数到分指数还是从分指数到综合指数，都有一个指数综合的过程。有以下4种主要的综合方程。

①叠加型指数

$$I = \sum_{i=1}^{n} P_i = \sum_{i=1}^{n} \frac{C_i}{S_i}$$

②均值型指数

$$I = \frac{1}{n} \sum_{i=1}^{n} \frac{C_i}{S_i}$$

③加权均值型

$$I = \frac{1}{n} \sum_{i=1}^{n} W_i P_i$$

④加权平均兼顾权值

$$I = \sqrt{\frac{I_{max}^2 + \left(\frac{1}{n} \sum_{i=1}^{n} I_i\right)^2}{2}}$$

或

$$I = \sqrt{I_{max} \times \left(\frac{1}{n} \sum_{i=1}^{n} I_i\right)}$$

（3）权值的确定

将单元指数综合为分指数，还是将分指数综合为综合指数，都涉及权重的确定。要准确确定权重非常困难，关键是要深入研究各种污染物对生物、人体的影响，特别是要通过毒理学试验确定各种物质的拮抗、加成、协同等作用。可依两种情况，采用不同方法定权。

①评价参数为抽象、宏观时，如美学评价参数，综合评价中的大气、水体评价参数的综合，常采用专家打分法和调查统计法。

②评价参数为抽象、微观时，常采用序列综合法和公式法。

（4）环境质量分级

为了评价环境质量现状，需要将指数法与环境质量状况联系起来，建立分级系统。定量数字赋予环境质量具体内容，即对定量环境指数给予定性解释。因为相同的数字在不同的环境单元或环境要素中，可能代表不同的环境质量内容。

4.1.2.3　环境质量指数计算

环境指数评价法是以原始监测数据的统计值与规定的评价标准为依据,通过数学模式计算出无量纲的数字——环境质量指数,用它作为环境质量的尺度。单元指数的计算分为以下 3 种情况:

①污染危害程度随浓度增加而增加的评价参数(绝大多数)

$$I = \frac{C_i}{S_i}$$

②污染危害程度随浓度增加而降低的评价参数(如 DO)

$$I_i = \frac{C_{i_{max}} - C_i}{C_{i_{max}} - S_i}$$

③对具有最低和最高允许限度的评价参数(如 pH)

$$I_i = \frac{C_i - \bar{S}_i}{S_{i_{max}} - \bar{S}_i}$$

4.2　污染源调查与评价

4.2.1　污染源调查

4.2.1.1　污染源调查的目的

①弄清污染源的类型、数量、分布;
②各种污染源排放污染物的种类、数量及随时间的变化;
③各种污染物的排放方式和排放规律;
④污染源排放的污染物对人群及环境的影响和危害;
⑤已经采取的治理措施和效益等。

基于以上调查目的,通过污染源调查,为环境质量评价和区域环境综合治理提供依据。

4.2.1.2　污染源调查内容

污染源调查的重点是人为污染源,人为污染源又分为工业污染源、农业污染源、生活污染源、交通污染源等。

(1)工业污染源调查内容

①生产和管理,包括概况调查、工艺调查、能源和原材料调查、水源调查、生产布局调查、管理调查;②三废排放及治理(三废排放调查和三废治理调查);③三废危害调查;④生产发展调查;⑤环境背景调查。

自然环境背景包括地质、水文、气象、土壤、生物等;社会环境背景包括居民区、水源地、风景区、名胜古迹、农林区等。

(2)农业污染源调查内容

①农药使用情况调查；②化肥使用情况调查；③农业废弃物调查：农作物秸秆、粪便、机油等；④水土流失情况调查。

(3)生活污染源调查内容

主要包括城市垃圾调查、粪便、城市污水、生活污泥等。

(4)交通污染源调查内容

①噪声调查；②尾气调查。

4.2.1.3 污染源调查方法

(1)污染源的普查

污染源调查的基本方法是社会调查，包括印发各种调查表，召开各种类型的座谈会，进行调查、访问、采样、测试等。

(2)污染源的重点调查

在普查的基础上，选择规模大、污染物排放量大、影响范围广、危害程度大的污染物作为重点调查对象。主要调查内容包括排放方式及规律，污染物的物理、化学和生物特征，污染物流失原因分析等。

4.2.1.4 污染物排放量的计算

我国目前污染物排放量的计算方法有很多种，通常采用以下几种，即物料衡算法、经验计算法、类推法和实测法等。

(1)物料衡算法

物料衡算法是我国当前比较流行和广泛采用的方法，也是一种比较科学、合理的计算方法。物料衡算法是指根据物质质量守恒原理，利用物料投入量总和与产出量总和相等，对生产过程中使用的物料变化情况进行定量核算的一种方法。

物料衡算法的基本模式为：

污染物总流失量(C)＝原料、燃料中污染物的总释放量(A)－进入产品、副产品的污染物总量(B)

(2)经验计算法

经验计算法是根据生产过程中单位产品(原料、产值)的经验排放系数求得污染物排放量的方法，又称排污系数法，分别称为单位产品的排污系数、单位原料的排污系数和单位产值的排污系数。

单位产品的排污系数的计算公式为：

$$G_i = K_i \times \frac{W}{1000}$$

式中　G_i——某污染物排放量，t/a；

　　　K_i——某污染物单位产品的经验排放系数，kg/t；

　　　W——产品年产量，t/a。

在运用经验计算法预估污染物排放量时，排放系数的选取是计算中的关键问题，它随生产规模、工艺流程、设备类型、原料成分、操作管理以及外部因素(如天气)而变化，在选取时应视实际情况予以修正。在相关书籍、资料中可查到经验排放系数。经验计算法虽然不够精确，但其简便、快捷，因而应用越来越广。特别是随着我国各厂矿企业的环境监测工作越来越趋于完善，经验排放系数将得到不断修正补充，从而更加接近实际情况，使它能更加满足预测工作的需要。

（3）类推法

类推法在做环境影响评价时经常用到，是根据已建成投产的类似工程项目的实际排放情况进行推算的方法，在缺乏资料的情况下常用此法。但使用过程中，应注意生产规模、工艺、操作等条件的差异。

（4）实测法

可通过连续或间断采集样品，分析测定工厂或车间外排的废水和废气量及浓度，按下式计算：

$$M_i = C_i \times Q_i \times 10^{-6} \text{（水）}$$

$$M_i = C_i \times Q_i \times 10^{-9} \text{（气）}$$

式中　M_i——污染物排放量，t/a 或 t/d；

　　　C_i——实测浓度，mg/L（水）或 mg/m³（气）；

　　　Q_i——废水、废气排放量，m³/a 或 m³/d。

4.2.2　污染源评价

4.2.2.1　评价目的

污染源评价是在查明污染物排放地点、排放方式、数量和规律的基础上，综合考虑污染物毒性、危害和环境功能等因素，通过适当数学处理或标准化处理，以潜在污染能力表达评价区域内环境污染问题，最终确定主要污染源和各污染源的主要污染物。

4.2.2.2　评价方法

目前普遍采用等标污染负荷法，其物理意义是把排放介质稀释（浓缩）到排放标准时的体积（容量）。

①某污染物的等标污染负荷（P_i）　分子部分实际上是污染物的排放量：

$$P_i = \frac{C_i}{Cs_i} \times Q_i \times 10^{-6} \text{（水）}$$

$$P_i = \frac{C_i}{Cs_i} \times Q_i \times 10^{-9} \text{（气）}$$

式中　C_i——i 污染物的实测浓度，mg/L（水）或 mg/m³（气）；

　　　Cs_i——i 污染物的评价标准，mg/L（水）或 mg/m³（气）；

　　　Q_i——含 i 污染物的介质排放量，m³/a。

注意：实际计算时，Cs_i 无单位，是个绝对值。

②某工厂（污染源）的等标污染负荷　为几种污染物等标污染、负荷之和：

$$P_n = \sum_{i=1}^{j} P_i$$

式中　j——某污染源(工厂)的污染物数。

③某流域或区域(如城市)的等标污染负荷　为该评价区域所有污染物等标污染负荷之和：

$$P = \sum_{n=1}^{k} P_n$$

式中　k——为某区域的污染源数。

④区域内某个污染物的总等标污染负荷 $P_{i总}$ 为该区域内所有污染源(如工厂)污染物的等标污染负荷之和。

$$P_{i总} = \sum_{n=1}^{k} P_{i_n}$$

式中　P_{i_n}——第 i 个污染物 n 个污染源。

⑤某污染物在污染源或区域中的等标污染负荷比

$$K_i = \frac{P_i}{P_n} \times 100\%$$

$$K_{i总} = \frac{P_{i总}}{P} \times 100\%$$

⑥某污染源在区域中的等标污染负荷比(K_n)

$$K_n = \frac{P_n}{P} \times 100\%$$

通过以上一系列计算后，将评价区各种污染物等标污染负荷 $P_{i总}$ 按大小排列，分别计算它们的负荷比及累计百分比，将累计百分比累积到 80% 左右的污染物列为该区的主要污染物。同样，将评价区污染源的等标污染负荷 P_n 按大小排列，分别计算负荷比及累计百分比，将累计百分比累积到 80% 左右的污染源列为该评价区的主要污染源。得出主要污染源和污染物，也就抓住了主要环境问题，为环境规划和防治污染提供服务。

思考与练习

1. 环境质量现状评价过程中一般以什么作为评价依据？
2. 在使用积分值分级法对环境质量进行分级聚类时，环境质量的评分标准是如何对应于环境质量标准的？
3. 简述大气污染和大气质量变化的特点。
4. 简述大气环境质量评价的程序。
5. 简述水体污染的类型。
6. 简述地面水体环境质量评价的程序及其内容。
7. 简述地下水体环境质量评价的原则和程序。
8. 论述环境质量现状评价的主要工作内容。

单元5 环境影响评价

环境影响评价制度是指在进行建设活动之前，对建设项目的选址、设计和建成投产使用后可能对周围环境产生的不良影响进行调查、预测和评定，提出防治措施，并按照法定程序进行报批的法律制度。随着人们环境保护意识的不断提高，环境影响评价的需求也逐渐增多。本单元介绍了环境影响评价的概念、制度、基本环节、程序以及方法。

5.1 环境影响概述

5.1.1 概念

环境影响的概念有狭义和广义之分。

狭义的环境影响是指人们的开发行动可能引起的物理、化学、生物、文化、社会、经济、环境系统的任何改变或新的环境条件的形成。

广义的环境影响是指人类活动(经济活动、政治活动、社会活动)导致的环境变化以及由此引起的对人类社会的效应。由此可见，环境影响的概念包括人类活动对环境的作用和环境对人类的反作用两个方面。

开发行动的性质、范围、地点不同，受影响的环境变化的范围和程度也不同。在研究一项开发活动对环境的影响时，首先应该注意那些受到显著影响的环境要素的参数(环境因子)，例如，一个大型火力发电厂产生的环境影响主要是大气 SO_2 浓度显著增加，所以要针对开发行动的环境影响进行分析，即有效地进行环境影响识别。

5.1.2 特征

任何一项拟议的开发行动，对环境产生的影响都是很复杂的，涉及多个方面。人们在进行分析时，常将一个复杂的影响分解成很多单一的环境影响来进行单独研究，然后综合分析。一种影响只限于单一的环境因子的变化，这种变化是由开发行动的一个特定活动所引起的。

一般来说，一种环境影响具有以下几个特征：

①一种影响可以是有利的或不利的，应以人类社会整体需要为标准，而不是以单个人的利益为准。一定会有某些人赞成、某些人反对，这一点对拟议行动的决策十分重要。

②一种环境影响可以是长期的或短期的，可能随时间而发生变化。例如，噪声的影响是短期的，而很多影响是长远的。有些拟议行动不同时期有不同的影响，如造纸厂的原料

准备、制浆过程、造纸过程，其影响时间长短是不一样的。

③一种环境影响是可逆的或不可逆的。例如，水土流失、植被破坏、沙漠化等造成的影响不可逆或经长时间才能恢复；物种灭绝是不可逆的。

④各种影响之间是相互联系的，有时可转化。如 SO_2 与 TSP，SO_2 与 NO_x 协同作用——光化学烟雾——累积性影响。

⑤原发性(初级)影响往往产生继发性(次级)影响。原发性影响是开发行动的直接影响结果，多数继发性影响是由原发性影响诱发引起的影响，即累积影响。例如，植被破坏——水土流失——养分流失——水体营养化——河床抬高——影响航运等。

5.2 环境影响评价概述

5.2.1 概念

人们的开发行动不可避免地会对环境产生影响，这些影响的后果有时十分严重。人们在采取行动，特别对环境有较大影响的行动之前，在充分调查研究监测的基础上，通过识别、预测和评价这种行动可能带来的影响，按照社会经济发展与环境保护相协调的原则，事先制定出消除或减轻环境污染或破坏的对策，能够比较适当地解决社会经济发展与环境保护之间的矛盾，体现预防为主的方针。这种做法称为环境影响评价，它是环境保护科学技术的重大发展。

对环境有影响的行动所包含的内容十分广泛，如对环境有影响的立法议案，政府拟议的方针政策，社会经济发展规划，工农业建设项目，新工艺、新技术及新产品的开发等。

5.2.2 类型

(1)工程建设项目的环境影响评价

主要包括冶金、矿山、石油、化工、电力、纺织、港口建设、道路建设、核电站等新建、改建和技术改造项目的环境影响评价。

这方面评价工作最多，方法、程序和步骤比较成熟，它根据建设项目可能对环境造成的近期或远期影响，对拟采取的防治措施进行评价。其目标是论证和选择技术可行、经济，布局合理，对环境的有害影响较小的最佳方案。

经过论证，如认为对环境影响不大，或有一定影响，但经过采取防治措施能弥补，可以同意建设；如认为对环境影响很大，即使采取防治措施也难以弥补，就不同意建设，应考虑另行选址或取消项目。

(2)区域环境影响评价

与区域环境规划结合起来，如新城市建设、城市改造、城市各功能区的新建或扩建，此外还包括工矿区、农业区、林业区、牧业区、渔业区、风景游览区、高新开发区以及流域综合开发，涉及面广的大型项目，都要把区域系统作为评价对象。强调把区域作为一个整体系统来考虑，评价的重点在于论证区域内未来建设项目的布局、结构、时序，同时根据区域环境特点(自净能力、环境容量)，为区域的开发规划提出建议，为区域经济和环境协调发展提供依据。

（3）公共政策的环境影响评价

主要是对国家政策和各行业地方政策对环境影响进行评估，是一项战略性工作，主要通过分析判断、定性的方法进行评估，是一种趋势，目前尚不成熟。

5.2.3　意义

①保证建设项目选址和布局的合理性（尤其是新建项目）；

②指导环境保护措施的设计，强化环境管理；

③为区域的社会经济发展提供导向；

④促进相关环境科学技术的发展。

5.3　环境影响评价制度

把环境影响评价工作用法律或行政规章定为一个必须遵守的制度，称为环境影响评价制度。

1969 年 10 月美国在《国家环境政策法》中首先实行环境影响评价制度，此后，各国看到实行这项制度的好处，陆续效仿，现在普遍认为环境影响评价是环境管理决策的最有效、最宝贵的工具。在此之前，决定一个项目、活动是否执行，主要考虑经济、技术、管理等因素，特别注重经济因素，通过成本-利润分析，会选择那些成本低、效率高的项目。但这样做可能会带来大量的环境问题，而环境影响评价可有效预防此类问题。

我国环境影响评价于 20 世纪 80 年代初形成制度，经过多年的实践摸索，已完成了大批建设项目的环境影响评价，包括各个行业，规模有大有小，如大型的长江三峡水库、上海宝钢等，已形成了符合我国国情的一套方针，其主要特点如下。

（1）具有法律强制性

相关法律中已做出规定，具有强制性，任何个人、单位、团体不能违背。

（2）纳入基本建设程序

《建设项目环境保护管理办法》明确规定，对未经环境保护主管部门批准的环境影响报告书的建设项目，计划部门不办理设计任务书的审批手续，土地管理部门不办理征地手续，银行不予贷款。环境影响评价成为项目基本建设程序中不可缺少的一环。

（3）评价的对象偏重于工程建设项目的环评与环境的关系

多限于工程建设项目的环评，对政策、决策、计划、法令等方面评价较少。

（4）实行评价资格审核认定制度

为确保环评质量，我国自 1986 年起建立了评价单位的资格审核制度，强调评价机构必须具有法人资格，具有与评价内容相适应的固定在编专业人员和测试手段，能对评价后果负起责任，审核认定后，发给评价证书，并定期检查验收。经过几次审核整顿，1999 年 7 月国家环境保护总局公布第一批《建设项目环境影响评价资格证书（甲级）》持证单位 122 个。

5.4 环境影响评价的基本环节

环境影响评价包括许多环节和步骤,下面介绍几个主要环节。

5.4.1 评价区域环境质量现状调查和评价

开展环境影响评价,首先必须掌握被评价的环境要素的历史和现实状况,即首先要了解受影响的环境要素的极限状况,它是各评价项目(或专题)都需要完成的重要工作。虽然各专题所要求的内容有所不同,但共同目的都是掌握环境质量现状或本底,为后面进行的环境影响预测、评价提供基础数据。

(1)环境现状调查的一般原则

①原则上调查范围应大于评价区域,特别是边界外遇到重要污染源时。当然还要结合区域环境特点、各单项评价的工作等级,确定范围。

②收集现状资料为主,现状调查或测试为辅(尽量节约人力、物力、财力)。

③尽量全面、详细、定量化。

(2)环境现状调查的方法

常用的调查方法有 3 种:收集资料法、现场调查法、遥感法。3 种方法的比较见表 5-1。

表 5-1　3 种环境现状调查方法的比较

方法	收集资料法	现场调查法	遥感法
优点	应用范围广,收效大,较节省人力、物力和时间	直接获得第一手资料,可弥补上述不足	可整体上了解环境特点,尤其是人们不易达到接近的地区
缺点	只能获得第二手资料,不够全面,需补充	工作量大,消耗人力、物力、时间,并受季节、仪器设备条件的限制	精度不高,不宜用于微环境的调查,并受资料判读分析技术制约

将这 3 种方法有机结合、互相补充方能实现最大效用。

(3)环境现状调查的内容

①地理地形图件。地形图(比例尺以 1∶25 000~1∶100 000 为宜),图上标画项目范围。

②地貌、地质和土壤情况,水系分布和水文情况,气候与气象。

③矿厂、森林、草原、水产和野生动植物、农畜产品等情况。

④大气、水、土壤等主要环境要素的质量状况。

⑤环境功能状况,特别注意环境敏感区,重要政治、文化设施(文物、景观)。

⑥社会经济状况。

⑦人群健康状况及地方病情况。

⑧其他环境污染和生态破坏的现状资料。

5.4.2 环境影响识别

人类开发行动对环境的影响多种多样,非常复杂,影响范围和程度变化多端。

要对一项行动或一个项目的环境影响做出评价,必须全面辨识出究竟对哪些环境要素产生哪些影响，影响的特征如何，然后经过筛选，确定其中有重要意义的受影响因素(或参数)作为预测和评价的重点，这种工作称为环境影响识别。

与此同时，还要辨识出影响环境的因素，即一项开发行动中的哪些活动或建设项目中的哪些工程活动会产生哪几种环境影响，这部分工作称为工程分析。

在实际评价工作中这两部分的工作往往密切联系在一起，难以截然分开，有时也把工程分析包含于环境影响识别中。

5.4.2.1　识别被开发行动或建设项目所改变的环境因子

识别拟议行动的各项活动对环境因子产生的影响，应尽量周到而全面，要把各种可能的影响包括进去(这是一项专业性很强的工作，需要相当的知识和经验)，选择主要因子进行评价。

项目性质不同，影响因子相差极大，一般应包括以下 6 个方面。

(1)污染影响

①大气质量　是否有有害、有毒物或大量其他污染物排入大气？对大气质量产生什么影响？影响程度如何？会不会改变大气的理化成分？等等。

②水质　对水的用途、水的供应和水的质量产生什么影响？对地面水、地下水、水体(底泥、水生生物、水质)各产生什么影响？程度如何？对不同用途(饮用、渔业、航运、游泳)水体产生哪些影响？各种影响特征如何？是否导致富营养化？以专业知识为基础，罗列一些问题，针对特殊问题特殊解决。

③噪声　是否增加噪声水平？对人类、野生动物、交通、通信等影响怎样？影响特征如何？

④土壤　是否排放大量固体废弃物占用和污染大片土地？是否排放危险化学品造成土壤污染？

⑤健康和安全　是否产生和排放危险化学品、强电磁波、微波辐射等威胁人群健康和安全？危险性如何？

(2)植被和野生动物

是否导致大规模的植被破坏、退化、生产力下降、种类组成改变？会不会使一些重要物种的生境改变(破碎化)？对生态系统的完整性影响如何？

(3)能源和自然资源

是否要开采和利用矿产资源、水资源和土地等自然资源？是否要消耗大量不可更新资源？是否影响能源和自然资源的保护？对能源的利用、需求产生何种影响？

(4)自然灾害和地质学影响

是否增加水土流失、滑坡、泥石流以及火灾、洪涝灾害等危险性？是否影响建筑、排水或居住的地形和地质构造？等等。

(5)社会经济影响

是否破坏现有的土地使用？是否影响或改变本地的经济结构、人口密度、交通堵塞、就业机会、家庭、商业、公共服务、生活质量等？

(6)美学、文物和名胜古迹保护以及休闲娱乐的影响

①是否损害该地特有景物？是否改变当地美学质量？

②对国家和地方已备案的具有考古价值的地点或资源是否有重大影响？

③对名胜古迹是否有不良影响？

④对休闲娱乐场地、公园和其他具有重大景观和游览价值的景点有何影响？

5.4.2.2 环境影响识别的方法

环境影响识别方法多种多样，目前已报道的不下十几种，用得最多的是核查表法和矩阵法。

（1）核查表法（列表清单法）

核查表法环境影响识别最基本的方法，最早用于环境影响评价、方案决策等多个方面。该法是把受影响的环境要素或环境因子一一列出，分别识别其潜在的影响。

根据核查表的发展和做法不同，分为以下5类。

①简单型核查表　根据知识和经验直接给出判断结论，不加理由和解释。

②描述型核查表　有判断准则的说明和描述。

③分级型核查表　进行分级判断。

④分级加权型核查表　比较定量的一种方法，说明各种影响因子的相对重要性（用比例表示）。

⑤提问式核查表。

（2）矩阵法

矩阵法作为环境影响综合评价的方法，用矩阵法定量、半定量地表示出人类活动（建设项目）与环境变化的因果关系更为准确，是核查表法的延伸和扩展，常用列昂波特（Leopold）矩阵。

5.4.2.3 典型工程建设项目的环境影响识别要点

典型工程建设项目的环境影响识别要点包括：飞机场、交通工程（高速公路、铁路）、水利工程（开辟航道、疏浚、堤坝加固等）、大坝和水库建设、天然气管道、农林畜牧业综合开发项目、采矿业、核电站及输电工程、城市污水处理设备。

5.4.3 工程分析

工程分析是环境影响预测和评价的基础，并且贯穿于评价工作的全过程，因此把它规定为评价工作的一个独立的专题，体现在环境影响评价报告书中。

工程分析是分析建设项目影响环境的因素，即对工程本身进行详细解剖，其主要任务是对工程全部组成、一般特征和污染特征以及可能导致的生态环境破坏进行全面分析。

从项目总体上（即宏观上）掌握开发建设活动与环境保护全局的关系。工程分析是项目决策的重要依据之一，在一般情况下，工程分析从环保角度对项目建设性质、产品结构、生产规模、原料路线、工艺技术、设备造型、能源结构、技术经济指标、总图布局方案、占地面积、移民数量等做出全面分析意见。如果通过工程分析发现不符合有关政策、法规规定（评价人员必须了解有关政策，如产业政策、能源政策、资源利用政策、环保技术政策等），可依此直接做出结论。例如：

①在特定或敏感环保区新建有污染影响并且足以构成危害的项目，可直接否定项目。

②在水资源紧缺地区布置大量耗水型建设项目，又无妥善解决供水措施的可做出改变产品结构或限制生产规模或否定项目。

③对自净能力差或环境容量接近饱和的地区安排大型建设项目，通过工程分析发现该项目的污染物排放量大且又无法控制的可否定项目。

同时工程分析可从微观上为环境影响评价工作提供所需的基础数据（预测、评价、提出措施）。

建设项目性质不同，工程分析的内容和重点也不一样，下面阐述以排放污染物为主的工业建设项目的工程分析内容。首先要掌握工程概况，如工程性质、规模、位置、产品种类、产量、工艺、投资等，收集有关详细资料，然后对以下几个方面进行重点分析。

● 物料流分析：对从原料到成品的整个过程进行分析，包括每个单元操作的原料、产品、副产品、中间产品等，全面分析其种类、来源、成分及相关联的交通运输计划、运输类型、运输量等。

● 能源流分析：包括燃料、电、气、水（广义）的来源、分配、成分、使用量以及在当地的平衡状况，调查燃料、电、水的其他用途和替代方案，分析能源利用水平，并与国内外同类项目相比较。

● 污染物流分析：查清可能对环境产生影响的所有污染因素，生产工艺过程中（包括贮运、检修、施工、清洗、开车、停车等）排放的污染物的种类、数量、排放方式及排放量（浓度）等，并尽可能在工艺流程图的有关部位加以标明，同时要注意对各种工矿条件（正常生产、间隙、全负荷、半负荷等）进行分析，这是重点，分析人员要有相当的工作经验，不怕麻烦，精细算账。

● 基础设施分析：主要针对为建设项目服务的基础设施以及项目所在地区的基础设施的现状和未来规划，包括供水、排水、污水处理、垃圾处理、道路、交通、通信、供电、供热以及公用设施（商业网点、学校、医院、居住区、生活区服务设施）等，这些都是建设项目的重大制约条件，考虑不周，会带来潜在危险。

● 事故分析（特别强调）：对易挥发、易燃、易爆的危险品的种类、特征及其他潜在事故进行分析，对可能引起爆炸、火灾、泄漏等事故的概率及其预防措施进行分析。

● 总图布置方案分析：重点分析比较建设项目与国内外单位产值的排污水平。

5.4.4 环境影响的预测

环境影响预测的主要任务是事先估计由拟议开发行动所产生的环境因子变化量和空间范围以及环境因子变化在不同时间阶段发生的可能性（环境风险预测）。

预测的重点是已识别出的重大环境影响。预测的范围、时段、内容及方法应按相应评价工作等级、工程与环境特点以及当地环境要求而定。

现在已发展了各种预测的方法和模型：大气和水质预测模型已比较成熟，定量性也很好；而土地和生物方面的环境影响预测的定量性相对差一些；而大部分社会经济、文化、景观等方面的预测则主要是根据专家经验进行定性预测。

对环境因子发生变化的可能性预测就是风险预测与评价。

5.4.5 环境影响的评价

在影响识别、预测的基础上对环境影响进行评价，通过评价比较出各个备选方案的优劣，从而将优选方案提供给决策部门。从理论上讲，一般要求建设单位提供多个备选方案，包括所谓的 0 方案(不开发、不建设)，不同地址、不同规模、不同污染物处理方式或修改原来方案等。通过评价，从中选择优秀方案，因此环境影响评价的一个重要目的是选择一种对环境影响小、社会经济效益好的开发或建设方案。

环境影响的评价包括以下几个主要环节(方面)：

①根据影响预测的结果与环境质量状况进行分析判断，确定发生显著影响的时段、期限、影响的范围、时间跨度，还要区分影响是可逆的还是不可逆的等，然后判断这些影响是否能接受——根据环境标准、政策、法规进行判定。

②把单项环境要素影响评价的结果综合起来进行总的评价。要考虑权重问题，这对生态影响项目总评价尤其重要。

③对造成的环境影响若不能接受，则可否定项目或行动，采用替代方案(如重新选择)，提出消除或减轻环境影响的对策与措施。

无论采取哪种措施，都要通过环境经济技术综合分析衡量，以社会、经济、环境综合效益最佳作为判定依据。

④提出行动环境保护对策建议。

5.4.6 环境影响报告书结论的验证

一项拟议的建设项目建成投产后，应按规定进行定期监测和调查，以验证原先的预测和评价结论是否正确、可靠。具体目的有以下两个：

①对实际情况与原先预测的评价结论有明显出入，并造成重大后果的，应按有关法规、条例对有关单位进行制裁，及时采取补救措施。

②总结经验，为提高环境影响预测与评价水平，充实和完善环境影响评价制度积累资料。

5.4.7 关于环境影响评价大纲

环境影响评价大纲是环境影响评价报告书的总体设计和行动指导。评价大纲应在开展评价工作之前编写，它是具体指导环境影响评价的技术文件，也是检查报告书内容和质量的主要依据。大纲应在充分研究有关文件、进行初步工程分析和环境现状调查的基础上形成。

环境影响评价大纲包括以下内容：

①总则　包括评价任务的由来，编制依据，环境保护的目标和对象，采用的评价标准，评价项目及其工作等级和重点等。

②评价项目的概况。

③拟建项目所在地区环境概况。

④建设项目工程分析的内容和方法。

⑤环境现状调查　根据已确定的各评价项目的工作等级、环境特点和影响预测的需要，尽量详细地说明调查参数、调查范围及调查方法、时间、地点、次数等。

⑥环境影响预测与评价建设项目对环境的影响　包括预测方法、内容、范围、时段及有关参数的估算方法，拟采用的评价方法。

⑦评价工作成果清单、成果形式。

⑧评价工作的组织、计划安排。

⑨评价经费概算。

5.4.8　关于环境影响评价报告书

5.4.8.1　环境影响报告书的编写原则

环境影响评价报告书是环境影响评价程序和内容的书面表现形式之一，是环境影响评价项目的重要技术文件。在编写时应遵循下列原则。

①环境影响评价报告书应该全面、客观、公正，概括反映环境影响评价的全部工作；评价内容较多的报告书，其重点评价项目另编分项报告书，主要的技术问题另编专题报告书。

②文字应简洁、准确，图表要清晰，论点要明确，大型项目或比较复杂的项目，应有主报告和分报告(或附件)，主报告应简明扼要，分报告把专题报告、计算依据列入。环境影响评价报告书应根据环境和工程特点及评价工作等级进行编制。

5.4.8.2　环境影响评价的工作程序

环境影响评价工作大体分为 3 个阶段。

第一阶段为准备阶段，主要工作为研究有关文件，进行初步的工程分析和环境调查，筛选重点评价项目，确定各单项环境影响评价的工作等级，编制评价大纲。

第二阶段为正式工作阶段，其主要工作为进一步进行工程分析环境现状调查，并进行环境影响预测和评价环境影响。

第三阶段为报告书的编制阶段，其主要工作为汇总、分析第二阶段工作所得的各种资料、数据，给出结论，完成环境影响报告书的编制。

如通过环境影响评价对原厂址给出否定结论，对新选厂址的评价应重新进行，如需进行多个厂址的优选，则应对各个厂址分别进行预测和评价。

5.4.8.3　环境影响评价工作等级的确定

环境影响评价工作的等级是指需要编制环境影响报告书和各专题工作深度的划分。各单项环境评价划分为 3 个工作等级，一级最详细，二级次之，三级较简略。

对于单项影响评价的工作等级均低于第三级的建设项目，不需编制环境影响报告书，只需按国家颁发的《建设项目环境保护管理办法》规定填写《建设项目环境影响报告表》。

工作等级的划分依据如下：

①建设项目的工程特点　工程性质、工程规模、能源及资源的使用量及类型、源项等。

②污染物排放特点　主要包括污染物的排放量、排放方式、排放去向，主要污染物的

种类、性质、排放浓度等。

③项目所在地区的环境特征　自然环境特点、环境敏感程度、环境质量现状及社会经济状况等。

④国家或地方政府所颁布的有关法规　包括环境质量标准和污染物排放标准等。

对于某一具体建设项目，在划分各评价项目的工作等级时，根据建设项目对环境的影响、所在地区的环境特征或当地对环境的特殊要求情况可做适当调整。

5.4.8.4　环境影响报告书编制的基本要求

环境影响报告书的编写要满足以下基本要求：

①总体编排结构应符合《建设项目环境保护管理条例》的要求，内容全面，重点突出，实用性强。

②基础数据可靠　基础数据是评价的基础，基础数据如果有错误，特别是污染源排放量有错误，即使选用正确的计算模式和精确的计算，其计算结果也都是错误的。因此，基础数据必须可靠，不同来源的同一参数数据出现不同时应进行核实。

③预测模式及参数选择合理　环境影响评价预测模式都有一定的适用条件，参数也因污染物和环境条件不同而不同。因此，预测模式和参数选择应"因地制宜"。应选择推导（总结）条件和评价环境条件相近或相同的模式。选择总结环境条件和评价环境条件相近或相同的参数。

④结论观点明确，客观可信　结论中必须对建设项目的可行性、选址的合理性做出明确回答，不能模棱两可。结论必须以报告书中客观的论证为依据，不能带感情色彩。

⑤语句通顺、条理清楚、文字简练、篇幅不宜过长　凡带有综合性、结论性的图表应放到报告书的正文中，对有参考价值的图表应放到报告书的附件中，以减少正文篇幅。

⑥环境影响报告书中应有评价资格证书　报告书编制人员按行政总负责人、技术总负责人、技术审核人、项目总负责人依次署名盖章，报告编写人署名。

5.4.8.5　环境影响报告书的编制要点

（1）按照现状调查及影响评价编制环境影响报告书的编制要点

建设项目的类型不同，对环境影响的差别很大，环境影响报告书的编制内容和格式也有所不同。以环境现状（背景）调查、污染源调查、影响预测及评价分章编排的居多。

①总论

●环境影响评价项目的由来：说明建设项目立项始末，批准单位及文件，评价项目的委托，完成评价工作概况。

●编制环境影响报告书的目的：结合评价项目的特点，阐述《环境影响的报告书》的编制目的。

●编制依据：

——环境影响评价委托合同或委托书；

——建设项目建议书的批准文件或可行性研究报告的批准文件；

——《建设项目环境保护管理条例》及地方环保部门为贯彻此办法而颁布的实施细则或规定；

——建设项目的可行性研究报告或设计文件；

——评价大纲及其审查意见和审批文件。

在编写报告书时用到的其他资料，如农业区域发展规划，国土资源调查。气象、水文资料等不应列入编制依据中，可列入报告书后面的参考文献中。

● 评价标准：在环境影响评价报告中应列出当地环境保护管理部门根据当地的环境情况确定的环保标准。当标准中分类或分级别时，应指出执行标准的哪一类或哪一级。评价标准一般应包括大气环境、水环境、土壤、环境噪声等环境质量标准，以及污染物排放标准。

● 评价范围：评价范围可按空气、地表水环境、地下水环境、环境噪声、土壤及生态环境分别列出，并应简述评价范围确定的理由，给出评价范围的评价地图。

● 污染控制及保护环境的目标：应指出建设项目中有没有特别加以控制的污染源，主要是排放量特别大或排放污染物毒性很大的污染源。应指出在评价区内有没有需要重点保护的目标，如特殊住宅区、自然保护区、疗养院、文物古迹、风景游览区等。指出在评价区内保护的目标，如人群、森林、草场、农作物等。

②建设项目概况（工程分析） 应介绍建设项目规模、生产工艺水平、产品方案、原料、燃料及用水量、污染物排放量、环境保护措施，并进行工程影响环境因素分析等。

● 建设规模：应说明建设项目的名称（项目名称必须与本项目批复的项目名称一致）、建设性质（新建、技改等）、厂址的地理位置（附地理位置图）、产品、产量、总投资、利税、资金回收年限、占地面积、土地利用情况、建设项目平面布置（附图）、职工人数、全员劳动生产率。若是扩建、改建项目，应说明原有规模。

● 生产工艺简介：建设项目的类型不同（如工厂、矿山、铁路、港口、水电工程、水利灌溉工程等），其生产工艺也不相同。

生产工艺应该按产品生产方案分别介绍。要介绍每一个产品生产方案投入产出的全过程。从原料的投入、经过多少次加工、加工的性质、排出什么污染物及数量如何、最终得到什么产品。在生产工艺过程中，凡有重要的化学反应方程式，均应列出，应给出生产工艺流程图，并对生产工艺的先进性进行说明。对于扩建、改建项目，还应对原有的生产工艺、设备及污染防治措施进行分析。

● 原料、燃料及用水量：应给出原料、燃料（煤、油）的组成成分及含量，以表格形式列出原料，燃料（煤、油），用水量（新鲜水补给量、循环水量）的年、月、日、时的消耗量。并给出物料平衡图和水量平衡图。

● 污染物的排放量情况：应列出建设项目建成投产后，各污染源排放的废气、废水、废渣的数量及其排放方式和排放去向。当有放射性物质排放时，应给出种类、剂量、来源、去向。对设备噪声源应给出设备噪声功率级，对振动源应给出振动级，并说明噪声源在厂区内的位置以及距厂界的距离。

对于扩建、技改项目，应列出扩建前后或技改前后的污染物排放量的变化情况，包括污染物的种类和数量。

● 建设项目拟采取的环保措施：对建设项目拟采取的废气、废水治理方案，工艺流程、主要设备、处理效果、处理后排放的污染物是否达到排放标准，投资及运转费用等要详细介绍。还要介绍固体废弃物的综合利用、处置方案及去向。

• 工程影响环境因素分析：根据污染源、污染物的排放情况及环境背景状况，分析污染物可能影响环境的各个方面，将其主要影响作为环境影响预测的重要内容。

③环境概况

• 自然环境状况调查：自然环境状况调查应该包括以下内容。

——评价区的地形、地貌、地质概况。

——评价区内的水文及水文地质情况：列出评价区内的江、河、湖、水库、海的名称、数量、发源、评价区段水文情况。对于江、河应给出年平均径流量、平均流量、河宽、比降、弯曲系数、平水期和枯水期及丰水期的流量和流速。给出评价区地下水的类型、埋藏深度、水质类型等。

——气象与气候：应给出气候类型及特征，列出平均气温、最热月平均气温、年平均气温、气温年较差、绝对最高气温、绝对最低气温、年均风速、最大风速、主导风向、次主导风向、各风向频率、年蒸发量、降水量的分布、年日照时数、灾害性天气等。

——土壤及农作物：给出评价区内土壤类型、种类、分布、肥力特征，粮食、蔬菜、经济作物的种类及分布。

——森林、草原、水产、野生动物、野生植物、矿产资源等情况。

• 社会环境状况调查：

——评价区的行政区划，人口分布，人口密度，人口职业构成与文化构成。

——现有工矿企业的分布概况(产品、产量、产值、利税、职工人数)及评价区内交通运输情况。

——教育概况。

——人群健康及地方病情况。

——自然保护区、风景游览区、名胜古迹、温泉、疗养院以及重要政治文化设施。

• 评价区内环境质量现状调查：根据当地环境监测部门对评价区附近的环境质量的例行监测数据或利用本次环境影响评价时的环境质量现状监测数据，对环境空气、地表水、地下水和噪声的环境质量现状等进行描述，对照当地环保局确定的有关标准说明厂区周围的环境质量状况。

——大气环境质量现状(背景)监测：给出大气监测点的位置(附监测点布置图及列表)及布点理由，监测项目及选择理由，监测天数、每天监测次数、时段、采样仪器、方法及分析方法等。

通常以列表方式给出大气监测结果。在表中列出各监测点大气污染物的一次浓度值和日平均浓度值的范围、超标率、最大超标倍数，并计算出评价区内大气污染物背景值。

大气环境现状评价方法很多，在环境影响评价中最为常用的是以超标率和最大超标倍数表示大气污染程度。结合评价区附近的大气污染源调查情况，尽量分析造成大气污染的原因。

——地表水环境质量现状调查：给出监测断面的地理位置、每个监测断面的采样点数目及位置、监测项目，并说明选择的理由。应给出监测时期、监测天数、每天采样次数。在采样同时测量河水水文参数(水温、流速、流量、河宽、河深等)。

将地面水水质监测结果以列表形式给出。用评价标准评价地面水质状况。通常将监测值与评价标准对比，以超标率和超标倍数来表示各项指标是否符合评价标准的要求。如果水中各项指标均能满足某类水质的要求，说明该水质达到这类水质要求；如有一项超标，说明该水质不能满足这类水质标准的要求。

如果地表水受到污染，结合评价区附近的地表水污染源调查情况，尽量分析造成该地表水污染的原因。

——地下水质现状（背景）调查：给出地下水监测点的位置、监测项目、分析方法、采样时间及次数，指出地下水是潜水还是承压水。监测点位置的选择应考虑厂址和地下水的流向，一般至少设厂址、地下水的上游和下游3个监测点。

将地下水监测结果列表给出，把监测值与评价标准直接进行对比，给出超标率和超标倍数，评价地下水质量。

——土壤及农作物现状调查：给出评价区内的土壤类型、分布状况及土地利用情况。给出土壤监测点位置、采用方法、监测项目、分析方法。

列表给出土壤监测值，把监测值与评价标准进行对比，评价土壤环境质量。由于目前我国土壤的环境标准较少，因此评价标准多采用当地同类土壤背景值或对照点的土壤中污染物的含量。

——环境噪声现状（背景）调查：应给出环境噪声监测点的位置、监测时间、监测仪器、监测方法、气象条件、监测点处的主要噪声源。监测点一般设在厂界外1m及附近的敏感点（居民区或村庄等）。

根据噪声监测数据进行数据处理、统计分析，计算出各监测点的昼同、夜同的等效声级及标准差，并给出 L_{10}、L_{50}、L_{90} 值。将等效声级与评价标准值进行对比，评价环境噪声状况。

在评价区内，如果交通运输很忙，还应进行交通噪声监测及评价。

——评价区内人体健康及地方病调查：给出人体健康调查的区域，进行调查人数、性别、年龄、职业构成、体检项目、检查方法、调查结果的数理统计，污染区与对照区的比较分析。还可进行死亡回顾调查、儿童生长发育调查、地方病专项调查等。

——其他社会经济活动污染、破坏环境现状调查。

④污染源调查与评价　污染源向环境中排放污染物是造成环境污染的根本原因。污染源排放污染物的种类、数量、方式、途径及污染源的类型和位置，直接关系到它危害的对象、范围和程度。因此，污染物调查与评价是环境影响评价的基础工作。

说明评价区内污染源调查方法、数据来源、评价方法。分别列表给出评价区内大气污染源、水污染源、废渣污染源的污染物排放量、排放浓度、排放方式、排放途径和去向、评价结果，从而找出评价区内的主要污染源和主要污染物，绘制评价区内污染源分布图。

⑤环境影响预测与评价

·大气环境影响预测与评价：

——污染气象资料的收集及观测：对于中小型建设项目，污染气象资料的获得以收集资料为主；对大型建设项目或复杂地形地区的建设项目，除收集资料外，还应进行必要的污染气象现场测试。

首先说明污染气象资料来源及对评价区的适用程度。分别给出年(季)的风向、风速玫瑰图，风向、风速、大气稳定度的联合频率，月平均风速随月的变化情况，低空风场的垂直分布，气温的垂直分布，逆温的生消规律、逆温特征、混合层高度等。

在上述资料的基础上，找出四季的典型气象条件，以及熏烟、静风、有上部逆温等特殊气象条件的气象参数，作为计算大气污染物扩散的气象参数。

如果进行污染气象的现场观测，还应给出污染气象现场观测采用的仪器、观测方法、观测时间、数据处理方法等。

——预测模式及参数的选用：应将大气扩散模式、烟气抬升高度公式、风速廓线模式逐一列出，并简要说明选取的理由。说明选用大气扩散参数的理由。

——污染源参数：列表给出建设项目正常生产和非正常生产情况下大气污染源的源强、排气筒高度、出口内径、烟气量、出口速度、烟气温度等参数。

——预测结果分析及评价：说明计算大气污染物浓度的类型，如年日均浓度、四季的日均浓度、各种不利气象条件下一次浓度，各种稳定度下的地面轴线浓度等。给出相应的各种浓度等值线图及浓度距离图。

说明正常生产情况下，在各种气象条件下的相对最大日均浓度和最大一次浓度、最大超标倍数、超标面积、与评价标准比较做出评价。

说明非正常生产情况下，在各种气象条件下的最大一次浓度、最大超标倍数，与评价标准比较做出评价。

● 地面水环境影响预测与评价：

——根据工程影响环境因素分析排放废水中的主要污染物及河水中主要污染物，选定水环境影响预测因子。

——给出水环境影响预测的水体参数，如河流，要给出河道特征、断面形状、河床宽度、水深、比降等。给出水文变化规律，如年径流量的变化，河水流量的月变化，丰、枯、平3个水期的流量、流速、水温的变化。应特别指出影响预测选定的河流参数。

——给出各污染源的污染物排放量及浓度。

——给出预测模式及主要参数的选用，并应说明理由。

——说明预测的类型，列表给出水质预测结果，把预测值与评价标准进行对比，评价对水环境的影响。

● 地下水环境影响预测与评价：地下水环境影响预测与评价比较复杂，它需要多年的地下水污染监测资料和水文地质资料，才能运用数学解析的方法预测地下水水质。在一般的评价项目中，往往不具备条件，不做数值预测，只做定性或半定量的分析。

● 噪声环境影响预测及评价：

——噪声源声功率级的确定及噪声传播的空间环境特征。

——根据噪声源类型及空间环境特征选择噪声预测模式。

——选择空间环境特征参数，进行模式预测。

——给出预测结果，把环境噪声预测值和评价标准值进行直接对比，评价对声学环境影响，给出噪声等值线图。

环境噪声影响预测包括建设项目环境噪声影响预测、交通噪声影响预测、飞机噪声影响预测等。

●生态环境影响评价：

——对土壤环境影响预测模式的研究近年来渐多，但都不成熟。对土壤环境影响预测多以类比调查为主。

——对农作物的影响评价多以类比调查进行定性说明。在评价允许的条件下，可进行盆栽实验、大田实验或模拟实验。

——对自然生态的影响评价分为陆生生态、水生生态、海洋生态。其要素有植物、动物、微生物等。

●对人群健康影响分析：根据污染物在环境中浓度的预测结果，利用污染物剂量与人群健康之间的效应关系，分析对人群健康的影响。

●振动及电磁波环境影响分析：确定振动及电磁波的发生源的源强，根据传递空间或介质的特性选择适当的预测模式进行预测，列表给出计算结果，分析对环境的影响，或用类比法分析其影响。

●对周围地区的地质、水文、气象可能产生的影响：对于大型水库建设项目、农田水利工程、大型水电站等均应考虑这方面的影响。

⑥环境保护措施的评述及技术经济论证

●大气污染防治措施的可行性分析与建议：

——给出建设项目废气净化系统和除尘系统工艺，设备种类、型号、效率、能耗、排放指标。

——论述排放指标是否达到排放标准。

——论述处理工艺及设备的可行性。

——论述排气筒是否满足有关规定。

——建议。

●废水治理措施的可行性分析与建议：

——给出建设项目废水治理措施的工艺原理、流程、处理效率、排放指标。

——论述排放指标是否达到排放标准。

——论述废水治理措施的可行性、可靠性、先进性。

——建议。

对废渣处理及处置的可行性分析。

对噪声、振动等其他污染控制措施的可行性分析。

对绿化措施的评价及建议：介绍建设项目采取的绿化措施，论述绿化面积、绿化布局方案、树种、花类的合理性，并提出建议。

⑦环境影响经济损益简要分析 环境影响经济损益分析是从社会效益、经济效益、环境效益统一的角度论述建设项目的可行性。由于这 3 个效益的估算难度很大，特别是环境效益中的环境代价估算难度更大，目前还没有较好的方法，因此环境影响经济损益简要分析还处于探索阶段。目前，主要从以下几个方面进行：

●建设项目的经济效益：

——建设项目的直接经济效益，说明其利税、资金回收年限、贷款偿还期等。

——建设项目的产品为社会其他部门带来的经济效益。

• 建设项目的环境效益：列表介绍建设项目的环保投资及运转费等情况。建设项目建成后使环境恶化对农、林、牧、渔业造成的经济损益及污染治理费用，环保副产品收益，环境改善效益。

• 建设项目的社会效益：建设项目的产品满足社会需要，促进生产和人民生活水平的提高，促进当地经济、文化的进步，增加就业机会等。

最后综合分析社会效益、经济效益、环境效益，权衡利弊，提出建设项目是否可行。

⑧环境监测制度及环境管理、环境规划的建议　根据项目特点提出项目建成以后的环境管理和环境监测机构的设置和职责要求。

• 管理机构的设置、领导和职责情况。

• 监测机构的设置、人员和仪器设备的配备等。列表给出监测仪器的配置情况。

• 环境监测制度的建议：对环境监测布点、主要污染源的监测以及监测项目提出建议。针对建设项目环境影响特点，提出对各排放口(气、水、渣、噪声源)的监测方案或计划。

⑨结论　要简要、明确，客观地阐述评价工作的主要结论，包括下述内容：

• 评价区的环境质量现状。

• 污染源评价的主要结论、主要污染源及主要污染物。

• 建设项目对评价区环境的影响。

• 环保措施可行性分析的主要结论及建议。

• 从"三个效益"的角度，综合提出建设项目的选址、规模、布局等是否可行，建议应包括各节中的主要建议。

⑩附件、附图及参考文献

• 附件：主要是建设项目的建议书或可行性研究报告及其批复，评价大纲及其批复。

• 附图：应包括项目的地理位置图，大气、地面水、地下水、噪声监测布点图，项目的总平面布置图；主要的工艺流程图等。可以将图直接编入报告书中。

• 参考文献：应给出作者、文献名称、出版单位、版次、出版日期等。

(2)按照环境要素分章的环境影响报告书的编制要点

①总论。

②建设项目概况。

③污染源调查与评价。

④大气环境现状及影响评价　包括大气环境现状调查及大气环境影响预测与评价两部分。

⑤地面水环境现状及影响评价　包括地面水环境现状调查及地面水环境影响预测与评价两部分。

⑥地下水环境现状及影响评价　包括地下水环境现状调查及地下水环境影响预测与评价两部分。

⑦环境噪声现状及影响评价　包括环境噪声现状调查及环境噪声影响预测与评价两部分。

⑧土壤及农作物现状与影响预测分析　包括土壤及农作物现状调查和土壤及农作物环境影响分析两部分。

⑨人群健康现状及影响预测和评价　包括评价区内人体健康及地方病调查和人群健康影响分析两部分。

⑩生态环境现状及影响预测和评价　包括陆生生态、水生生态、海洋生态等不同的生态系统，也可分为森林、草原、农田等典型生态系统。自然生态系统的要素有野生动物、野生植物等，评价其现状及建设项目对生物和其生境的影响。生态环境影响还涉及土壤、农田、水产等资源问题。

⑪特殊地区的环境现状及影响预测和评价　自然保护区、风景游览区、名胜古迹、温泉、自然遗迹、疗养区、学校、医院及重要政治文化设施等地区环境现状，建设项目对其环境影响预测及评价。

⑫建设项目对其他环境影响的预测和评价　振动、电磁波、放射性环境现状，建设项目对其环境影响预测及评价。

⑬环保措施的可行性分析及建议。

⑭环境影响经济损益简要分析。

⑮结论及对策建议。

5.4.8.6　环境质量评价图的绘制

环境质量评价图是环境质量评价报告书中不可缺少的部分。环境质量评价制图的基本任务是：使用各种制度方法，形象地反映一切与环境质量有关的自然和社会条件、污染源和污染物、污染与环境质量以及各种环境指标的时空分布等。通过制图，帮助查明环境质量在空间内分布的差异，找出规律，对研究环境质量的形成和发展，进行环境区划、环境规划和制定环境保护措施具有实际意义。环境质量评价图具有直观、清晰、对比性强等特点，能起到文字起不到的作用。因此，它在环境质量评价中越来越受到重视。

(1)环境质量评价图的分类

环境质量评价图是环境质量评价的基本表达方式和手段，环境质量评价图有各种类型，具体分类如下。

①按环境要素分　可分为大气环境质量评价图、水环境(地表水、地下水、湖泊、水库)质量评价图、土壤环境质量评价图等。

表达生态环境状况的有土地利用现状图、植被图、土壤侵蚀图、生物生境质量现状图。

②按区域类型分　可分为城市环境质量评价图、流域水系分布与质量评价图、海域环境质量评价图、区域动植物资源分布图、自然灾害分布图、风景游览区环境质量评价图、区域环境质量评价图。

(2)环境质量评价地图

凡是以地理地图为底图的环境质量评价图统称为环境质量评价地图。它是环境质量评价所独有的图，专为表示环境质量评价各参数的时空分布而设计。环境质量评价地图包括以下几个方面的图型。

①环境条件地图　包括自然条件和社会条件两个方面。

②环境污染现状地图　包括污染源分布图、污染物分布(或浓度分布)图、主要污染源和污染物评价图等。

③环境质量评价图　包括污染物污染指数图、单项环境质量评价图、环境质量综合评价图、生物生境质量评价图、植被图等。

④环境质量影响地图　包括对人和生物的影响，如土地利用现状图、土壤侵蚀图、自然灾害分布图等。

⑤环境规划地图　包括功能区划图、资源分布图、产业布局图等。

(3)环境质量评价图制图方法

①符号法　用一定形状或颜色的符号表示环境现象的不同性质、特征等。对于各种专业符号，如果不用符号的大小表示某种特征的数量关系，应保持符号大小一致；有数量值大小区别时，其符号大小或等级差别应做到既明显又不过分悬殊，使整幅图美观、大方、匀称。中、小比例尺图的符号定位，做到相对准确。

②定位图表法　定位图表法是在确定的地点或各地区中心用图表表示该地点或该地区的某些环境特征。适用于编制采样点上各种污染物浓度值或污染指数值图、风向频率图、各区工业构成图、各工业类型的"三废"数量分配图等。

③类型图法　根据某些指标，对具有同指标的区域，用同一种晕线或颜色表示；对具有不同指标的各个环境区域，用不同晕线或颜色表示。适用于编制土地利用现状图、河流水质图、交通噪声图、环境区划图等。

④等值线法　利用一定的观测资料或调查资料，内插出等值线，用来表示某种属性在空间内的连续分布和渐变的环境形象，是环境质量评价制图中常用的方法。它适用于编制温度等值线图、各种污染物的等浓度线或等指数线图等。

⑤网格法　又称微分面积叠加法。网格图具有分区明显、技术方便、制图方便、能提高制图精度并可自动化制图等特点，在城市环境质量评价中被广泛采用。

(4)环境质量评价普通图的绘制

环境质量评价普通图是各学科、各种技术中通用的图。它主要是在分析各种资料数据时，为了便于说明这些数据之间的内在联系、相对关系而采用的各种图表。

①分配图表　用于表示分量和总量的比例，有圆形的、方形的等，即百分数的图形表示图。例如，环境噪声中各类噪声的比例、污灌面积占耕地面积的比例等。

②时间变化图　常用曲线图表示各种污染物浓度、环境要素在时间上的变化。如日变化、季变化、年变化等。

③相对频率图　如风向玫瑰图、风速玫瑰图等。

④累积图　污染物在不同环境介质中的累积量，可制成毒物累积图。

⑤过程线图　表示某污染物在运动的进程中，浓度随距离变化的关系，或浓度随时间的变化关系。

⑥相关图　是相关分析中必绘的图，也是环境质量评价中常绘的图。

以上是环境质量评价普通图的一部分，还有许多种。图表的绘制是为说明环境质量服务的。它的取舍应以既说明问题又精练为原则，不应以追求多样性为目的。

5.5　环境影响评价程序

环境影响评价程序是指按照一定的顺序、步骤指导完成环境影响评价工作的过程，可以分为工作程序和管理程序。

5.5.1　环境影响评价的工作程序

环境影响评价的工作程序是指进行评价的工作人员为了完成环境影响评价任务，进行评价工作的程序。按照时间顺序和内容可以大体分成 3 个阶段：前期准备阶段、正式工作阶段、编制报告书阶段。

5.5.1.1　前期准备阶段

前期准备阶段主要包括：研究相关文件、进行初步的工程分析和环境现状调查、筛选重点评价项目和评价参数、确定各单项环境影响评价的工作等级、编制评价工作大纲等。

（1）研究相关文件

研究国家和地方有关环境保护的法律法规、政策、标准及规划等相关文件，研究相关技术文件和其他有关文件，并依据相关规定确定环境影响评价文件类型。同时，应注意核实所研究查看的文件是否为最新版本，确保文件是现行有效的。

（2）进行初步的工程分析和环境现状调查

搜集所评价的项目资料，了解项目建设内容及选址位置，并到项目现场进行现状调查。

搜集的项目资料应包括建设项目的基本情况，如建设项目规模、主要生产设备、平面布局；主要原辅材料及其他物料的理化性质、毒性特征以及消耗量等；工程占地类型、土石方量等。资料搜集后应进行甄别比较，确保准确性。

确定初步分析项目内容及选址是否严重违反国家及地方的法律法规和政策等相关文件的规定，若发现有违反的情况，应与建设单位联系要求其做出相应调整。若确认项目内容及选址符合相关法律法规等文件要求，则确定项目的环境影响评价文件类型。

（3）筛选重点评价项目和评价参数

根据所搜集的资料确定重点评价项目和评价参数。

（4）确定各单项环境影响评价的工作等级

各单项环境影响评价的工作等级是由实际情况及相关技术导则决定的，可以不相同。例如，声环境影响评价的工作等级为一级时，水环境影响评价的工作等级可以不为一级。应依据各环境要素和项目实际情况，结合相关文件确定。在确定工作等级时，要注意是否存在技术导则中规定的需要提升评价等级的特例情况。

（5）编制评价工作大纲

为了更好地进行评价工作，一般在编制环境影响评价文件时，先编制评价工作大纲。大纲中通常包括评价工作所遵循的依据及原则、执行的技术路线、分析项目基本情况和所处环境基本情况、拟定环境现状调查监测及环境影响预测分析技术实施方案、规划报告书结构、工作进度及工作经费预算等。

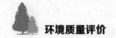

5.5.1.2　正式工作阶段

正式工作阶段包括进一步工程分析、环境现状调查与评价、环境影响预测、环境影响评价等。

（1）进一步工程分析

包括工程的基本情况、污染影响因素分析、生态影响因素分析等。例如，进行环境影响的识别，分析项目是否对自然灾害产生影响、是否对生态环境产生影响、是否对能源开发产生影响等；绘制工艺流程图，分析各种污染物的排放情况及达标情况等。

（2）环境现状调查与评价

环境影响评价中环境现状调查包括项目自然环境及社会环境调查、环境敏感性调查、环境功能区划及规划调查等。

①自然环境及社会环境调查　有助于识别判断建设项目的自然环境限制因素及社会环境限制因素，能够为预测分析工作做好准备。其中，自然环境调查的内容包括项目的地理位置以及附近交通条件、地形地貌、地质、水环境、动植物与生态情况等。社会环境调查的内容包括人口、工业结构、土地利用情况、文化景观情况、人群情况等。

②环境敏感性调查　有助于确定项目执行的排污标准、选址合理性等，调查应涵盖环境功能区及项目边界。调查结果除了要有文字、表格说明外，还应该配备相关示意图，如四至图等。

（3）环境影响预测

环境影响预测是在经过影响识别确定可能是重大的环境影响之后，预测各种活动对环境产生影响，导致环境质量或环境价值的变化量、空间变化范围、时间变化阶段等。以工程分析选择的原料、装备、工艺、产品为基础，根据各环境要素的不同特点，采取不同方法或建立不同模型进行环境影响预测。

例如，根据污水排放的相关参数以及纳污河流的环境条件进行水环境的影响预测；根据工程分析中的废气源项参数与区域的气象条件进行大气环境的影响预测；根据工程分析中的噪声源项参数与周边的环境条件进行声环境的影响预测；对于涉及重金属的项目还需要进行土壤的影响预测。

（4）环境影响评价

得到环境影响预测结果后，结合环境敏感程度及环境质量标准、污染防治措施进行环境影响评价，并对评价结果进行分析。

5.5.1.3　编制报告书阶段

编制报告书阶段为环境影响评价工作的最后一个阶段，此阶段的工作主要有：汇总分析第二阶段工作资料及数据，并得出结论，根据资料及结论提出环境保护措施和建议，编制环境影响评价报告书。

（1）汇总分析资料

在环境影响评价工作中，会涉及很多工作资料，以及调查、预测的数据。为了保证评价工作的高效性及准确性，需要对这些资料进行汇总分析，并得出结论。

（2）提出环境保护措施和建议

根据环境影响评价结论，以及相关的法律法规、地方规划、当地环境条件及交通条件、公众意见调查结果等，对项目进行可行性评价，并提出环境保护措施和建议。

（3）编制环境影响评价报告书

环境影响评价报告书是环境影响评价工作的一个重要部分，也是环境影响评价工作的重要成果。环境影响评价文件一般经过三级审核，分别由项目负责人、总工或技术负责人、相关专家进行审核、修改，再报相关行政主管部门批复后执行。

5.5.2　环境影响评价的管理程序

5.5.2.1　环境影响评价受理与委托流程

①由拟建项目的单位向环境保护行政主管部门提出项目建设申请。

②环境保护行政主管部门对拟建项目进行现场踏勘，判断项目是否可行，根据《建设项目环境影响评价分类管理名录》提出编制要求。

③建设单位委托有资质的评价单位开展环境影响评价工作，并签订委托合同。

国家根据建设项目对环境的影响程度，对建设项目的环境影响评价实行分类管理。建设单位应当按照《建设项目环境影响评价分类管理名录》的规定，分别组织编制环境影响报告书、环境影响报告表或填报环境影响登记表。部分建设项目环境影响评价分类管理名录见表 5-2 所列。

表 5-2　部分建设项目环境影响评价分类管理名录

序号	项目类别	报告书	报告表	登记表
1	粮食及饲料加工	含发酵工艺的	年加工 1 万 t 及以上的	—
2	植物油加工	—	除单纯分装和调和外的	单纯分装或调和的
3	盐加工	—	全部	—
4	卷烟	—	全部	—
5	制鞋业	—	使用有机溶剂的	其他
6	自来水生产和供应工程	—	全部	—
7	生活污水集中处理	新建、扩建日处理 10 万 t 及以上的	其他	—
8	污染场地治理修复	—	全部	—
9	城镇生活垃圾转运站	—	全部	—
10	城镇生活垃圾（含餐厨废弃物）集中处置	全部	—	—
11	餐饮、娱乐、洗浴场所	—	—	全部
12	城市轨道交通	全部	—	—
13	长途客运站	—	新建	其他
14	化学品输送管线	全部	—	—
15	无线通信	—	—	全部

说明：单纯分装为不发生化学反应的物理混合过程；分装指由大包装变为小包装。

环境影响评价委托合同包括双方单位名称、法定代表人、签订地点、签订时间、合同编号、声明、委托内容、委托费结算方式、双方权利义务、违约责任、附则等。其中委托内容包括建设项目位置、执行的技术标准等；委托费结算方式包括委托费的金额及支付时间、方式等；双方权利义务包括委托人和受托人开展环境影响评价工作时，双方的权利及义务；违约责任包括违约的情形及违约所应支付的滞纳金金额。

5.5.2.2　环境影响报告书的编制

环境影响报告书(或环境影响报告表)的编制是环境影响评价工作中的重要环节。受委托的环境影响评价单位收集资料并进行现场踏勘，正式开展环境影响评价工作，并与环保主管部门、建设单位、受项目影响的群众保持密切联系，听取意见，完成环境影响报告书。

5.5.2.3　环境影响报告书的技术审查

环境影响报告书编制完成后，递交环保主管部门。受理建设项目环境影响报告书后，认为需要进行技术审查的，由技术评估单位或环保主管部门主持对报告书进行技术审查。

5.5.2.4　环境影响报告书的审批

《建设项目环境保护管理条例》中规定，建设项目有下列情形之一的，环境保护行政主管部门应当对环境影响报告书、环境影响报告表做出不予批准的决定。

①建设项目类型及其选址、布局、规模等不符合环境保护法律法规和相关法定规划；

②所在区域环境质量未达到国家或者地方环境质量标准，且建设项目拟采取的措施不能满足区域环境质量改善目标管理要求；

③建设项目采取的污染防治措施无法确保污染物排放达到国家和地方排放标准，或者未采取必要措施预防和控制生态破坏；

④改建、扩建和技术改造项目，未针对项目原有环境污染和生态破坏提出有效防治措施；

⑤建设项目的环境影响报告书、环境影响报告表的基础资料数据明显不实，内容存在重大缺陷、遗漏，或者环境影响评价结论不明确、不合理。

环境影响评价报告评审中的关注点有以下 10 点：

①是否符合环境保护相关法律法规。建设项目涉及依法划定的自然保护区、风景名胜区、生活饮用水水源保护区及其他需要特别保护的区域的，应当符合国家有关法律法规对该区域内建设项目环境管理的规定；依法需要征得有关机关同意的，建设单位应当事先取得该机关同意。

②是否符合国家产业政策和清洁生产标准或要求。尤其注意近期出台的众多产业政策。

③建设项目选址、选线、布局是否符合规划，如城市规划、环保规划、工业规划、生态规划、水利、交通等各种相关规划。

④厂址选择是否合理，尤其是厂区和各类敏感区的位置关系。厂区内平面布置是否合理，原料和产品的运输方式、运输路线是否合理。

⑤工艺的先进性和安全可靠性，拟采取的各种环保措施是否可行、可靠。

⑥排放总量、环境容量和当地环境质量。

⑦环境影响评价的全面性和合理性，评价等级以及评价范围和深度。

⑧环境风险，事故排放、应急预案等。

⑨居民搬迁等社会问题。

⑩各种支持性文件的有效性。

5.5.2.5　建设项目竣工验收

建设项目竣工后，环境保护行政主管部门根据《建设项目竣工环境保护验收管理办法》，依据环境保护验收监测或调查结果，并通过现场检查等手段，考核该建设项目是否达到环境保护的要求。

负责项目审批的环境保护行政主管部门组织竣工验收，项目建设单位、设计单位、施工单位、环境影响报告书(表)编制单位、环境保护验收监测单位应当参与验收。对于符合建设项目竣工环境保护验收条件的建设项目，经过环境保护行政主管部门核查后，做出批准决定，并核发排污许可证。未通过竣工验收的建设项目，不得正式投入生产或者使用。

5.6　环境影响评价方法

环境影响评价是一门自然科学与社会科学的交叉学科，因此，环境影响评价也有很多方法，可以按照功能将这些方法分为环境影响识别方法、环境影响预测方法和环境影响评估方法。

5.6.1　环境影响识别方法

环境影响识别就是找出所有受影响(特别是不利影响)的环境因素，以使环境影响预测减少盲目性，环境影响综合分析增加可靠性，污染防治对策具有针对性。常用的方法有核查表法、矩阵法等。

按照建设工程项目的阶段划分，环境影响因子识别可分为建设前期、建设期、运营期和服务期满后，需要识别不同阶段各活动可能带来的影响。

环境影响因子在选择时，应当根据拟建项目的特点、功能以及所在阶段的特点等进行选择。按照环境要素可将环境影响因子识别分为自然环境影响和社会环境影响。自然环境影响包括对地形、地质、地貌、水文、气候、地表水质、空气质量、土壤、草原森林、陆生生物与水生生物等方面的影响；社会环境影响包括对城镇、耕地、房屋、交通、文物古迹、风景名胜、自然保护区、人群健康以及重要的军事、文化设施等的影响。

环境影响因子在选择时，不能一味地追求多，要尽可能地精练，并能反映评价对象的主要环境影响、充分指示环境质量状态，便于进行环境质量监测。同时，选出的环境影响因子应构成与环境总体结构相一致的层次，在各个层次上将环境影响全部识别出来。在不同的阶段，如施工期和退役期，应当采取不同的环境影响因子或者不同的环境影响识别表。

5.6.1.1　核查表法

核查表法又称调查表法或统计分析表法，它是由 Little 等人于 1971 年提出的，是一种常用的环境影响识别方法。核查表法是将可能受规划行为影响的环境因子和可能产生的影响性质列在一个清单中，然后对核查的环境影响给出定性或半定量的评价。核查表方法使用方便，容易被专业人士及公众接受。在评价早期阶段应用，可保证重大的影响没有被忽略。但建立一个系统而全面的核查表是一项烦琐且耗时的工作；同时由于核查表没有将"受体"与"源"相结合，无法清楚地显示出影响过程、影响程度及影响的综合效果。

核查表根据具体形式可分为简单型核查表和描述型核查表。简单型核查表只列举出对哪些环境因子有何种影响(表5-3)，而描述型核查表不仅列举出对环境要素的影响，还会列举发生影响的条件、方式、程度等(表5-4)。

表5-3　简单型核查表

可能受影响的环境因子	可能产生的影响									
	不利影响						有利影响			
	短期	长期	可逆	不可逆	局部	大范围	短期	长期	显著	一般
水生生态系统		√		√	√					
森林		√		√	√					
渔业		√		√	√					
河流水文条件		√		√		√				
河水水质		√								
稀有及濒危物种		√		√		√				
陆地野生动物		√		√		√				
空气质量	√				√					
声环境	√		√							
路上运输								√	√	
地方经济								√	√	
……										

注：表中符号"√"表示有影响。

表5-4　描述型核查表

环境要素	一般不利影响	严重不利影响	有利影响	注释
声环境	√			施工噪声
景观环境	√			施工期景观破坏
社会经济			√	运营期经济发展
……				

注：根据不同情况，可以将有利影响及不利影响分为若干等级，一般不超过5级。

5.6.1.2　矩阵法

矩阵法由核查表法发展而来，将规划目标、指标以及规划方案(拟议的经济活动)与环境因素作为矩阵的行与列，并在相对应位置填写用以表示行为与环境因素之间的因果关系的符号、数字或文字。

矩阵法的优点包括可以直观地表示交叉或因果关系，矩阵的多维性尤其有利于描述规划环境影响评价中的各种复杂关系，简单实用，内涵丰富，易于理解；缺点是不能处理间接影响和时间特征明显的影响。

矩阵法主要有相关矩阵法和迭代矩阵法两种。

环境影响识别中，一般采用相关矩阵法（也称关联矩阵法）。相关矩阵的横轴、纵轴分别列出各阶段对环境有可能产生影响的活动以及有可能受活动影响的环境因子。矩阵中的每个元素用斜线隔开，斜线左边的数字表示影响的大小，斜线右边的数字表示影响权重，用"+"表示有利影响，"−"表示不利影响。如"−5/4"表示影响为不利影响，影响大小为5，此影响的重要性为4。通常影响大小中"10"最大，"1"最小；影响的权重"10"表示最重要，"1"表示重要性最低。

如表5-5中，各时期声环境的总影响为$(-3)\times2+(-5)\times2+(-3)\times1+(-3)\times3+(-4)\times6+(-7)\times8=-108$，纵列的总影响也是同样的算法。

表 5-5　某建设项目的关联矩阵

环境要素		施工准备		施工期				运营期	总影响
		建筑拆除	施工人员生活	取弃土方石	材料运输	管道工程	道路工程	车辆行驶	
声环境	噪声	−3/2		−5/2	−3/1	−3/3	−4/6	−7/8	−108
大气环境	空气质量	…	…	…	…	…	…	…	…
生态环境	植被								
	动物								
	景观								
	水土保持								
	农业灌溉								
	土地利用								
社会环境	旅游开发								
	农业生产								
	交通运输								
	居住条件								
	就业劳务								
总影响									

5.6.2　环境影响预测方法

环境影响预测是在经过影响识别确定可能是重大的环境影响之后，预测各种活动对环境产生影响导致环境质量或环境价值的变化量、空间变化范围、时间变化阶段等。环境影响预测的方法大致可以分为三大类：数学模式法、物理模型法和类比分析法。

（1）数学模式法

数学模式法是以数学模式为主的客观预测方法，应用广泛。如利用相关的数学方程式预测建设项目引起的水质变化等环境影响。一般情况下此法比较简便，需要一定的计算条件和输入必要的参数，因此存在一定的应用限制。

（2）物理模型法

物理模型法就是应用物理、化学等方法直接模拟环境影响问题，可以用于研究变化机理、确定模型参数等，通常可根据模拟的类型分为野外模拟和室内模拟。物理模型法需要有相应的试验条件和较多的基础数据，但是制作模型要耗费大量的人力、物力和时间。在无法利用数学模式法预测，评价等级较高，对预测结果要求较严时，可以选用此法。

（3）类比分析法

利用与拟建项目相似的现有项目建成后对环境的影响进行分析。预测结果属于半定量性质，为了提高预测的准确性，在使用时需要注意选择合适的类比对象。类比对象应选择建设性质、工程规模、建设方式与拟建项目相似的，同时最好与拟建项目具有相似的环境条件。

5.6.3 环境影响评估方法

环境影响评估是对各个评价因子定量预测的结果进行评估，确定对环境影响的大小，常采用的方法有图形叠置法等。

图形叠置法是 1968 年由美国生态规划师麦克哈格提出的利用叠置地图进行环境评价的方法。1972 年克劳斯科普夫和邦德将此法加以发展。图形叠置法使用较简单，便于做宏观分析，直观性强，易于理解，但定量程度差。它将一套环境特征（如物理、化学、生态、美学等）图叠置起来，做出一张复合图来表示地区的特征，用以在开发行为影响所及的范围内，判断受影响的环境特征及受影响的相对大小。图形叠置法分为手工叠图和计算机叠图，手工叠图难以分辨各因子的重要性，随着科技发展，越来越多地应用计算机进行，具有简便、可视化强等优点。图形叠置法可以用于预测和评价某一地区适合开发的程度，识别供选择的地点或路线，如公路选线和沿海地区开发的影响评价。

思考与练习

1. 简述环境影响的特征。
2. 简述环境影响报告书的基本内容。
3. 简述环境影响报告书的基本功能。
4. 简述环境影响报告书编制的基本要求。
5. 简述环境影响评价的类型。
6. 简述我国环境影响评价制度的特点。
7. 简述环境影响评价的工程流程。

单元6 大气环境影响评价

大气污染物在环境影响评价技术导则中分为基本污染物与其他污染物。污染物在大气中的分布水平与释放源的排放方式和排放强度有关，同时受制于大气的输送和扩散过程。大气环境影响评价工作的内容与深度取决于评价等级，而评价等级的确定主要依据建设项目的排放工况、环境因素以及环境管理要求，目前主要是通过估算模式计算的最大地面质量浓度增量占标率来确定。大气环境影响评价则以数学模型的预测结果为依据进行分析与评价。本单元在对大气环境影响评价基础理论进行概述的基础上，重点介绍了依据环境影响评价技术导则对大气环境质量进行的现状调查和评价的方法与要求。

6.1 基础知识

6.1.1 大气污染

由于自然现象或人类活动向大气中排放的烟尘和废气过多，大气中出现新的化学物质或某种成分含量超过了自然状态下的平均含量，影响了人和动植物的正常发育和生长，给人类带来了冲击和危害，即大气污染。

大气污染的产生实际上是大气系统的内在结构发生了变化并通过外部状态表征出来，其实质还是由于内在结构的改变而引起了大气对生物界生存和繁衍的干扰。

6.1.2 大气污染源

大气污染源是指导致大气污染的各种污染因子或污染物的发生源。如向大气排出污染物或释放有害因子的工厂、场所或设备。

根据《环境影响评价技术导则 大气环境》(HJ 2.2—2018)中附录A推荐模型清单，污染源从排放形式上可分为点源(含火炬源)、面源、线源、体源、网格源等；污染源从排放时间上可分为连续源、间断源、偶发源等；污染源从排放的运动形式上可分为固定源和移动源，其中移动源包括道路移动源和非道路移动源。此外还有一些特殊排放形式，如烟塔合一源和机场源。

①点源是通过某种装置集中排放的固定点状源，如烟囱、集气筒等。

②面源是在一定区域范围内，以低矮密集的方式自地面或近地面的高度排放污染物的源，如无组织排放、储存堆、渣场等排放源。

③线源是污染物呈线状排放或由移动源构成线状排放的源，如城市道路的机动车排放源等。

④体源是由源本身或附近建筑物的空气动力学作用使污染物呈一定体积向大气排放的源，如焦炉炉体、屋顶天窗等。

⑤火炬源是直接由明火排放的源，如炼油厂火炬。

⑥烟塔合一源是指锅炉产生的烟气经除尘、脱硫、脱硝后引至自然通风冷却塔排放的源。

⑦机场源是指民用机场大气污染物排放源。

⑧网格源一般指排放城市和区域尺度的大气污染物，需进行网格化的污染源，如光化学转化的二次污染物的排放源。

6.1.3 大气污染物

大气污染源排放的污染物按存在形态分为颗粒态污染物和气态污染物。

按生成机理分为一次污染物和二次污染物。其中由人类或自然活动直接产生，由污染源直接排入环境的污染物称为一次污染物；排入环境中的一次污染物在物理、化学因素的作用下发生变化或与环境中的其他物质发生反应所形成的新污染物称为二次污染物。

按照《环境空气质量标准》(GB 3095—2012)规定将大气污染物分为基本污染物和其他污染物。基本污染物是指二氧化硫(SO_2)、二氧化氮(NO_2)、一氧化碳(CO)、臭氧(O_3)、可吸入颗粒物(PM_{10})、细颗粒物($PM_{2.5}$)等基本项目污染物；其他污染物是指项目排放的污染物中除基本污染物以外的其他污染物，如总悬浮颗粒物(TSP)、氮氧化物(NO_x)、铅(Pb)和苯并[a]芘以及项目排放的特有污染物。

6.1.4 大气污染物的扩散

从事大气环境影响预测与评价的核心内容，是通过大气扩散模式定量地分析污染物对周围大气质量的影响，理想的扩散模式能较客观地反映污染物在大气中的输送、稀释、扩散、转化过程。而在这个过程中空气污染气象学起着关键的作用。

污染物从污染源排放到大气中，只是一系列复杂过程的开始，污染物在大气中的迁移、扩散是这些复杂过程的重要方面。大气污染物在迁移、扩散过程中对生态环境产生影响和危害。因此，大气污染物的迁移、扩散规律为人们所关注。

6.1.4.1 影响大气污染的气象因子

大气污染物的行为都是发生在千变万化的大气中，大气的性状在很大程度上影响污染物的时空分布，世界上一些著名大气污染事件都是在特定气象条件下发生的。影响大气污染的气象因素最重要的是流场和温度层结。

(1)风和大气湍流的影响

污染物在大气中的扩散取决于3个因素。风可使污染物向下风向扩散，湍流可使污染物向各方向扩散，浓度梯度可使污染物发生质量扩散，其中风和湍流起主导作用。湍流具有极强的扩散能力，它比分子扩散快 $10^6 \sim 10^5$ 倍，风速越大，湍流越强，污染物的扩散速度就越快，污染物浓度就越低。在自由大气中的乱流及其效应通常极微弱，污染物很少到达这里。

根据湍流形成的原因可分为两种湍流，一种是动力湍流，它因有规律水平运动的气流遇到起伏不平的地形扰动而产生,它们主要取决于风速梯度和地面粗糙等;另一种是热力湍流,它起因于地表面温度与地表面附近的温度不均,近地面空气受热膨胀而上升,随之上面的冷空气下降,从而形成垂直运动。它们有时以动力湍流为主,有时动力湍流与热力湍流共存,且主次难分。这些都是使大气中污染物迁移的主要原因。

(2)大气温度层结

地球旋转作用以及距地面不同高度的各层次大气对太阳辐射吸收程度的差异,使得描述大气状态的温度、密度等气象要素在垂直方向上呈不均匀分布。人们通常把静大气的温度和密度在垂直方向上的分布,称为大气温度层结。气温随高度的变化用气温垂直递减率 γ 来表示,$\gamma = \dfrac{\partial T}{\partial Z}$,其单位常用℃/100m。

气温垂直递减率 γ 与另一个在空气污染气象学中经常用到的概念——干绝热垂直递减率 γ_d 是不同的。γ_d 表示干空气在绝热升降过程中每变化单位高度时干空气自身温度的变化,它表示干空气的热力学性质,是一个气象常数,$\gamma_d = 0.98$℃/100m。而 γ 是实际环境气温随高度的分布,因时因地而异。

大气中的温度层结有 4 种类型:第一种是气温随高度增加而递减,即 $\gamma > 0$,称为正常分布层结或递减层结;第二种是气温直减率等于或近似等于绝热直减率,即 $\gamma = \gamma_d$,称为中性层结;第三种是气温不随高度变化,即 $\gamma = 0$,称为等温层结;第四种是气温随高度增加而增加,即 $\gamma < 0$,称为逆温。

(3)大气稳定度

大气稳定度是指叠加在大气背景场上的扰动能否随时间增强的量度,也指空中某大气团由于与周围空气存在密度、温度和流速等的强度差而产生的浮力使其产生加速度而上升或下降的程度。大气抑制空气垂直运动的能力,称为大气稳定度。

中国现有法规中推荐的修订的帕斯奎尔分类法(P·S),将大气稳定度分为强不稳定、不稳定、弱不稳定、中性、较稳定和稳定 6 级,它们分别表示为 A、B、C、D、E、F。

大气稳定度是影响污染物在大气中扩散的极重要因素。当大气层结不稳定时,热力湍流发展旺盛,对流强烈,污染物易扩散,但是全层不稳定时,污染不易扩散至远处。当大气层结稳定时,湍流受到抑制,污染物不易扩散稀释,特别当逆温层出现时,通常风力弱或无风,低空像蒙上一个盖子,使烟尘聚集地表,造成严重污染。

(4)大气稳定度与烟流扩散的关系

烟流扩散的形状与大气稳定度有密切的关系,大气稳定度不同,高架点源烟流扩散形状和特点不同,造成的污染状况差别很大。共有 5 种典型的烟流形状,即波浪型、锥型、扇型、爬升型、漫烟型。

①波浪型(翻卷型)

● 特点:烟云上下摆动很大。

● 大气状况:$\gamma > 0$,$\gamma > \gamma_d$,大气处于不稳定状态,对流强烈。

● 发生条件:多出现于太阳光较强的晴朗中午。

● 与湍流的关系:伴随较强的热扩散,微风。

● 地面污染状况:由于扩散速度快,靠近污染源地区污染物落地浓度高,对附近居民有害，一般不会造成烟雾事件。

②锥型

- 特点：烟云离开排放口一定距离后，云轴仍基本保持水平，外形似一个椭圆锥。烟云比波浪形规则，扩散能力比其弱。
- 大气状况：$\gamma>0$，$\gamma=\gamma_d$，大气处于中性和弱稳定状态。
- 发生条件：多出现于多云或阴天的白天，强风的夜晚或冬季夜间。
- 与湍流的关系：高空风较大，扩散主要靠热和动力因子的作用。
- 地面污染状况：污染物输送得较远。

③扇型（长带型）

- 特点：烟云在垂直方向上扩散速度很小，在水平方向缓慢扩散。
- 大气状况：$\gamma<0$，$\gamma<\gamma_d$，出现逆温层，大气处于稳定状态。
- 发生条件：多出现于弱晴朗的夜晚和早晨。
- 与湍流的关系：微风，几乎无湍流发生。
- 地面污染状况：污染物可传送到较远的地方，遇山或高大建筑物阻挡时，污染物不易扩散，在逆温层的污染物浓度较大。

④爬升型（上扬型）

- 特点：烟云的下侧边缘清晰，呈平直状，而其上部出现湍流扩散。
- 大气状况：排出口上方，$\gamma>0$，$\gamma>\gamma_d$，大气处于不稳定状态；排出口下方，$\gamma<0$，$\gamma<\gamma_d$，大气处于稳定状态。
- 发生条件：多出现日落后，因地面有辐射逆温，大气稳定。高空受冷空气影响，大气不稳定。
- 与湍流的关系：排出口上方有微风，伴有湍流；排出口下方几乎无风，无湍流。
- 地面污染状况：如烟囱处于不稳定层时，烟气中的污染物不向下扩散，只向上方扩散，这种烟型对地面影响较轻。

⑤漫烟型（熏烟型）

- 特点：与爬升型相反，烟云的上侧边缘清晰，呈平直状，而其下部出现较强的湍流扩散，烟云上方有逆温层，从烟囱排出的烟云上升到一定程度就受到逆温层的控制。
- 大气状况：排出口上方，$\gamma<0$，$\gamma<\gamma_d$，大气处于稳定状态；排出口下方，$\gamma>0$，$\gamma>\gamma_d$，大气处于不稳定状态。
- 发生条件：日出后，地面低层空气被日照加热使逆温自下而上逐渐破坏，但上部仍保持逆温。
- 与湍流的关系：烟云的下部有明显的热扩散，烟云的上部热扩散很弱，风在烟云之间流动。
- 地面污染状况：当烟囱高度不能超过上部稳定气层时，烟云就好像被盖子盖住，只能向下部扩散，像熏烟一样直扑地面。在污染源附近污染物的浓度很高，地面污染严重，这是最不利于扩散和稀释的气象条件。

（5）逆温

逆温时 $\gamma<0$，因此 $\gamma<\gamma_d$，这种大气处于非常稳定状态，是一种最不利于污染物扩散的温

度层结，在大气污染问题研究中特别引人注目。对流层逆温按其形成原因可分为以下几类。

①辐射逆温 经常发生在晴朗无风或小风的夜晚，强烈的有效辐射使地面和近地层大气强烈冷却降温，上层降温较慢而形成上暖下冷的逆温现象，辐射逆温全年都可出现，但冬、秋季更易产生，且强度也大，高度也高。

②平流逆温 主要发生在冬季中纬度沿海地区，由于海陆之间存在温差，海上暖空气平流到陆地上空时形成。

③下沉逆温 由于空气下沉压缩引起的增温作用，使下沉运动终止的高度上出现逆温，一般多发生在高压区。

此外还有锋面逆温、湍流逆温等。

实际逆温情况是很复杂的，地形对逆温的形成和分布也有明显影响。通过一定方式了解各高度温度分布，就可以得知上空有无逆温、逆温高度、强度等。目前用于探测逆温的手段主要有低空探空仪、系留气球、铁塔观测、遥感等。

6.1.4.2 影响大气污染的地理因素

地形地势对大气污染物的扩散和浓度分布有重要影响。地形地势千差万别，但对大气污染物扩散的影响其本质上都是通过改变局部地区(流场和温度层结等)气象条件来实现的。

这里主要讨论两种典型地形地势条件对大气污染的影响。

(1)山区地形

山区地形复杂，局地环流多样，最常见的局地环流是山谷风，它是由于山坡和谷底受热不均匀引起的。晴朗的白天，阳光使山坡首先受热，受热的山坡把热量传给其上的空气，这一部分空气比同高度谷底上空的空气暖，比重轻，于是就上升，由谷底较冷的空气来补充，形成从山谷指向山坡的风，称为谷风。夜间，情况正好相反，山坡冷却较快，其上方空气相应冷却得比同一高度谷底上空的空气快，较冷空气沿山坡流向谷底，形成山风。

山谷风对污染物输送有明显的影响。吹山风时排放的污染物向外流出，若不久转为谷风，被污染的空气又被带回谷内。特别是山谷风交替时，风向不稳，时进时出，反复循环，使空气中污染物浓度不断增加，造成山谷中污染加重。

山区辐射逆温因地形作用而增强。夜间冷空气沿坡下滑，在谷底聚积，逆温发展的速度比平原快，逆温层更厚，强度更大。并且因地形阻挡，河谷和凹地的风速很小，更有利于逆温的形成。因此山区全年逆温天数多，逆温层较厚，逆温强度大，持续时间也较长。

(2)海陆界面

海陆风发生在海陆交界地带，是以24h为周期的一种大气局地环流。海陆风是由于陆地和海洋的热力性质差异而引起的。在白天，由于太阳辐射，陆地升温比海洋快，在海陆大气之间产生了温度差、气压差，使低空大气由海洋流向陆地，形成海风，高空大气从陆地流向海洋，形成反海风，它们和陆地上的上升气流和海洋上的下降气流一起形成了海陆风局地环流。在夜晚，由于有效辐射发生了变化，陆地比海洋降温快，在海陆之间产生了与白天相反的温度差、气压差，使低空大气从陆地流向海洋，形成陆风，高空大气从海洋流向陆地，形成反陆风。它们同陆地下降气流和海面上升气流一起构成了海陆风局地环流。

在湖泊、江河的水陆交界地带也会产生水陆风局地环流，称为水陆风。但水陆风的活动范围和强度比海陆风要小。

海陆风对空气污染的影响有以下作用：一种是循环作用，如果污染源处在局地环流之中，污染物就可能循环积累达到较高的浓度，直接排入上层反向气流的污染物，有一部分也会随环流重新带回地面，提高了下层上风向的浓度。另一种是往返作用，在海陆风转换期间，原来随陆风输向海洋的污染物又会被发展起来的海风带回陆地。

海风发展侵入陆地，下层海风的温度低，陆地上层气流的温度高，在冷暖空气的交界面上，形成一层倾斜的逆温顶盖，阻碍了烟气向上扩散，造成封闭型和漫烟型污染。

6.1.4.3 城市

城市建筑密集，高度参差不齐，因此城市下垫面有较大的粗糙度，对风向、风速影响很大，一般来说城市风速小于郊区，但由于有较大的粗糙度，城市上空的动力湍流明显大于郊区。

热岛效应是城市气象的一个显著特点。由于城市生产、生活过程中燃料燃烧释放出大量热，城市地表和道路易吸收太阳辐射使大气增温，而城市蒸发、蒸腾作用比郊外少，因此相应的潜热损耗小。加之城市污染大气的温室作用使得城市气温一般比郊外高，夜间，城市热岛效应使近地层辐射逆温减弱或消失而呈中性，甚至不稳定状态；白天则使温度垂直梯度加大，处于更加不稳定状态，污染物易于扩散。

另外，城市和周围乡村的水平温差导致热量环流产生。在这种环流作用下，城市本身排放的烟尘等污染物聚集在城市上空，形成烟幕，导致市区大气污染加剧。

6.1.4.4 污染物在大气中的散布过程

大气污染过程受多方面因素影响，如污染物、污染物接受体的特征等，但是从污染源排出的污染物，必须经过大气才能影响接受体，污染物受大气的作用是散布过程的重要环节。污染物在大气中的散布过程可用图示表示(烟囱排出)。

概括起来，散布过程有以下几个方面：

①烟气抬升(机械、热力学过程)　烟气离开烟囱排放口后，由于受到浮力和惯性力作用而发生的上升。

②烟囱或建筑物造成的下泄和尾流混合　背风坡产生的涡旋使污染物质向下移动。

③风的搬运。

④湍流扩散　湍流扩散是指由于大气的湍流作用而使污染物扩散稀释的现象。大气中始终存在着各种尺度的湍流运动，当污染物从排放源进入大气后，在流场中造成了污染物质分布的不均匀，形成浓度梯度。此时，它们除了随气流做整体的飘移以外，由于湍流混合作用，不断将周围的清洁空气卷入烟流之中，同时将烟流带到周围的空气中，这种湍流混合和交换的结果，使污染物质从高浓度区向低浓度区传递，且逐渐被分散、稀释，这种过程称为湍流扩散过程。

⑤干沉降　不下雨时，大气中酸性物质可被植被吸附或重力沉降到地面称为干沉降。

⑥湿沉降　下雨时，高空雨滴吸收酸性物质继而降下时再冲刷酸性物质降到地面称为湿沉降。

⑦化学转化。

⑧混合层对污染物输送的影响 污染气象学上把不连续界面以下的大气层称为混合层，上层逆温是产生混合层的重要原因。

⑨迎风坡的抬升和背风坡的下沉。

⑩其他气象过程 气象条件的日变化、山谷风、海陆风、热学效应、大气环流等。

列举的以上过程受气象的、空气动力学的、热力学的、机械的、化学的等诸多因素影响，而且在污染物的扩散过程中它们往往是相互作用的。随着排放特征、污染物性质、地形气象条件的差异，各项因素的重要性也不一样。在实际工作中，可以突出其中一个或几个主要因素的作用，研究其定量表达方式——大气扩散模式（预测模型），以便于大气环境影响评价中的实际应用，可能情况下再根据其他因子进行修正。

6.2 大气环境质量现状评价

6.2.1 国外大气环境质量现状评价的方法

（1）格林（Green）大气污染综合评价指数

这是最早提出来的环境评价指数，1966 年美国的格林以二氧化硫和烟雾系数（间接表示空气中颗粒污染物的浓度）为参数建立了二氧化硫污染分指数（I_{SO_2}）和烟雾系数污染分指数（I_{COH}）以及综合污染指数（I），其评价公式为：

$$I_{SO_2} = a_1 S^{b_1} = 84.0 S^{0.431} \qquad (6\text{-}1)$$

$$I_{COH} = a_2 C^{b_2} = 26.6 C^{0.576} \qquad (6\text{-}2)$$

$$I = \frac{I_{SO_2} + I_{COH}}{2} = 42.0 S^{0.431} + 13.3 C^{0.576} \qquad (6\text{-}3)$$

式中 S——SO_2 实测浓度，cm^3/m^3；

C——实测烟雾系数，COH 单位/305m；

a_1、a_2、b_1、b_2——确定指数尺度的常数。

对于 SO_2 和 COH，格林建议用希望、警戒和极限三级水平的日平均数值为假设标准（表6-1）。

表6-1 格林的 SO_2 和 COH 日平均浓度标准

污染物	SO_2（日平均浓度）	烟雾系数（日平均浓度）	I
希望水平	0.06	0.9	25
警戒水平	0.3	3.0	50
极限水平	1.5	10.0	100

规定当 SO_2 和烟雾系数达到希望、警戒和极限三级水平时，综合污染指数分别为 25、50 和 100，因此该指数可做如下分级：当 $I<25$ 时，空气清洁而安全；$I>50$ 时，空气有潜在危险；I 值达 50 时，为一级警报；I 值达 60 时，为二级警报；I 值达 68 时，为三级警报，应采取减轻污染的有关措施。I 值=68 时，相当于煤烟型大气污染事件水平，如 1952

年 12 月 5~8 日英国伦敦烟雾事件，由于冬季燃煤引起的煤烟形成烟雾，5~8 日英国几乎全境为浓雾覆盖，4 天中死亡人数较常年同期增加约 4000 人，45 岁以上的死亡最多，约为平时的 3 倍；1 岁以下死亡的，约为平时的 2 倍。事件发生的一周中因支气管炎死亡的人数是事件前一周同类人数的 93 倍。

该指数适用于我国北方冬季或以燃煤为主的污染源的场合。

COH 与颗粒物浓度存在函数关系，粗略地说，1 COH ≈ 125μg/m³ TSP（美国）。由于我国反映烟尘污染水平的参数一般取飘尘，当飘尘浓度单位取 mg/m³ 时，1 COH 约是它的 10 倍。

(2)美国橡树岭大气质量评价指数

这是由美国原子能委员会橡树岭国家实验室提出的，该方法共选择了 5 种污染物：SO_2、NO_x、CO、氧化剂、颗粒物。

美国橡树岭大气质量评价指数为叠加型指数，其评价公式为：

$$I_{橡} = \left[5.7 \sum_{i=1}^{n} \left(\frac{C_i}{S_i} \right) \right]^{1.37} \tag{6-4}$$

式中　C_i——第 i 种污染物的浓度，mg/m³；

　　　S_i——第 i 种污染物的大气环境质量标准，mg/m³；

　　　n——污染物的个数。

当各种污染物的浓度相当于未受污染的本底浓度时，$I_{橡} = 10$；当各种污染物的浓度均达到相应的标准时，$I_{橡} = 100$。

橡树岭实验室按照大气质量指数的大小，将大气质量分为 6 级（表 6-2）。

表 6-2　$I_{橡}$ 与大气环境质量分级

大气环境质量等级	优良	好	尚可	差	坏	危险
$I_{橡}$	<20	20~39	40~59	60~79	80~100	>100

6.2.2　国内大气环境质量现状评价的方法

(1)沈阳大气质量评价指数

沈阳大气质量指数选择了 4 种污染物质：SO_2、NO_x、PM_{10} 和 Pb，沈阳大气质量指数的推导思路是借鉴美国橡树岭大气质量指数，进而确立了沈阳大气质量指数评价参数。

沈阳大气质量评价指数为叠减型指数，其评价公式为：

$$I_{沈} = \left[1.12 \times 10^{-5} \sum_{i=1}^{n} \left(\frac{C_i}{S_i} \right) \right]^{-0.40} \tag{6-5}$$

式中　C_i——第 i 种污染物的浓度，mg/m³；

　　　S_i——第 i 种污染物的大气环境质量标准，mg/m³；

　　　n——污染物的个数。

当 4 项指数都等于背景浓度时，$I_{沈} = 100$；当 4 项指数都等于明显危害浓度时，$I_{沈} = 20$。由此得出，当污染物浓度等于标准时，$I_{沈} = 60$（表 6-3）。

沈阳大气质量指数法将大气质量分成 5 级（表 6-4）。

表 6-3　沈阳大气质量指数评价参数

参数	SO_2	NO_x	PM_{10}	Pb	$I_沈$
背景浓度	0.02	0.01	0.05	0.0001	100
标准浓度	0.15	0.13	0.15	0.0007	60
明显危害浓度	2.0	1.0	1.0	0.01	20

表 6-4　沈阳大气质量指数分级

$I_沈$	<31	31~40	40~55	55~61	>61
大气环境质量等级	极重污染	重污染	中等污染	轻污染	清洁
大气污染水平	紧急水平	警报水平	警戒水平	大气质量标准	清洁

（2）北京西郊大气质量评价指数

本方法在评价时选择了 2 个参数，分别为 SO_2 和 PM_{10}。

北京西郊大气质量评价指数为均值型指数，其评价公式为：

$$I_北 = \frac{1}{n}\sum_{i=1}^{n}P_i = \frac{1}{n}\sum_{i=1}^{n}\left(\frac{C_i}{S_i}\right) \tag{6-6}$$

式中　C_i——第 i 种污染物的浓度，mg/m^3；

S_i——第 i 种污染物的大气环境质量标准，mg/m^3；

n——污染物的个数。

我国早在 1973 年就开始进行大气环境质量现状评价，首先对北京西郊开展环境调查和研究工作，提出了本评价方法，但当时并不规范。因当时无大气环境质量标准，特对 S 值进行了规定，居民区大气日平均最高允许浓度标准 $S_{SO_2}=0.15mg/m^3$，$S_{PM_{10}}=0.15mg/m^3$。相当于 GB 3095—2012 的二级标准中的日平均浓度。北京大气质量指数分级见表 6-5。

表 6-5　北京大气质量指数分级

$I_北$	0~0.01	0.01~0.1	0.1~1.0	1.0~4.5	4.5~10.0	>10.0
大气环境质量级别	清洁	微污染	轻污染	中度污染	中度污染	严重污染

（3）南京大气质量评价指数

该指数是在南京城市环境质量综合评价中提出的，本方法在评价时选择了 3 个参数，分别为 SO_2、NO_2 和降尘。

南京大气质量评价指数为权值型大气质量指数，其评价公式为：

$$I_南 = \sum_{i=1}^{n}(W_iP_i) = \sum_{i=1}^{n}\left(W_i\frac{C_i}{S_i}\right) \tag{6-7}$$

此时，$\sum_{i=1}^{n}W_i = 1$。若 $\sum_{i=1}^{n}W_i \neq 1$，一般要归一化处理，计算公式为：

$$I_{南} = \frac{1}{\sum\limits_{i=1}^{n} W_i} \sum\limits_{i=1}^{n} (W_i P_i) = \frac{1}{\sum\limits_{i=1}^{n} W_i} \sum\limits_{i=1}^{n} \left(W_i \frac{C_i}{S_i} \right) \qquad (6\text{-}8)$$

式中　C_i——第 i 种污染物的浓度，mg/m^3；

　　　S_i——第 i 种污染物的大气环境质量标准，mg/m^3 或 $t/(km^2 \cdot 月)$；

　　　n——污染物的个数。

因当时无大气环境质量标准，特对 S 值进行了规定，$S_{SO_2} = 0.15mg/m^3$，$S_{NO_2} = 0.10mg/m^3$，$S_{降尘} = 8.0t/(km^2 \cdot 月)$。南京大气质量指数分级见表 6-6。

表 6-6　南京大气质量指数分级

$I_{南}$	<0.3	0.3~0.5	0.5~0.8	0.8~1.0	>1.0
大气环境质量级别	清洁	尚清洁	轻度污染	中度污染	重度污染

(4) 上海大气质量评价指数

该指数由上海第一医学院姚志麒提出。本方法在评价时选择了 4 个参数，即 SO_2、NO_2、飘尘、Pb。

上海大气质量评价指数为均方根型指数，其评价公式为：

$$I_{上} = \sqrt{\max\left(\frac{C_i}{S_i}\right) \times \frac{1}{n} \sum\limits_{i=1}^{n} \left(\frac{C_i}{S_i}\right)} \qquad (6\text{-}9)$$

式中　C_i——第 i 种污染物的浓度，mg/m^3；

　　　S_i——第 i 种污染物的大气环境质量标准，mg/m^3 或 $t/(km^2 \cdot 月)$；

　　　n——污染物的个数。

当时没有对指数进行污染分级，后来沈阳合金科学研究所参照美国污染物标准指数值 (PSI) 对应的浓度和人体健康的关系对 $I_{上}$ 值进行了大气污染分级 (表 6-7)。

表 6-7　上海大气污染指数分级

分级	清洁	轻度污染	中度污染	重度污染	极重污染
$I_{上}$	<0.6	0.6~1.0	1.0~1.9	1.9~2.8	>2.8
大气污染水平	清洁	大气污染指数三级标准	警戒水平	警告水平	紧急水平

(5) 分级评价法

它是中国环境学会环境质量评价专业委员会建议的一种分级评价方法。大气中污染物的浓度限值评分见表 6-8。

该评价方法选用降尘、颗粒物、SO_2 为必要参数，CO、NO_x、总氧化剂为自选项目，可任选其中污染最重的一项参加评价，因此本方法共选了 4 个参数。

计算方法采用百分值，其评价公式为：

$$I_{分} = \sum\limits_{i=1}^{n} A_i \qquad (6\text{-}10)$$

式中 A_i——第 i 种污染物评分值；

n——污染物的个数。

$I_分$ 值应该在 $20\sim100$，数值越高，大气质量越好。分级评分法分级标准见表6-9。

表6-8 大气中污染物浓度分级与评分   mg/m³

项目	第一级(理想级)		第二级(良好级)		第三级(安全级)		第四级(污染级)		第五级(重污染级)	
	范围	评分	范围	评分	范围	评分	范围	评分	范围	评分
降尘	≤8		≤12		≤20		≤40		>40	
飘尘	≤0.10		≤0.15		≤0.25		≤0.50		>0.50	
SO_2	≤0.05	25	≤0.15	20	≤0.25	15	≤0.50	10	>0.50	5
NO_x	≤0.02		≤0.05		≤0.10		≤0.20		>0.20	
CO	≤2		≤4		≤6		≤12		>12	
总氧化剂	≤0.05		≤0.1		≤0.20		≤0.40		>0.40	

表6-9 分级评分法分级标准

$I_分$	100~95	94~75	74~55	54~35	34~17
大气污染指数等级	第一级(理想级)	第二级(良好级)	第三级(安全级)	第四级(污染级)	第五级(重污染级)

(6)环境空气质量指数

为贯彻《中华人民共和国环境保护法》和《中华人民共和国大气污染防治法》，保护环境，保障人体健康，向公众提供健康指引，环境保护部于2012年2月29日发布《环境空气质量指数(AQI)技术规定(试行)》(HJ 633—2012)，并于2016年1月1日实施。

①术语与定义

空气质量指数(air quality index，AQI)：定量描述空气质量状况的无量纲指数。

空气质量分指数(individual air quality index，I_{AQI})：单项污染物的空气质量指数(表6-10)。

首要污染物(primary pollutant)：空气质量指数大于50时，空气质量分指数最大的空气污染物。

超标污染物(non-attainment pollutant)：浓度超过国家环境空气质量二级标准的污染物，即空气质量分指数大于100的污染物。

②计算方法

●污染物项目 P 的空气质量分指数按下式计算：

$$I_{AQI_P} = \frac{I_{AQI_{Hi}} - I_{AQI_{Lo}}}{BP_{Hi} - BP_{Lo}}(C_P - BP_{Lo}) + I_{AQI_{Lo}} \tag{6-11}$$

式中 I_{AQI_P}——污染物项目 P 的空气质量分指数；

C_P——污染物项目 P 的质量浓度值；

BP_{Hi}——表 6-10 与 C_P 相近的污染物浓度限值的高位值；

BP_{Lo}——表 6-10 与 C_P 相近的污染物浓度限值的低位值；

$I_{AQI_{Hi}}$——表 6-10 与 BP_{Hi} 对应的空气质量分指数；

$I_{AQI_{Lo}}$——表 6-10 与 BP_{Lo} 对应的空气质量分指数。

表 6-10　空气质量分指数及对应的污染物项目浓度限值

空气质量分指数	污染物项目浓度限值									
	二氧化硫（SO_2）24h 平均（$\mu g/m^3$）	二氧化硫（SO_2）1h 平均（$\mu g/m^3$）[a]	二氧化氮（NO_2）24h 平均（$\mu g/m^3$）	二氧化氮（NO_2）1h 平均（$\mu g/m^3$）[a]	颗粒物（粒径≤10μm）24h 平均（$\mu g/m^3$）	一氧化碳（CO）24h 平均（mg/m^3）	一氧化碳（CO）1h 平均（mg/m^3）[a]	臭氧（O_3）1h 平均（$\mu g/m^3$）	臭氧（O_3）8h 滑动平均（$\mu g/m^3$）	颗粒物（粒径≤2.5μm）24h 平均（$\mu g/m^3$）
0	0	0	0	0	0	0	0	0	0	0
50	50	150	40	100	50	2	5	160	100	35
100	150	500	80	200	150	4	10	200	160	75
150	475	650	180	700	250	14	35	300	215	115
200	800	800	280	1200	350	24	60	400	265	150
300	1600	[b]	565	2340	420	36	90	800	800	250
400	2100	[b]	750	3090	500	48	120	1000	[c]	350
500	2620	[b]	940	3840	600	60	150	1200	[c]	500

说明

a. 二氧化硫（SO_2）、二氧化氮（NO_2）和一氧化碳（CO）的 1h 平均浓度限值仅用于实时报，在日报中需要使用相应污染物的 24h 平均浓度的限值。

b. 二氧化硫（SO_2）1h 浓度值高于 800ug/m^3 的，不再进行其空气质量分指数计算，二氧化硫（SO_2）空气质量分指数按 24h 平均浓度计算的分指数报告。

c. 臭氧（O_3）8h 平均浓度高于 800ug/m^3 的，不再进行空气质量分指数计算，臭氧（O_3）空气质量分指数按 1h 平均浓度计算的分指数报告

- 空气质量指数的计算方法：

$$AQI = \max\{I_{AQI_1},\ I_{AQI_2},\ I_{AQI_3},\ \cdots,\ I_{AQI_n}\} \tag{6-12}$$

式中　I_{AQI}——空气质量分指数；

　　　n——污染物项目。

- 空气质量指数级别：空气质量指数级别根据表 6-11 的规定进行划分。
- 首要污染物及超标污染物的确定方法：AQI>50 时，I_{AQI} 最大的污染物为首要污染物。若 I_{AQI} 最大的污染物为两项或两项以上时，并列为首要污染物。

I_{AQI}>100 的污染物为超标污染物。

表 6-11　空气质量分指数及相关信息

空气质量指数	空气质量指数级别	空气质量指数类别及表示颜色		对健康影响情况	建议采取的措施
0~50	一级	优	绿色	空气质量令人满意，基本无空气污染	各类人群可正常活动
51~100	二级	良	黄色	空气质量可接受，但某些污染物可能对极少数异常敏感人群健康有较弱影响	极少数异常敏感人群应减少户外活动
101~150	三级	轻度污染	橙色	易感人群症状有轻度加剧，健康人群出现刺激症状	儿童、老年人及心脏病、呼吸系统疾病患者应减少长时间、高强度的户外锻炼
151~200	四级	中度污染	红色	进一步加剧易感人群症状，可能对健康人群心脏、呼吸系统有影响	儿童、老年人及心脏病、呼吸系统疾病患者避免长时间、高强度的户外锻炼，一般人群适量减少户外运动
201~300	五级	重度污染	紫色	心脏病和肺病患者症状显著加剧，运动耐受力降低，健康人群普遍出现症状	儿童、老年人及心脏病、肺病患者应停留在室内，停止户外运动，一般人群减少户外运动
>300	六级	严重污染	褐红色	健康人群运动耐受力降低，有明显强烈症状，提前出现某些疾病	儿童、老年人和病人应停留在室内，避免体力消耗，一般人群停止户外运动

6.3　大气环境影响预测模型

6.3.1　高架点源短期（30min）地面预测模式

该预测模型是最基本的预测模式具有许多假设，是在高斯模型的基础上发展起来的。

（1）孤立排气筒下风向任一点地面浓度预测

预测孤立排气筒对下风向任一点地面某种大气污染物的浓度贡献值，可按下式计算：

$$C_{(xy0)} = \frac{Q}{\pi \times U \times \sigma_y \times \sigma_z} \times \exp^{-\left(\frac{y^2}{2\sigma_y^2} + \frac{H_e^2}{2\sigma_z^2}\right)} \tag{6-13}$$

式中　C——单位为 mg/m³；

　　　Q——单位时间污染物排放量，mg/s；

　　　y——该点（预测点）与通过排气筒的平均风向轴线在水平面上的垂直距离，m；

　　　U——排气筒距地面的几何高度 H 处的风速，m/s；

　　　H_e——排气筒有效高度，$H_e = H_s + \Delta H$，m；

　　　σ_y——垂直于平均风向的水平横向扩散参数，m；

　　　σ_z——铅直扩散参数，m。

①大气稳定度的确定

● A级：太阳高度角的计算。

$$h_o = \arcsin [\sin\psi\sin\sigma + \cos\psi\cos\sigma\cos(15t + \lambda - 300)] \qquad (6\text{-}14)$$

式中　h_o——太阳高度角；

　　　ψ——当地纬度；

　　　λ——当地经度；

　　　t——进行观测时的北京时间；

　　　σ——太阳倾角。

太阳倾角可查表（表6-12），也可用下列公式计算。

$$\sigma = [0.006\,918 - 0.399\,12\cos\theta_o + 0.070\,257\sin\theta_o - 0.006\,758\cos2\theta_o +$$

$$0.000\,907\sin2\theta_o - 0.002\,697\cos3\theta_o + 0.001\,480\sin3\theta_o] \times \frac{180}{\pi} \qquad (6\text{-}15)$$

式中　θ_o——$360d_n/365$，deg；

　　　d_n——一年中日期序数，0，1，2，…，364。

表6-12　一年中不同日期的太阳倾角值

日期	1月	2月	3月	4月	5月	6月	7月	8月	9月	10月	11月	12月
1	-23.1	-17.2	-7.8	4.3	15.0	22.0	23.1	18.2	8.4	-3.0	-14.3	-21.8
2	-23.0	-16.9	-7.4	4.7	15.3	22.2	23.1	17.9	8.1	-3.4	-14.6	-21.9
3	-22.8	-16.6	-7.0	5.1	15.6	22.3	23.0	17.6	7.7	-3.8	-15.0	-22.2
4	-22.7	-16.3	-6.6	5.5	15.9	22.4	22.9	17.4	7.4	-4.1	-15.3	-22.2
5	-22.6	-16.0	-6.2	5.9	16.2	22.5	22.8	17.1	7.0	-4.5	-15.6	-22.3
6	-22.5	-15.7	-5.8	6.3	16.4	22.6	22.7	16.8	6.6	-4.9	-15.9	-22.4
7	-22.4	-15.4	-5.4	6.6	16.7	22.7	22.6	16.5	6.2	-5.3	-16.2	-22.6
8	-22.3	-15.1	-5.1	7.0	17.0	22.8	22.5	16.3	5.9	-5.8	-16.5	-22.7
9	-22.1	-14.8	-4.7	7.4	17.2	22.9	22.4	16.1	5.5	-6.1	-16.7	-22.8
10	-22.0	-14.5	-4.3	7.8	17.5	23.0	22.3	15.7	5.1	-6.5	-17.0	-22.9
11	-21.8	-14.2	-3.9	8.1	17.8	23.1	22.2	15.4	4.7	-6.8	-17.3	-23.0
12	-21.7	-13.8	-3.5	8.5	18.0	23.2	22.0	15.1	4.4	-7.2	-17.6	-23.1
13	-21.5	-13.5	-3.1	8.9	18.3	23.2	21.9	14.8	4.0	-7.6	-17.9	-23.1
14	-21.4	-13.2	-2.7	9.2	18.5	23.3	21.7	14.5	3.6	-8.0	-18.1	-23.2
15	-21.2	-12.8	-2.3	9.6	18.8	23.3	21.6	14.2	3.2	-8.3	-18.4	-23.3
16	-21.0	-12.5	-1.9	10.0	19.0	23.4	21.5	13.9	2.8	-8.7	-18.6	-23.3
17	-20.8	-12.1	-1.5	10.3	19.2	23.4	21.3	13.5	2.5	-9.1	-18.9	-23.4
18	-20.6	-11.8	-1.1	10.7	19.5	23.4	21.1	13.2	2.1	-9.4	-19.1	-23.4

（续）

日期	1 月	2 月	3 月	4 月	5 月	6 月	7 月	8 月	9 月	10 月	11 月	12 月
19	-20.4	-11.4	-0.8	11.0	19.7	23.4	20.9	12.9	1.7	-9.8	-19.4	-23.4
20	-20.2	-11.0	-0.4	11.4	19.9	23.4	20.7	12.6	1.3	-10.2	-19.6	-23.4
21	-20.0	-10.7	0.0	11.7	20.1	23.4	20.5	12.3	0.9	-10.5	-19.8	-23.4
22	-19.8	-10.4	0.4	12.1	20.3	23.4	20.3	11.9	0.5	-11.0	-20.1	-23.4
23	-19.5	-10.0	0.8	12.4	20.5	23.4	20.1	11.6	0.1	-11.3	-20.3	-23.4
24	-19.3	-9.6	1.3	12.7	20.6	23.4	19.9	11.2	0.0	-11.6	-20.5	-23.4
25	-19.1	-9.3	1.7	13.0	20.8	23.4	19.7	10.9	-0.6	-12.0	-20.7	-23.4
26	-18.8	-8.9	2.1	13.4	21.1	23.4	19.5	10.6	-1.1	-12.3	-20.9	-23.4
27	-18.6	-8.5	2.4	13.6	21.2	23.4	19.3	10.2	-1.5	-12.6	-21.1	-23.3
28	-18.3	-8.1	2.8	14.0	21.4	23.3	19.1	9.9	-1.9	-13.0	-21.3	-23.3
29	-18.0		3.2	14.4	21.6	23.3	18.9	9.5	-2.2	-13.3	-21.4	-23.3
30	-17.8		3.6	14.7	21.7	23.3	18.6	9.2	-2.6	-13.7	-21.6	-23.2
31	-17.5		4.0		21.9		18.4	8.8		-14.0		-23.2

【例题】经计算，北纬 42°、东经 123° 地区的 8 月 25 日 17 时的太阳高度角为 16.16°。

- B 级：太阳辐射等级的确定。

根据云量和太阳高度角按表 6-13 确定太阳辐射等级。

表 6-13　太阳辐射等级数

总云量/低云量	夜间	$h_0 \leq 15°$	$15° < h_0 \leq 35°$	$35° < h_0 \leq 65°$	$h_0 > 65°$
≤4/≤4	-2	-1	1	2	3
5~7/≤4	-1	0	1	2	3
≥8/≤4	-1	0	0	1	1
≥5/5~7	0	0	0	0	1
≥8/≥8	0	0	0	0	0

——总云量的观测：总云量是指观测时天空被所有的云遮蔽的总成数，用整数记。全天无云，总云量记 0；天空完全被云所遮蔽，记 10；天空完全为云所遮蔽，但是从云隙中可见晴天，则记 10⁻；云占全天 1/10，总云量记 1；云占全天 2/10，总云量记 2；其余依次类推。天空有少许云，其量不到天空的 0.5/10，总云量也记 0。其方法与总云量相同。

——低云量的观测：低云量是指天空被低云所遮蔽的成数，用整数记。

【例题】在太阳高度角为 16.16°，总云量为 5，低云量为 4 时，太阳辐射等级为 1。

- C 级：确定大气稳定度等级，见表 6-14。

表 6-14　大气稳定度等级表

地面风速	太阳辐射等级					
(m/s)	3	2	1	0	-1	-2
≤1.9	A	A~B	B	D	E	F
2~2.9	A~B	B	C	D	E	F
3~4.9	B	B~C	C	D	D	E
5~5.9	C	C~D	D	D	D	D
≥6	D	D	D	D	D	D

【例题】在太阳辐射等级为 1 时，距地面 10m 高度处的风速为 2.8m/s，此时的大气稳定度为 C 级，属于弱不稳定。

②排气筒距地面的几何高度处的风速计算　对于排气筒距地面的几何高度处的风速（U），若无实测值，可按下式计算：

$$H \leqslant 150\text{m 时，} \quad U = U_{10} \times \left(\frac{H}{10}\right)^P \tag{6-16}$$

$$H > 150\text{m 时，} \quad U = U_{10} \times 15^P \tag{6-17}$$

式中　H——排气筒的几何高度，m；

U_{10}——距地面 10m 高处 10min 平均风速，m/s；

P——风速高度指数。

P 值可按表 6-15 确定：

表 6-15　各稳定度等级下的 P 值

P.S.（大气稳定度）	A	B	C	D	E	F
P 值	0.10	0.15	0.20	0.25	0.30	0.30

【例题】在上述情况下，如果烟囱高度为 120m，求其风速。

大气稳定度为 C 级时，P 值为 0.2，烟囱高度为 120m 时，其计算公式为：

$$U = U_{10} \times \left(\frac{H}{10}\right)^P = 2.8 \times \frac{120^{0.2}}{10} = 4.6(\text{m/s})$$

③烟气抬升高度的计算　进行大气污染评价时，常用的污染源的有效排放高度 H_e，等于烟囱的几何高度（H）加上烟气抬升高度（ΔH）：

$$H_e = H_s + \Delta H \tag{6-18}$$

式中　H_e——污染源的有效排放高度，m；

H_s——烟囱的几何高度，m；

ΔH——烟气抬升高度，m。

● 有风时，中性和不稳定条件下的烟气抬升高度（ΔH）求算：

——当烟气热释放率 $Q_h \geqslant 2100\text{kJ/s}$，且烟气温度与环境温度的差值 $\Delta T \geqslant 35\text{K}$ 时，烟气抬升高度（ΔH）可按下式计算：

$$\Delta H = \frac{n_0 Q_h^{n_1} H_s^{n_2}}{U} \tag{6-19}$$

$$Q_h = \frac{0.35 P_a Q_v \Delta T}{T_s} \qquad (6-20)$$

式中　n_0——烟气热状况及地表状况系数；

　　　n_1——烟气热释放率指数；

　　　n_2——烟囱高度指数；

　　　Q_h——烟气热释放率，kJ/s；

　　　H_s——烟囱的几何高度，m（$H>240m$ 时，取 $H=240m$）；

　　　Q_v——烟气排放量，m^3/s；

　　　ΔT——烟囱出口处的烟气温度（T_s）与环境温度 T_a 的差值，K；

　　　T_s——烟囱出口处的烟气温度，K；

　　　P_a——大气压力，hPa[无实测值，可取邻近气象台（站）季或年的平均值]；

　　　U——排气筒出口处平均风速，m/s。

　　烟气排放量 Q_v 可按下式计算：

$$Q_v = \frac{\pi D^2}{4} V_s \qquad (6-21)$$

式中　V_s——烟囱出口处的烟气排放速度，m/s；

　　　D——烟囱的出口直径，m。

n_0、n_1、n_2 核查数值见表 6-16。

表 6-16　n_0、n_1、n_2 核查表

Q_h(kJ/s)	地表状况（平原）	n_0	n_1	n_2
$Q_h \geqslant 21\,000$	农村或城市远郊区	1.427	1/3	2/3
	城市及近郊区	1.303	1/3	2/3
$2100 < Q_h \leqslant 21\,000$ 且 $\Delta T \geqslant 35K$	农村或城市远郊区	0.332	3/5	2/5
	城市及近郊区	0.292	3/5	2/5

　　——当烟气热释放率 $1700kJ/s < Q_h < 2100kJ/s$ 时，烟气抬升高度（ΔH）可按下式计算：

$$\Delta H = \Delta H_1 + \frac{(\Delta H_2 - \Delta H_1)(Q_h - 1700)}{400} \qquad (6-22)$$

$$\Delta H_1 = \frac{2(1.5V_s D + 0.01Q_h)}{U} - \frac{0.048(Q_h - 1700)}{U} \qquad (6-23)$$

式中　V_s——烟囱出口处的烟气排放速度，m/s；

　　　D——烟囱的出口直径，m。

ΔH_2 按如下公式计算抬升高度：

$$\Delta H_2 = \frac{n_0 Q_h^{n_1} H^{n_2}}{U} \qquad (6-24)$$

　　——当烟气热释放率 $Q_h \leqslant 1700kJ/s$，且烟气温度与环境温度的差值 $\Delta T < 35K$ 时，烟气抬升高度（ΔH）可按下式计算：

$$\Delta H = \frac{2(1.5V_s D + 0.01Q_h)}{U} \tag{6-25}$$

式中 V_s——烟囱出口处的烟气排放速度，m/s；

  D——烟囱的出口直径，m；

  Q_h——烟气热释放率，kJ/s。

• 有风时，稳定条件下的烟气抬升高度求算：

$$\Delta H = \sqrt[3]{\frac{Q_h}{U\left(\frac{\partial T_a}{\partial z} + 0.0098\right)}} \tag{6-26}$$

式中 Q_h——烟气热释放率，kJ/s；

  $\frac{\partial T_a}{\partial z}$——烟囱几何高度以上的大气温度梯度，K/m。

• 静风和小风($U_{10}<1.5$m/s)时的烟气抬升高度的求算：

$$\Delta H = \frac{0.98\sqrt[4]{Q_h}}{\sqrt[8]{\frac{\partial T_a}{\partial z} + 0.0098}} \tag{6-27}$$

式中， $\frac{\partial T_a}{\partial z}$ 取值 $\not<0.01$K/m。当 $-0.0098<\frac{\partial T_a}{\partial z}<0.01$K/m 时；取 $\frac{\partial T_a}{\partial z}=0.01$K/m；当 $\frac{\partial T_a}{\partial z}\leqslant-0.0098$K/m 时， ΔH 按第一种情况进行计算，在计算过程中，计算风速 U，一律采用 $U_{10}=1.5$m/s。

【例题】某城市远郊区的一处烟囱排放口的直径 $D=1.5$m，烟囱出口处的烟气温度 $T_s=413$K，烟囱出口处的烟气排放速度 $V_s=18$m/s，烟囱所在位置10m高度处的风速为2.8m/s，大气稳定度为C，在标准状态下的污染源有效高度为多少？

第一步：求算实际烟气排放量 Q_v。

$$Q_v = \frac{\pi D^2}{4}V_s = \frac{3.14 \times 1.5^2}{4} \times 18 = 31.8(\text{m}^3/\text{s})$$

第二步：求算烟气热释放率 Q_h(kJ/s)。

$$Q_h = \frac{0.35P_a Q_v \Delta T}{T_s} = \frac{0.35 \times 1013.25 \times 31.8 \times 140}{413} = 3822.872(\text{kJ/s})$$

第三步：确定 n_0， n_1， n_2。

烟气温度与环境温度的差值 $\Delta T = T_s - T_a = 413-273 = 140 \geqslant 35$K；且 $Q_h = 3822.872$，在 $2100<Q_h\leqslant21\,000$ 时，属于城市远郊区，查表得 $n_0 = 0.332$， $n_1 = 3/5$， $n_2 = 2/5$。

第四步：计算烟气抬升高度。

$$\Delta H = \frac{n_0 Q_h^{n_1} H^{n_2}}{U} = \frac{0.332 \times 3822.872^{\frac{3}{5}} \times 120^{\frac{2}{5}}}{4.6} = 69.1(\text{m})$$

第五步：计算污染源的有效高度 H_e。

$$H_e = H_s + \Delta H = 120 + 69.1 = 189.1(\mathrm{m})$$

④垂直于平均风向的水平横向扩散参数(σ_y)的确定

$$\sigma_y = \gamma_1 x^{\alpha_1} \tag{6-28}$$

式中　γ_1、α_1——常数;

　　　x——下风距离,m。

水平扩散参数幂函数表达式数据详见表 6-17。

表 6-17　水平扩散参数幂函数表达式数据(取样时间为 30min)

扩散参数	大气稳定度等级	α_1	γ_1	x
$\sigma_y = \gamma_1 x^{\alpha_1}$	A	0. 901 074	0. 425 809	0~100
		0. 850 934	0. 602 052	>1000
	B	0. 914 370	0. 281 846	0~1000
		0. 865 014	0. 396 353	>1000
	B~C	0. 919 325	0. 229 500	0~1000
		0. 875 086	0. 314 238	>1000
	C	0. 924 279	0. 177 154	0~1000
		0. 885 157	0. 232 123	>1000
	C~D	0. 926 849	0. 143 940	0~1000
		0. 886 940	0. 189 396	>1000
	D	0. 929 418	0. 110 726	0~1000
		0. 888 723	0. 146 669	>1000
	D~E	0. 925 118	0. 098 563 1	0~1000
		0. 892 794	0. 124 308	>1000
	E	0. 920 818	0. 086 400 1	0~1000
		0. 896 864	0. 101 947	>1000
	F	0. 929 418	0. 055 363 4	0~1000
		0. 888 723	0. 073 334 8	>1000

⑤垂直扩散参数(σ_z)的确定

$$\sigma_z = \gamma_2 x^{\alpha_2} \tag{6-29}$$

式中　γ_2、α_2——常数;

　　　x——下风距离,m。

垂直扩散参数幂函数表达式数据详见表 6-18。

平原地区农村及城市远郊区的扩散参数选取方法是:A、B、C 级稳定度直接由表查算,D、E、F 级稳定度则需向不稳定方向提半级后由表查算。工业区或城区中的点源扩散参数选取方法是:A、B 级不提级,C 级提到 B 级,D、E、F 级向不稳定方向提一级,再按表查算。丘陵山区的农村或城市扩散参数选取方法同工业区。

表 6-18　垂直扩散参数幂函数表达式数据(取样时间为 30min)

扩散参数	大气稳定度等级	α_2	γ_2	x
$\sigma_z = \gamma_2 x^{\alpha_2}$	A	1. 121 54	0. 079 990 4	0~300
		1. 523 60	0. 008 547 71	300~500
		2. 108 810	0. 000 211 545	>500
	B	0. 964 435	0. 127 190	0~500
		1. 093 56	0. 057 025	>500
	B~C	0. 941 015	0. 114 682	0~500
		1. 007 70	0. 075 718 2	>500
	C	0. 917 595	0. 106 803	>0
	C~D	0. 838 628	0. 126 152	0~2000
		0. 756 410	0. 235 667	2000~10 000
		0. 815 575	0. 136 565 9	>10 000
	D	0. 862 212	0. 104 634	0~1000
		0. 632 023	0. 400 167	1000~10 000
		0. 553 60	0. 810 763	>10 000
	D~E	0. 776 864	0. 111 771	0~2000
		0. 572 347	0. 528 992	2000~10 000
		0. 499 149	1. 038 10	>10 000
	E	0. 788 370	0. 092 752 9	0~1000
		0. 565 188	0. 433 384	1000~10 000
		0. 414 743	1. 732 41	>10 000
	F	0. 784 400	0. 062 076 5	0~1000
		0. 525 969	0. 370 015	1000~10 000
		0. 322 659	2. 406 91	>10 000

如果实际采样时间大于 30min，垂直方向的扩散参数无须修订，则横向扩散参数需要进行修订，其修订公式为：

$$\sigma_{y\tau_2} = \sigma_{y\tau_1} \left(\frac{t_2}{t_1} \right)^q \tag{6-30}$$

式中　$\sigma_{y\tau_2}$——对应采样时间 t_2 时的横向扩散参数；

　　　$\sigma_{y\tau_1}$——对应采样时间 t_1 时的横向扩散参数；

　　　t_1——30min；

　　　q——时间稀释指数(由表 6-19 确定)。

表 6-19　时间稀释指数(q)确定表

适用时间范围(h)	q 值
$0.5 \leqslant t < 1$	0. 2
$1 \leqslant t < 100$	0. 3

【例题】某城市的远郊区(丘陵)在大气稳定度为 C 级的条件下，下风距离 1500m 处 (30min 采样和 60min 采样)的水平扩散参数和垂直扩散参数是多少?

第一步：确定 a_1、r_1 和 a_2、r_2。

由已知条件可知，丘陵地区大气稳定度为 C 级，在确定 a_1、r_1 和 a_2、r_2 时提高一级，即为 B 级，查表得到 $a_1 = 0.865014$、$r_1 = 0.396353$；$a_2 = 1.09356$、$r_2 = 0.0570251$。

第二步：求 30min 采样的水平扩散参数和垂直扩散参数。

水平扩散：$\sigma_y = \gamma_1 x^{\alpha_1} = 0.396353 \times 1500^{0.865014} = 221.54(\text{m})$

垂直扩散：$\sigma_z = \gamma_2 x^{\alpha_2} = 0.0570251 \times 1500^{1.09356} = 169.56(\text{m})$

第三步：求 60min 采样的水平扩散参数和垂直扩散参数。

水平扩散：$\sigma_{y\tau_2} = \sigma_{y\tau_1}\left(\dfrac{t_2}{t_1}\right)^q = 221.54 \times \left(\dfrac{60}{30}\right)^{0.3} = 272.74(\text{m})$

垂直扩散不用修订，即 $\sigma_z = \gamma_2 x^{\alpha_2} = 0.0570251 \times 1500^{1.09356} = 169.56(\text{m})$

(2)孤立排气筒对下风向任一点地面某种大气污染物的浓度贡献值

$$C_{(xy0)} = \frac{Q}{\pi \times U \times \sigma_y \times \sigma_z} \times \exp^{-\left(\frac{y^2}{2\sigma_y^2} + \frac{H_e^2}{2\sigma_z^2}\right)} \tag{6-31}$$

在实际工作中，我们往往不计算任意一点的浓度，其原因是工作量大，且没有必要。污染物随着烟囱向外界扩散，最终轴线上的浓度最高，所以，在计算时往往计算下风向任意一点地面轴线上的浓度，此时，可以令 $y=0$，$z=0$。

(3)孤立排气筒对下风轴线上任一点地面某种大气污染物的浓度贡献值

$$C_{(xy0)} = \frac{Q}{\pi \times U \times \sigma_y \times \sigma_z} \times \exp^{-\frac{H_e^2}{2\sigma_z^2}} \tag{6-32}$$

(4)孤立排气筒下风向 60min(短期)最大地面浓度预测

$$C_m = \frac{2Q}{e \times \pi \times U \times H_e^2 \times P_1} \tag{6-33}$$

式中 C_m——孤立排气筒下风向 60min 最大地面浓度，mg/m³；

P_1——60min 取样时间的横向稀释系数。

$$P_1 = \frac{2\gamma_1 \times \gamma_2^{-\frac{\alpha_1}{\alpha_2}}}{\left(1 + \dfrac{\alpha_1}{\alpha_2}\right)^{\frac{1}{2}\left(1+\frac{\alpha_1}{\alpha_2}\right)} \times H_e^{\left(1-\frac{\alpha_1}{\alpha_2}\right)} \times e^{\frac{1}{2}\left(1-\frac{\alpha_1}{\alpha_2}\right)}} \tag{6-34}$$

(5)最大地面浓度点距排气筒的距离预测

$$X_m = \left(\frac{H_e}{r_2}\right)^{\frac{1}{\alpha_2}} \times \left(1 + \frac{\alpha_1}{\alpha_2}\right)^{-\frac{1}{2\alpha_2}} \tag{6-35}$$

式中 X_m——最大地面浓度点距排气筒距离，m。

【例题】位于北纬40°、东经120°的某城市远郊区(丘陵)有一火力发电厂，通过收集资料调查处烟囱高度 $H=120$m，烟囱排放口的直径 $D=1.5$m；经 30min 的测定，SO_2 的排放量为800kg/h，排气温度$T_s = 140℃$，烟囱出口处的烟气排放速度$v_s = 18m/s$；8月15日17时观测云量为5/4，气温$T_a = 30℃$，地面10m高度处的10min平均风速$U_{10} = 2.8m/s$，大气压$P_a = 101.083kPa$。计算地面轴线最大浓度及其出现的距离。

第一步：确定a_1、r_1和a_2、r_2。

由已知条件可知，丘陵地区大气稳定度为C级，在确定a_1、r_1和a_2、r_2时提高一级，即为B级，查表得到$a_1 = 0.865\,014$、$r_1 = 0.396\,353$；$a_2 = 1.093\,56$、$r_2 = 0.057\,025\,1$。

第二步：计算60min取样时间的横向稀释系数（P_1）。

$$P_1 = \frac{2\gamma_1 \times \gamma_2^{-\frac{\alpha_1}{\alpha_2}}}{\left(1 + \dfrac{\alpha_1}{\alpha_2}\right)^{\frac{1}{2}\left(1+\frac{\alpha_1}{\alpha_2}\right)} \times H_e^{\left(1-\frac{\alpha_1}{\alpha_2}\right)} \times e^{\frac{1}{2}\left(1-\frac{\alpha_1}{\alpha_2}\right)}}$$

$$= \frac{(2 \times 0.396\,353) \times (0.057\,025\,1^{-\frac{0.865\,014}{1.093\,56}})}{\left[\left(1 + \dfrac{0.865\,014}{1.093\,56}\right)^{\frac{1}{2}\left(1+\frac{0.865\,014}{1.093\,56}\right)}\right] \times \left[180^{1-\frac{0.865\,014}{1.093\,56}}\right] \times \left[2.73^{\frac{1}{2}\left(1-\frac{0.865\,014}{1.093\,56}\right)}\right]} = 1.38$$

第三步：将Q的单位kg/h转换成mg/s。

$$kg = 10^3 g = 10^6 mg; \quad 1h = 60min = 3600s, \quad kg/h = \frac{10^6}{3600}mg/s$$

$$800kg/h = 800 \times \frac{10^6}{3600}mg/s = 222\,222mg/s$$

第四步：孤立排气筒下风向60min（短期）最大地面浓度预测。

$$C_m = \frac{2Q}{e \times \pi \times U \times H_e^2 \times P_1} = \frac{2 \times 222\,222.2}{2.7 \times 3.14 \times 4.6 \times 180^2 \times 1.38} = 0.25(mg/m^3)$$

第五步：计算地面轴线最大浓度及其出现的距离。

$$X_m = \left(\frac{H_e}{r_2}\right)^{\frac{1}{\alpha_2}} \times \left(1 + \frac{\alpha_1}{\alpha_2}\right)^{-\frac{1}{2\alpha_2}} = \left(\frac{180}{0.057\,025\,1}\right)^{\frac{1}{1.093\,56}} \times \left(1 + \frac{0.865\,014}{1.093\,56}\right)^{-\frac{1}{2 \times 1.093\,56}} = 1213.77(m)$$

6.3.2 面源预测模式

预测面源对于区域的影响，其处理的方法是转化为点源模式计算。具体做法是：可将其分成若干个单元（小方格），方格边长0.5~10km不等，我国通常取0.5km和1.5km两种，先计算每个单元对评价点的影响，然后进行叠加，即为整个面源对评价点的影响。

根据这个原理，最简单的办法是在假设面源单元上风向一定距离设一个虚拟的点源，这个虚拟的点源与面源造成的影响是等效的，当这个虚拟点源的烟云扩散至面源单元格式，烟云在面源单元格中心的宽度正好与单元格重叠，这样就会增加一个初始的扩散参数（σ_{y0}，σ_{z0}，单元格边线至虚拟点源距离的扩散参数），可得出面源下风向地面点浓度的预测模型为：

$$C_{(xy0)} = \frac{Q_A}{\pi \times U \times (\sigma_y + \sigma_{y0}) \times (\sigma_z + \sigma_{z0})} \times \exp^{-\left(\frac{y^2}{2(\sigma_y + \sigma_{y0})^2} + \frac{H_e^2}{2(\sigma_z + \sigma_{z0})^2}\right)} \tag{6-36}$$

式中 Q_A——面源单位时间的总排放量，mg/m³。

由扩散参数 $\sigma_y = \gamma_1 x^{\alpha_1}$，$\sigma_z = \gamma_2 x^{\alpha_2}$ 和 σ_{y0}，σ_{z0} 计算出虚拟点源至面源中心的距离，即下风距离(x)：

$$x_y = \left(\frac{\sigma_{y0}}{\gamma_1}\right)^{\frac{1}{\alpha_1}} \tag{6-37}$$

$$x_z = \left(\frac{\sigma_{z0}}{\gamma_2}\right)^{\frac{1}{\alpha_2}} \tag{6-38}$$

σ_{y0} 常用经验方法确定，按下式计算：

$$\sigma_{y0} = \frac{L}{4.3} \tag{6-39}$$

式中 L——单元格边长，m。

【例题】 某城区中以边长 1524m 的正方形区域进行 SO₂ 网格的划分，每个区域的排放估计为 6000mg/s，假定下面一组条件：大气稳定度为 E，南风，风速 $U = 2.5$m/s，区域内污染源的平均有效高度 $H_e = 20$m，预测该区在其北面相邻区域中心造成的浓度是多少？

第一步：查表并计算，确定水平扩散参数的计算指标 a_1、r_1、x，并求出虚拟距离。

经查得，在大气稳定度为 E 时，a_1、r_1、x 的值见表 6-20。

表 6-20   大气稳定度为 E 时的 α_1、γ_1、x 值

大气稳定度等级	α_1	γ_1	x
E	0.920 818	0.086 400 1	0~1000
	0.896 864	0.101 947	>1000

$$\sigma_{y0} = \frac{L}{4.3} = \frac{1524}{4.3} = 354\ (\text{m})$$

$x_y = \left(\dfrac{\sigma_{y0}}{\gamma_1}\right)^{\frac{1}{\alpha_1}} = \left(\dfrac{354}{0.086\ 400\ 1}\right)^{\frac{1}{0.920\ 818}} = 8377\ (\text{m})$，该参数的区间为 0~1000，其数值 (8377) 大于该区间(0~1000)。不符合要求，舍掉。

$x_y = \left(\dfrac{\sigma_{y0}}{\gamma_1}\right)^{\frac{1}{\alpha_1}} = \left(\dfrac{354}{0.101\ 947}\right)^{\frac{1}{0.896\ 864}} = 8867(\text{m})$，该参数的区间为>1000，其数值(8867)在该区间(0~1000)内。符合要求，保留。

下风向的距离为 $x+x_y = 1254+8867 = 10\ 391(\text{m})$。

第二步：查表确定垂直扩散参数的计算指标 a_2、r_2，确定水平和垂直扩散参数。

当大气稳定度为 E 时，下风距离 $x = 8867$m，在 1000~10 000 的区间内，可得 $a_2 = 0.565\ 188$；$r_2 = 0.433\ 384$。

当大气稳定度为 E 时，其水平扩散参数为：

$$\sigma_y = \gamma_1 x^{\alpha_1} = 0.101\ 947 \times 10\ 391^{0.896\ 864} = 408\ (\text{m})$$

在大气稳定度为 E 时，其垂直扩散参数为：

$$\sigma_z = \gamma_2 x^{\alpha_2} = 0.433\ 381 \times 1524^{0.565\ 184} = 27\ (\text{m})$$

第三步：面源下风向地面点浓度。

$$C_{(xy0)} = \frac{Q}{\pi \times U \times \sigma_y \times \sigma_z} \times \exp^{-\frac{H_e^2}{2\sigma_z^2}} = \frac{6000}{3.14 \times 2.5 \times 408 \times 27} \times \exp^{-\frac{20^2}{2 \times 27^2}} = 0.053 \ (mg/m^3)$$

6.3.3 线源预测模式

线源在某一空间点产生的浓度，相当于所有点源在这个空间点贡献的浓度对 y 轴的积分(线源所有点源在 y 轴的分布，其分布用积分方法计算)。所以预测它们造成的污染可由点源扩散模式对变量 y 的积分而得。

线源可分为有限线源和无限线源。

(1)有限线源预测模式

在估算有限线源的浓度时，必须考虑线源末端引起的所谓"边缘效应"。对于一个垂直于平均风向的有限线源，思路是取通过要预测的接受点的平均风向为 x 轴。线源的范围定义为从 y_1 到 y_2，其中 $y_1 < y_2$。接受点的浓度预测模式为：

$$C_{(x,y,0)} = \frac{2Q}{\sqrt{2\pi}\sigma_z \times U} \times e^{-\frac{H_e^2}{2\sigma_z^2}} \times \int_{p_1}^{p_2} \frac{1}{\sqrt{2\pi}} \times e^{-0.5p^2} dP \tag{6-40}$$

其中：

$$p_1 = \frac{y_1}{\sigma_y} \tag{6-41}$$

$$p_2 = \frac{y_2}{\sigma_y} \tag{6-42}$$

式中　Q——单位长度的源强，mg/(s·m)；

　　　P——变量。

【例题】秋天某一晴天 16 时，大气稳定度为 C，在 150m 长垃圾沟里焚烧垃圾，焚烧时有机物气体随烟气散逸，散逸速度 90g/s。焚烧时风向与垃圾沟垂直，风速为 3m/s，试计算在垃圾沟下风向 400m 处地面有机物的浓度。

第一步：确定 a_1、r_1 和 a_2、r_2；求扩散参数。

$\sigma_y = 43.3m$，$\sigma_z = 26m$

第二步：求 p_1，p_2。

$\frac{150}{2} = 75$，所以，变量 P 的变化是从 $-75 \sim 75$。

$$p_1 = \frac{y_1}{\sigma_y} = \frac{-75}{43.3} = -1.732$$

$$p_2 = \frac{y_2}{\sigma_y} = \frac{75}{43.3} = 1.732$$

第三步：计算污染物的排放量。

$$Q = \frac{散逸速度}{线源长度} = \frac{90}{150} = 0.6[g/(m·s)] = 600[mg/(m·s)]$$

第四步：将数据代入预测模式中。

$$C_{(x, y, 0)} = \frac{2 \times 600}{\sqrt{2 \times 3.14} \times 26 \times 3} \times 2.7^{-\frac{0^2}{2 \times 26^2}} \times \int_{-1.732}^{1.732} \frac{1}{\sqrt{2 \times 3.14}} \times 2.7^{-0.5p^2} \mathrm{d}P$$

$$= 6.14 \times 0.091 = 0.56 (\mathrm{mg/m^3})$$

（2）无限线源

对于连续排放（源强不随时间变化而处处相等）的无限线源，如一条繁忙的高速公路，下风向浓度的计算式为：

$$C = \frac{2Q}{\sqrt{2\pi} U\sigma_z \sin\theta} \times \mathrm{e}^{-\frac{H_e^2}{2\sigma_z^2}} \tag{6-43}$$

式中　Q——单位长度的源强，$\mathrm{mg/(s \cdot m)}$。

式中无 y，因给定 x，任何 y 距离上的浓度相等，σ_y 相互抵消。

当风向与线源垂直时，即 $\theta = 90°$，$\sin 90° = 1$；当风向与线源不垂直时，有一个夹角 θ（不垂直时），则 $\theta \geqslant 45°$ 方能用上述公式进行计算。

【例题】某市学院路街道为南北走向，高峰时期车流量为 2600 辆/h，车行平均速度为 40km/h，在此车速下，平均每辆车排出 CO_x 的量为 2.5×10^{-2} g/s，若大气稳定度为 D，吹东风，风速为 3m/s，位于学院路下风向 300m 处大气中 CO_x 的浓度为多少？

第一步：确定 a_2、r_2，求扩散参数。

$\sigma_z = 12.1$ m

第二步：确定 H_e。

汽车尾气排放管距地面的高度大约是 0.4m。

第三步：确定排放量。

$$Q = \frac{车流量}{平均速度} \times 单位时间排放量 = \frac{2600}{40 \times 1000} \times 2.5 \times 10^{-2} = 1.6 [\mathrm{mg/(m \cdot s)}]$$

第四步：将数据代入预测模式中。

$\sin 90° = 1$

$$C_{(x, y, 0)} = \frac{2 \times 1.6}{\sqrt{2 \times 3.14} \times 3 \times 12.1} \times 2.7^{\frac{0.4^2}{2 \times 12.1^2}} = 0.035 (\mathrm{mg/m^3})$$

6.3.4　孤立点源的小风和静风扩散模式

气象上一般将风速 $U_{10} < 0.5$ m/s 的情况称为静风，将风速 0.5 m/s $\leqslant U_{10} < 1.5$ m/s 的情况称为小风。

在静风和小风的时候由于风速太小，主导风向不确定，因此不能应用点源预测模式来完成大气环境质量的预测。

在预测时，以烟囱地面位置的中心为坐标原点，下风方向为 x 轴，地面任意一点处的污染物浓度可由下式计算：

$$C_{(x, y, 0)} = \frac{2Q}{(2\pi)^{\frac{3}{2}} \sigma_{02} \eta^2} G \tag{6-44}$$

$$\eta^2 = \left(x^2 + y^2 + \frac{\sigma_{01}^2}{\sigma_{02}^2} H_e^2 \right) \tag{6-45}$$

$$G = e^{\left(-\frac{U^2}{2\sigma_{01}^2}\right)} \left[1 + \sqrt{2\pi} \times e^{\left(\frac{s^2}{2}\right)} \times s \times \Phi(s) \right] \tag{6-46}$$

$$\Phi(s) = \frac{1}{\sqrt{2\pi}} \int_{-s}^{s} e^{-\frac{t^2}{2}} dt \tag{6-47}$$

$$s = \frac{ux}{\sigma_{01}\eta} \tag{6-48}$$

式中 σ_{01}，σ_{02}——分别为水平和垂直方向的扩散参数的回归系数（表6-21）;

$\Phi(s)$——正态分布函数，可根据 s 由数学手册查得;

t——扩散时间，s。

表6-21 小风和静风扩散参数的回归系数

稳定度	σ_{01}		σ_{02}	
	$u_{10}<0.5m/s$	$0.5m/s \leqslant u_{10}<1.5m/s$	$u_{10}<0.5m/s$	$0.5m/s \leqslant u_{10}<1.5m/s$
A	0.93	0.76	1.57	1.57
B	0.76	0.56	0.47	0.47
C	0.55	0.35	0.21	0.21
D	0.47	0.27	0.12	0.12
E	0.44	0.24	0.07	0.07
F	0.44	0.24	0.05	0.05

6.3.5 孤立点源的熏烟模式

当夜间产生贴地逆温时，日出后将逐渐自下而上地消失，形成一个不断增厚的混合层，并与在夜间排入稳定层的浓密烟云相混，从混合层顶进入混合层内的污染物在其自身下沉和垂直方向的强对流或湍流作用下会迅速扩散到地面，形成短时间的高浓度。持续时间在30~60min，对于污染物运动而言，这个过程被称为熏烟扩散过程。

假定发生熏烟后，污染物浓度在垂直方向上为均匀分布，则熏烟条件的下风向任意一点的浓度可按下式计算:

$$C_{f(x,y,0)} = \frac{Q}{\sqrt{2\pi} \times U \times H_f \times \sigma_{yf}} \times e^{-\frac{y^2}{2\sigma_{yf}^2}} \times \Phi(P) \tag{6-49}$$

$$H_f = H_e + 2.15\sigma_z \tag{6-50}$$

$$\sigma_{yf} = \sigma_y + \frac{H_e}{8} \tag{6-51}$$

$$\Phi(P) = \int_{-P}^{P} \frac{1}{\sqrt{2\pi}} e^{-\frac{P^2}{2}} dt \tag{6-52}$$

$$P = \frac{H_f - H_e}{\sigma_z} \tag{6-53}$$

式中　H_f——熏烟时混合层高度，m；

　　　σ_{yf}——熏烟条件下的侧向扩散参数；

　　　H_f-H_e——混合层顶和烟轴的高差，m。

在大气环境影响评价过程中，如果评价对象包括排放量大的高架点源，通常需要对熏烟条件的地面浓度和最近距离进行估算。一般进行最大地面熏烟浓度和最近距离计算。

$$C_f(x_f, 0, 0) = \frac{Q}{\sqrt{2\pi} \times U \times H_f \times \sigma_{yf}} \tag{6-54}$$

$$x_f = U \times t_m = U(t_2 - t_1) \tag{6-55}$$

式中　t_m——H_f 自 H_e 升至 $H_e+\Delta H+2.15\sigma_{zf}$ 的时间。

6.3.6　可沉降颗粒物的扩散模式

对于烟囱排放的粒径小于 15um 的颗粒物，其浓度的扩散可用气体预测模式进行计算，当粒径大于 15um，其下风向任意一点浓度应用倾斜烟囱模式计算：

$$C(x, y, 0) = \frac{(1+\alpha)}{2\pi \times U_x \times \sigma_y \times \sigma_z} \times e^{-\frac{y^2}{2\sigma_y^2} - \frac{\left(V_g \frac{X}{U} - H_e\right)^2}{2\sigma_z^2}} \tag{6-56}$$

$$V_g = \frac{d^2 \times \rho \times g}{18\mu} \tag{6-57}$$

式中　α——尘粒子的地面反射系数（表 6-22）；

　　　V_g——尘粒子的沉降速度，m/s；

　　　d——尘粒子的直径，cm；

　　　ρ——尘粒子的密度，g/cm^3；

　　　g——重力加速度，980cm/s^2；

　　　μ——空气动力黏性系数，g/（cm·s）。

表 6-22　地面反射系数 α 值

粒径范围（μm）	平均粒径（μm）	反射系数（α）
15~30	22	0.8
31~47	38	0.5
48~75	60	0.3
76~100	85	0

思考与练习

1. 某工厂锅炉房的锅炉配置除尘效率为 95% 的除尘器，全年燃煤 8000t，所用煤的灰分为20%，烟气中飞灰所占份额为25%，试求该锅炉房全年烟尘排尘量。

2. 某厂全年用煤量30 000t，其中用甲地煤15 000t，含硫量0.8%；用乙地煤15 000t，含硫量1.0%，二氧化硫去除率90%，求该厂全年共排放二氧化硫多少千克。

单元7 地面水环境影响评价

地表水环境是人类赖以生存的环境系统中重要的组成部分，人类的生产和生活不可避免地对其产生影响。地表水环境影响评价是我国环境影响评价实际工作中的重要部分和评价重点。本单元在介绍与地表水环境影响评价相关的污染物迁移转化的基础理论和基本知识基础上，重点阐述了地表水环境影响评价等级划分与评价范围确定的方法，以及地表水环境现状调查与评价、环境影响预测与评价的基本要求与方法。

7.1 基础知识

7.1.1 水体

水环境是地球表面上各种水体的总和，包括河流、湖泊、沼泽、水库、地下水、冰川、海洋等水体。水体不仅包括水本身，也包括其中的悬浮物质、胶体物质、溶解物质、底泥和水生生物等，所以水体是一个完整的生态系统或自然综合体。

按水体所处位置可将其分为地表水、地下水和海洋3类，3类水体中的水可以相互转化。

地表水是指存在于陆地表面的各种水域，如河流（包括河口）、湖泊、水库等。考虑到地表水与海洋之间的联系，在进行地表水环境影响评价时，还涉及有关海湾（包括海岸带）的部分内容。

7.1.2 水体污染

大量污染物排入水体，其含量超过了水体的自然本底含量和自净能力，使水体的水质和水体沉积物的物理、化学性质或生物群落组成发生变化，从而降低了水体的使用价值和使用功能的现象，称为水体污染。

凡对水体质量造成有害影响的能量与物质输入的来源称为水污染源。输入的物质和能量称为污染物或污染因子。影响地表水质量的污染源按排放形式分为点源和非点源（也称面源）。点源是指污染物产生的源和进入环境的方式均为点，通常由固定的排污口集中排放，如城市和乡镇生活污水或工业企业废水通过管道和沟渠收集后排入水体。非点源（面源）是指污染物产生的源为面，进入环境的方式可为面、线或点，位置不固定，如污水或废水分散或均匀地通过岸线进入水体或携带污染物的自然降水经过沟渠进入水体。非点源污染物的浓度通常较点源低，但污染负荷却非常大。

　　在进行地表水环境影响预测时，经常将水体污染物按污染性质分为持久性污染物、非持久性污染物、水体酸碱污染物和废热。

　　持久性污染物是指进入水环境中不易降解的污染物。通常包括在水环境中难降解、毒性大、易长期积累的有毒物质，如重金属、无机盐和许多高分子有机化合物等。如果水体的 $BOD_5/COD<0.3$，通常认为其可生化性差，其中所含的污染物可视为持久性污染物。

　　非持久性污染物是指进入水环境中容易降解的污染物，如耗氧有机物。通常表征水质状况的 COD、BOD_5 等指标均视为非持久性污染物。

　　水体酸碱污染物是指排入水环境的酸性或碱性废水，通常以 pH 表征。

　　废热是指可造成受纳水体水温变化的热废水，以水温表征。

7.1.3　污染物在水体中的迁移转化

　　污染物从不同途径进入水体后，随着水体介质的流动发生迁移、扩散和转化，其在水体中的浓度逐渐降低。水体自净特性是地表水环境影响预测的理论基础，即水体可以在其环境容量范围内，经过自身的物理、化学和生物作用，使受纳的污染物浓度不断降低，逐渐恢复原有的水质，此过程称为水体自净。

　　事实上，水体自净可以看作污染物在水体中迁移转化的结果。

7.1.3.1　迁移

　　迁移是指污染物在水流作用下的转移。迁移只是改变污染物在水体中的位置，并不改变水体中污染物的浓度。污染物的迁移通量可由式(7-1)计算

$$f = uC \tag{7-1}$$

式中　f——污染物的迁移通量，$kg/(m^2 \cdot s)$；

　　　u——水体的流速，m/s；

　　　C——污染物在水体中的浓度，kg/m^3。

7.1.3.2　扩散

　　污染物在水体中的扩散是由其浓度梯度引起的，包括分子扩散、湍流扩散和弥散扩散3种形式。分子扩散是由于分子的随机运动而引起的质点分散现象，分子扩散的质量通量与扩散物质的浓度梯度成正比。湍流扩散是指污染物质点之间及污染物质点与水介质之间由于各自不规则的运动而发生的相互碰撞、混合，是在水体的湍流场中质点的各种状态(流速、压力、浓度等)的瞬时值相对于其平均值的随机脉动而引起的分散现象。弥散扩散是由于断面上实际流速分布的不均匀性而引起的分散现象。

7.1.3.3　转化

　　转化是指污染物在环境中通过物理、化学和生物作用改变其形态或转变成另一种物质的过程。物理转化是指污染物通过蒸发、凝聚、渗透、吸附等发生的一种或多种物理变化；化学转化是指污染物通过各种化学反应而发生的转化，如氧化还原反应、水解反应、配位反应、沉淀反应、光化学反应等；生物转化是指污染物进入生物机体后，在有关酶系统催化下的代谢变化。

7.2   地表水环境现状调查与评价

7.2.1   现状调查内容与方法

环境现状调查目的在于了解项目所在地的水环境质量状况、水环境特点与环境敏感目标，为选择预测模型提供依据并获取基础数据。其主要内容包括水域功能与水环境敏感目标、水文特征、污染源、水环境质量等。

常用的水环境现状调查方法有 3 种，即搜集资料法、现场实测法及遥感与地理信息系统分析法，应根据调查对象的不同选取相应的调查方法。

7.2.2   现状调查范围

《环境影响评价技术导则　地表水环境》(HJ 2.3—2018)中给出的不同污水排放量时河流、湖泊、海湾的环境现状调查范围分别见表 7-1 至表 7-3。

应尽量按照污染物排放后可能的达标范围，确定某具体建设工程的地表水环境调查范围。调查范围应在评价等级确定后决定，评价等级高时调查范围可略大些，等级低时可略小些。

表 7-1   不同污水排水量时河流环境现状调查范围①

污水排放量 (m³/d)	大河 (km)	中河 (km)	小河 (km)
>50 000	15~30	20~40	30~50
20 000~50 000	10~20	15~30	25~40
10 000~20 000	5~10	10~20	15~30
5000~10 000	2~5	5~10	10~25
<5000	<3	<5	5~15

注：①表中数据为排污口下游应调查的河段长度。

表 7-2   不同污水排水量时湖泊 (水库) 环境现状调查范围①

污水排放量 (m³/d)	调查半径 (km)	调查面积 (km²)
>50 000	4~7	25~80
20 000~50 000	2.5~4	10~25
10 000~20 000	1.5~2.5	3.5~10
5000~10 000	1~1.5	2~3.5
<5000	≤1	≤2

注：①指以排污口为圆心，以调查半径为半径的半圆形面积。

表 7-3   不同污水排放量时海湾环境现状调查范围①

污水排放量 (m³/d)	调查半径 (km)	调查面积 (km²)
>50 000	5~8	40~100

（续）

污水排放量（m³/d）	调查半径（km）	调查面积（km²）①
20 000~50 000	3~5	15~40
10 000~20 000	1.5~3	3.5~15
<5000	≤1.5	≤3.5

注：①指以排污口为圆心，以调查半径为半径的半圆形面积。

7.2.3 采样点布设

7.2.3.1 河流

（1）断面布设

根据河流的水文特征、功能要求与排污口的分布，按水力学原理与法规要求，布设在评价河段上的断面应包括背景断面、对照断面、控制断面、削减断面和管理断面。

①背景断面 指为评价一完整水系的污染程度，不受人类生活和生产活动影响，提供水环境背景值的断面。通常布设在水系源头处或未受污染的上游河段，应远离城市居民区、工业区、农业化施用区及主要交通线路区。

②对照断面 指具体判断某一区域水环境污染程度时，位于该区域所有污染源上游处，能提供这一水系区域本底值的断面。通常布设在进入城市、工业排污区的上游，不受该污染区域影响的地点。通常一个河段只设一个对照断面。

③控制断面 指为了解水环境受污染程度及其变化情况的断面，即受纳某城市或区域的全部工业和生活污水后的断面。通常布设在本区域排污口的下游，污染物与河水能较充分混合处。可根据河段沿岸的污染源分布情况，设置一至多个断面。

④消减断面 指污水在水体内流经一定距离而达到最大程度混合，污染物被稀释、降解，其主要污染物浓度明显降低的断面。通常布设在控制断面的下游，河水与污染物充分混合、污染物浓度有显著下降处。

⑤管理断面 为特定的环境管理需要而设置的断面。

削减断面和控制断面的数量可根据评价等级、污染物的迁移转化规律及河流流量、水力特征、河流的环境条件等情况确定。

在大型江河的沿岸排污往往会形成岸边污染带，设置断面对评价不同水文条件下岸边污染带的状况与规律具有特殊的现实意义。为此，必要时可设置新的断面，以描述岸边污染带的状况并分析其规律，为科学决策提供依据。

以上断面应尽可能设在河流顺直、河床稳定、无急流浅滩处，非滞水区，并且是污水与河水混合比较均匀的河段。

（2）断面垂线的布设

当河面形状为矩形或近矩形时，可按下列原则布设。

①小河 在取样断面的主流线上设一条取样垂线。

②大河、中河 河宽≤50m者，在取样断面上各距岸边1/3水面宽处设一条取样垂线（垂线应设在明显水流处），共设两条；河宽>50m者，在取样断面的主流线上及距两岸

边≥0.5m 并有明显水流的地方各设一条取样垂线。

③特大河（如长江、黄河、珠江、黑龙江、淮河、松花江、海河等）　由于河流过宽，取样断面上取样垂线数应适当增加，且主流线两侧的垂线数目不必相等，拟设排污口的一侧可多设一些。如断面形状十分不规则，应结合主流线位置，适当调整取样垂线的位置和数目。

（3）垂线取样点的确定

在一条垂线上，水深>5m 时，在水面下 0.5m 处及距河底 0.5m 处，各取一个样点；水深为 1~5m 时，只在水面下 0.5m 处取一个样点；在水深<1m 时，取样点距水面≥0.3m，距河底也应≥0.3m。

（4）水样的处理

对于一级评价，应分析每个取样点的水样，不能混合。对于二、三级评价，预测混合过程段水质时，每次应将该段内各取样断面中每条垂线上的水样混合成一个水样；其他情况时，每次应将各取样断面上所有取样点的水样混匀成一个水样。

7.2.3.2　湖泊和水库

（1）取样位置布设原则

在湖泊（水库）中取样位置的布设应尽可能覆盖整个调查范围，并能切实反映湖泊（水库）的水质、水文特点（如流场分布、进水区、深水区、浅水区、岸边区等）。取样位置应以排污口为中心呈辐射状布设，每个取样位置的间隔可参考表 7-4。

表 7-4　湖泊（水库）中取样位置的间隔

湖泊（水库）规模	污水排放量（m³/d）	每个取样位置的控制面积（km²）		
		一级评价	二级评价	三级评价
大、中型	<50 000	1~2.5	1.5~3.5	2~4
	>50 000	3~6	4~7	
小型	<50 000	0.5~1.5	1~2	
	>50 000	0.5~1.5		

注：渔业繁殖区或有工农业用水点及重大污染源排出口的水域应适当加密，开阔湖心清洁区可适当减少，一般按网格法均匀布设。

（2）取样点的确定

①大、中型湖泊（水库）　当平均水深<10m 时，取样点设在水面下 0.5m 处，但此点距底应≥0.5m；平均水深≥10m 时，首先要根据现有资料查明此湖泊（水库）有无温度分层现象，如无资料可供调查，则先测水温。在取样位置水面下 0.5m 处测水温，以下每隔 2m 水深测一个水温值，如发现两点间温度变化较大，应在这两点间酌量加测几点的水温，目的是找到斜温层（表层水温到下层稳定水温的过渡层）。找到斜温层后，在水面下 0.5m 处及斜温层以下并距底 0.5m 以上处各取一个水样。

②小型湖泊（水库）　当平均水深<10m 时，在水面下 0.5m 并距底≥0.5m 处设一取样点；当平均水深≥10m 时，在水面下 0.5m 处和水深 10m 并距底≥0.5m 处各设一取样点。

（3）水样的对待

①小型湖泊（水库）　水深<10m 时，每个取样位置取一个水样；水深≥10m 时一般取一个混合样（将取样位置不同深度的水样混合），在上下层水质差距较大时，可不进行混合。

② 大、中型湖泊（水库）　各取样位置不同深度的水样均不混合。

7.2.3.3　河口

河口包括河流汇合部、河流感潮段、口外滨海段、河流与湖泊（水库）汇合部。

①河口采样断面的布设原则基本同河流。河口受海洋潮汐的涨落影响，水文状况的变化比较复杂，要考虑月、日周期的变化，并要了解河口的地理特征，掌握其流场动态变化以及环境容量变化特征。

②感潮河流的对照断面一般应设置在潮流界以上，如感潮河段的上溯距离很长，远超过建设项目的影响范围，其对照断面也可以在潮流界内，如排污口上游 100m 处。

③感潮河流具有往复流的特点，污水在排污口上下摆动回荡，水质很不稳定并容易出现咸水与淡水混合而引起的分层现象。因此应根据其水文特点和环境影响评价的实际需要，沿河流纵向布设适量的采样断面。采样垂线和垂线上的采样点数也可适当加密。

④设有防潮闸的河口应在闸内外各设一个采样点，这样受人工控制的河口，在排洪时可视为河流，在蓄水时又可视为水库。因此对其采样位置可参考河流、水库有关规定确定。

⑤水样的对待同河流的要求。

7.2.3.4　海湾

海湾受海洋潮汐影响，水文变化复杂，且不同海湾可能受不同的海流和大气流场（包括季风、行星风系、台风等）的影响产生特殊的水文变化。应在认识海湾水文规律的前提下，按不同变化规律，设计优化的布点规律，力求取得的资料数据具有代表性、可靠性、有效性。

为调查与监测而设置的监测点位，原则上应覆盖污染物排入后的达标范围，并且能切实反映海域水质和水文特点。设置方法一般采用以排放口为中心的向外辐射布点法或网格布点法。对于开阔海域应按每个断面设置 3~5 个采样点，采样点总数通常需要保持 20 个左右，其中用于水文、生物、化学调查的采样点要尽量考虑与其一致。

每个监测采样点均应根据水深而定。当水深≤10m 时，只在海面下 0.5m 处取一个水样，但必须注意此点与海底距离应不小于 0.5m；当水深>10m 时，应在海面 0.5m 处和水深 10m、距海底不小于 0.5m 处分别取一个水样，再混合成一个试样（如果两个水样的水质差距较大，可不混合）。

7.2.4　调查时期与频次

7.2.4.1　调查时期

根据当地的水文资料初步确定河流、河口、湖泊、水库的丰水期、平水期和枯水期，同时确定最能代表这 3 个时期的季节或月份。并按照不同评价等级的要求，尽可能在水体自净能力较差的季节或月份开展调查，以提高水环境影响评价的保证率。各类水域在不同评价等级时水质的调查时期见表 7-5。

表 7-5　各类水域在不同评价等级时水质的调查时期

水域	一级	二级	三级
河流	一般情况为水文年的丰水期、平水期和枯水期；若评价时间不够，至少应调查平水期和枯水期	可调查水文年的丰水期、平水期和枯水期；一般情况可只调查平水期和枯水期；若评价时间不够，可只调查枯水期	一般情况可只在枯水期调查
河口	一般情况为一个潮汐年的丰水期、平水期、枯水期；若评价时间不够，至少应调查平水期和枯水期	一般情况可只调查枯水期和平水期；若评价时间不够，可只调查枯水期	一般情况可只在枯水期调查
湖泊（水库）	一般情况为水文年的丰水期、平水期、枯水期；若评价时间不够，至少应调查平水期和枯水期	一般情况可只调查枯水期和平水期；若评价时间不够，可只调查枯水期	一般情况可只在枯水期调查

若面源污染严重，丰水期水质劣于枯水期，一、二级评价的各类水域应调查丰水期，若时间允许，三级评价也应调查丰水期。冰封期较长的水域，且作为生活饮用水、食品加工用水的水源或渔业用水，应调查冰封期的水质、水文情况。

7.2.4.2　调查频次

在所规定的不同规模河流、不同评价等级的调查时期，每期调查 1 次，每次调查 3~4d，至少有 1d 对所有已选定的水质参数取样分析，其他天数根据需要，配合水文测量对拟预测的水质参数取样。

不预测水温时，只在采样时测水温；预测水温时，要测日平均水温，一般可采用每隔 6h 测一次水温的方法求平均水温。

一般情况，每天每个水质参数只取一个样，在水质变化很大时，应采用每间隔一定时间采样一次的方法。

7.2.4.3　数据统计

(1)周、旬、月评价

可采用一次监测数据评价。有多次监测数据时，应采用多次监测结果的算术平均值进行评价。

(2)季度评价

一般应采用 2 次以上(含 2 次)监测数据的算术平均值进行评价。

(3)年度评价

每月监测一次，每年以 12 次监测数据的算术平均值进行评价，对于少数因冰封期等原因无法监测的断面(点位)，一般应保证每年至少有 8 次以上(含 8 次)的监测数据参与评价。

7.3 地表水环境质量现状评价

7.3.1 国外地表水环境质量现状评价方法

（1）内梅罗污染评价指数

内梅罗污染指数法是当前国内外进行综合污染指数计算的最常用的方法之一。该评价方法选取的评价因子为温度、颜色、透明度、pH、大肠杆菌属、总溶解固体、悬浮固体、总氮、碱度、硬度、氯、铁和锰、硫酸盐、溶解氧，共计 14 种。

内梅罗将水的用途划分为 3 种类型：第一类为人类直接接触使用（P_{I_1}），包括饮用、游泳、制造饮料等。第二类为人类间接接触使用（P_{I_2}），包括养鱼、工业加工、农业用水等。第三类为人类不接触使用（P_{I_3}），包括工业冷却水、公共娱乐及航运等。

内梅罗根据水的不同用途，拟定了相应的水质标准（表 7-6 至表 7-8）作为计算水质指标的依据，进而计算出各种用途水的水质指标值。

表 7-6　人类直接接触用水（P_{I_1}）的水质允许标准

用途	温度（℉）	颜色	透明度	pH	大肠杆菌属（100mL）	总溶解固体（mg/L）	悬浮固体（mg/L）	总氮（mg/L）	碱度（mg/L）	硬度（mg/L）	氯（mg/L）	铁和锰（mg/L）	硫酸盐（mg/L）	溶解氧（mg/L）
饮水	–	5	5	–	5	500	–	45	–	–	250	0.35	250	
游泳	85	–	–	3.5~8.3	−200	–	–	–	+	+	+	+ −	–	–
制造	–	10	–	–	–	–	–	85	–	250	0.35	–	− 1	
平均	85	13	5	3.5~8.3	−103	500	–	45	/	/	/	/	250	40

注：华氏温度（℉）= 1.8×摄氏温度（℃）+32。

表 7-7　人类间接接触用水（P_{I_2}）的水质允许标准

用途	温度（℉）	颜色	透明度	pH	大肠杆菌属（100mL）	总溶解固体（mg/L）	悬浮固体（mg/L）	总氮（mg/L）	碱度（mg/L）	硬度（mg/L）	氯（mg/L）	铁和锰（mg/L）	硫酸盐（mg/L）	溶解氧（mg/L）
渔业	55	–	30	6.0~9.0	−2000	–	–	–	–	+	–	–	–	–
农业	–	+	–	6.0~8.5	–	500	–	45	–	+	+	10	–	–
果树	+	5	5	6.5~6.8	–	500	10	10	250	250	250	0.4	250	–
工业	/	/	18	6.2~8.6	−2000	500	100	28	250	1	1	0.7	250	30≠

表 7-8   人类不接触用水(P_{I_3})的水质允许标准

用途	温度(℉)	颜色	透明度	pH	大肠杆菌属(100mL)	总溶解固体(mg/L)	悬浮固体(mg/L)	总氮(mg/L)	碱度(mg/L)	硬度(mg/L)	氯(mg/L)	铁和锰(mg/L)	硫酸盐(mg/L)	溶解氧(mg/L)
铜铁冷却水	100	+	+	5~9	+	—	10	+	—	—	—	—	—	—
水泥	—	—	+	6.9	+	600	500	+	400		250	25.5	250	—
石油				6.0~9.5	+	1000	10	+	—	350	300	1.0	+	—
纸浆	95	10	—	6.10	+	—	10	+	—	100	200	11	+	—
纺织	—	5	—	1.4~10.3	+	100	5	+		25	—	0.2	—	—
化学	—	5	—	6.5~8.1	+	338	5	—	145	210	28	0.2	85	—
航运	—	—	—	—	—	—	—	—	—	—	—	—	—	—
美观的	—	—	—	—	—	—	—	—	—	—	—	—	—	—
平均	/	/	/	6.1~9.1	/	510	9.0	/	27.4	17.1	195	5.6	/	20≠

注:(-)尚有争论;(+)没有特殊限制;(/)因为存在没有特殊限制;(≠)假定作为航运和美观的,用水尚无有效的标准。

内梅罗污染评价指数为均方根性指数和权值型指数,其评价公式为:

$$I_j = \sqrt{\frac{\left(\frac{C_i}{S_{ij}}\right)_{AVG}^2 + \left(\frac{C_i}{S_{ij}}\right)_{max}^2}{2}} \tag{7-2}$$

式中 I_j ——j 类水用途指数;

C_i ——第 i 种污染物的实测浓度;

S_{ij} ——第 i 种污染物对应 j 类水用途的标准。

$\frac{C_i}{S_{ij}} \leqslant 1.0$ 时, $\frac{C_i}{S_{ij}}$ 为实测值; $\frac{C_i}{S_{ij}} > 1.0$ 时, $\frac{C_i}{S_{ij}} = 1.0 + 5\lg\left(\frac{C_i}{S_{ij}}\right)$ 。

$$I = \sum_{i=1}^{3} W_i I_j \left(\sum_{i=1}^{3} W_i = 1\right) \tag{7-3}$$

如果 $\sum_{i=1}^{3} W_i \neq 1$,则要进行归一化处理,其归一化公式为:

$$W_i = \frac{W_i - W_{min}}{W_{max} - W_{min}} \tag{7-4}$$

式中, W_i 反映该区域中水各种用途的相对重要性,即水的各种用途所占的份额。

内梅罗指数地表水质分级情况见表 7-9。

表 7-9   内梅罗指数地表水质分级表

水质指数	<1.0	1.0~2.0	>2.0
污染程度分级	清洁	轻污染	污染

（2）罗斯水质评价指数

1977 年罗斯（Ross）在总结以前水质指数基础上，对英国克鲁多河干支流进行了水质评价的研究，提出一种较简明的水质指数。

他首先明确，水质指数主要用来表示外来污染，因此不选用一般受区域地球化学影响的参数，如 pH、碱度、氯离子，也不选用对水污染程度不敏感的参数，如磷酸盐，最后他选定 4 个参数，即 BOD、NH_3-N、悬浮固体、DO，并给予它们不同的权值，分别为 3、3、2、2，总和为 10，其中 DO 可用浓度值（mg/L）和饱和百分比（%）两种表示方法，各取权值 1（表 7-10）。

表 7-10　*WQI* 不同参数的权重系数表

参数	BOD	NH_3-N	悬浮固体	DO		权重系数合计
				浓度	饱和度	
权重系数	3	3	2	1	1	10

具体评价方法是首先通过 4 个参数实测值的浓度对照评分标准，得出各个参数的分级值（表 7-11）。

表 7-11　*WQI* 水质指数各参数的评分尺度表

BOD		NH_3-N		悬浮固体		DO			
浓度（mg/L）	分级	浓度（mg/L）	分级	浓度（mg/L）	分级	浓度（mg/L）	分级	浓度（饱和度%）	分级
0~10	20	0~2	30	0~0.2	30	>9	10	90~105	10
10~20	18	2~4	27	0.2~0.5	24	8~9	8	80~90	10
20~40	14	4~6	24	0.5~1.0	18	6~8	6	105~120	8
40~80	10	6~10	18	1.0~2.0	12	4~6	4	60~80	8
80~150	6	10~15	12	2.0~5.0	6	1~4	2	>120	6
150~300	2	15~25	6	5.0~10.0	3	0~1	0	40~60	4
>300	0	25~50	3	>10.0	0			10~40	2
		>50	0					0~10	0

然后计算 Ross 水质指数值：

$$WQI = \frac{\sum_{i=1}^{n}(分级值_i)}{\sum_{i=1}^{n}(权重值_i)} \tag{7-5}$$

式中　i——污染物的项目；

　　　n——污染物的个数。

罗斯规定 *WQI* 值用整数表示，这样将水质指数共分成 0~10 的 11 个等级（表 7-12），数值越大，水质越好。

表 7-12　*WQI* 水质指数分级表

表 7-12　*WQI* 水质指数分级表

WQI	10	8	6	3	0
水质分级	天然纯净水	轻度污染水	污染水	严重污染	水质类似腐败的原污水

7.3.2　国内地表水环境质量现状评价方法

（1）北京西郊水环境质量评价指数

北京西郊水环境质量评价指数为叠加型指数，其评价公式为：

$$I_{\text{北}} = \sum_{i=1}^{n} P_i = \sum_{i=1}^{n} \frac{C_i}{S_i} \tag{7-6}$$

式中　C_i——第 i 种污染物的浓度，mg/L；

　　　S_i——第 i 种污染物的地表水环境质量标准，mg/L；

　　　n——污染物的个数。

根据北京西郊河流具体情况，用 $I_{\text{北}}$ 值将地表水分为 7 个等级（表 7-13）。

表 7-13　北京西郊水质质量系数分级

级别	清洁	微污染	轻污染	中度污染	较重污染	严重污染	极严重污染
$I_{\text{北}}$	<0.2	0.2~0.5	0.5~1.0	1.0~5.0	5.0~10.0	10.0~100	>100

（2）南京水域质量综合评价指数

南京区域环境质量综合评价中提出了水域质量综合指数，选取的评价要素共有 5 个，即将砷、酚、氰、铬、汞作为评价参数。

南京水域质量综合评价指数为加权均值型指数，其评价公式为：

$$I_{\text{南}} = \frac{1}{n} \sum_{i=1}^{n} W_i P_i = \frac{1}{n} \sum_{i=1}^{n} W_i \frac{C_i}{S_i} \left(\sum_{i=1}^{n} W_i = 1 \right) \tag{7-7}$$

式中　C_i——第 i 种污染物的浓度，mg/L；

　　　S_i——第 i 种污染物的地表水环境质量标准，mg/L；

　　　W_i——第 i 种污染物的权重；

　　　n——污染物的个数。

如果 $\sum_{i=1}^{n} W_i \neq 1$，则要进行归一化，其公式为：

$$W_i = \frac{W_i - W_{\min}}{W_{\max} - W_{\min}} \tag{7-8}$$

南京水域质量综合指标分级情况见表 7-14。

表 7-14　南京水域质量综合指标分级

$I_{\text{南}}$	级别	分类依据
<0.2	清洁	多数项目未检出，个别项目检出，也在标准内
0.2~0.4	尚清洁	检出值在标准内，个别值接近标准
0.4~0.7	轻度污染	有一项检出值超过标准

（续）

$I_{南}$	级别	分类依据
0.7~1.0	中污染	有 1~2 项检出超过标准
1.0~2.0	重污染	全部或相当部分监测项目检出值超过标准
>2.0	严重污染	相当部分项目检出值超过标准 1 倍到数倍

（3）上海黄浦江有机污染综合评价指数

环境科学工作者鉴于上海地区黄浦江等河流的水质受到有机污染突出的问题，进行了一系列的研究，总结出氨氮与溶解氧饱和百分率之间的相互关系，在此基础上选定 4 个参数，即 BOD、COD、NH_3-N、DO。

有机污染物综合评价指数为叠加型指数，其评价公式为：

$$I_{上} = \frac{C_{BOD}}{S_{BOD}} + \frac{C_{COD}}{S_{COD}} + \frac{C_{NH_3-N}}{S_{NH_3-N}} - \frac{C_{DO}}{S_{DO}} \tag{7-9}$$

式中 C_{BOD}、C_{COD}、C_{NH_3-N}、C_{DO}——分别为 BOD、COD、NH_3-N、DO 的浓度，mg/L；

    S_{BOD}、S_{COD}、S_{NH_3-N}、S_{DO}——分别为 BOD、COD、NH_3-N、DO 的标准值，mg/L。

在计算时，根据黄浦江的具体情况，各项污染物的标准值规定如下：S_{BOD} = 4mg/L；S_{COD} = 6mg/L；S_{NH_3-N} = 1mg/L；S_{DO} = 4mg/L。

结合黄浦江的具体情况，水质质量评价分级见表 7-15。

表 7-15 黄浦江水质质量评价分级表

$I_{上}$	污染程度分级	水质质量评价
<0	0	良好
0~1	1	较好
1~2	2	一般
2~3	3	开始污染
3~4	4	中等污染
>4	5	严重污染

（4）《地表水环境质量评价办法（试行）》

为客观反映全国地表水环境质量状况及其变化趋势，规范全国地表水环境质量评价工作，依据《地表水环境质量标准》（GB 3838—2002）和有关技术规范，2011 年 3 月中华人民共和国原环境保护部出台《地表水环境质量评价办法（试行）》，用于评价全国地表水环境质量状况。

①评价指标

• 水质评价指标：地表水水质评价指标为《地表水环境质量标准》（GB 3838—2002）表 1 中除水温、总氮、粪大肠菌群以外的 21 项指标。水温、总氮、粪大肠菌群作为参考指标单独评价（河流总氮除外）。

• 营养状态评价指标：湖泊、水库营养状态评价指标为叶绿素 a（chla）、总磷（TP）、总氮(TN)、透明度(SD)和高锰酸盐指数(COD$_{Mn}$)共 5 项。

②评价方法

● 河流水质评价方法：

——断面水质评价：河流断面水质类别评价采用单因子评价法，即根据评价时段内该断面参评的指标中类别最高的一项来确定。描述断面的水质类别时，使用"符合"或"劣于"等词语。断面水质类别与水质定性评价分级的对应关系见表 7-16。

表 7-16　断面水质定性评价

水质类别	水质状况	表征颜色	水质功能类别
Ⅰ～Ⅱ类水质	优	蓝色	饮用水源地一级保护区、珍稀水生生物栖息地、鱼虾类产卵场、仔稚幼鱼的索饵场等
Ⅲ类水质	良好	绿色	饮用水源地二级保护区、鱼虾类越冬场、洄游通道、水产养殖区、游泳区
Ⅳ类水质	轻度污染	黄色	一般工业用水和人体非直接接触的娱乐用水
Ⅴ类水质	中度污染	橙色	农业用水及一般景观用水
劣Ⅴ类水质	重度污染	红色	除调节局部气候外，使用功能较差

——河流、流域(水系)水质评价：当河流、流域(水系)的断面总数少于 5 个时，计算河流、流域(水系)所有断面各评价指标浓度算术平均值，然后按照断面水质评价方法评价，并按表 7-16 指出每个断面的水质类别和水质状况。

当河流、流域(水系)的断面总数在 5 个(含 5 个)以上时，采用断面水质类别比例法，即根据评价河流、流域(水系)中各水质类别的断面数占河流、流域(水系)所有评价断面总数的百分比来评价其水质状况。河流、流域(水系)的断面总数在 5 个(含 5 个)以上时不做平均水质类别的评价。

河流、流域(水系)水质类别比例与水质定性评价分级的对应关系见表 7-17。

表 7-17　河流、流域(水系)水质定性评价分级

水质类别比例	水质状况	表征颜色
Ⅰ～Ⅲ类水质比例≥90%	优	蓝色
75%≤Ⅰ～Ⅲ类水质比例<90%	良好	绿色
Ⅰ～Ⅲ类水质比例<75%，且劣Ⅴ类比例<20%	轻度污染	黄色
Ⅰ～Ⅲ类水质比例<75%，且20%≤劣Ⅴ类比例<40%	中度污染	橙色
Ⅰ～Ⅲ类水质比例<60%，且劣Ⅴ类比例≥40%	重度污染	红色

● 主要污染物质的确定：

——断面主要污染指标的确定方法：评价时段内，断面水质为"优"或"良好"时，不评价主要污染指标。

断面水质超过Ⅲ类标准时，先按照不同指标对应水质类别的优劣，选择水质类别最差的前三项指标作为主要污染指标。

当不同指标对应的水质类别相同时计算超标倍数，将超标指标按其超标倍数大小排

列，取超标倍数最大的前三项作为主要污染指标。当氰化物或铅、铬等重金属超标时，优先作为主要污染指标。

$$超标倍数 = \frac{某指标的浓度值 - 该指标的 III 类水质标准}{该指标的 III 类水质标准}$$

——河流、流域（水系）主要污染指标的确定方法：将水质超过 III 类标准的指标按其断面超标率大小排列，一般取断面超标率最大的前三项作为主要污染指标。对于断面数少于 5 个的河流、流域（水系），按断面主要污染指标的确定方法确定每个断面的主要污染指标。

$$断面超标率 = \frac{某评价指标超过 III 类标准的断面（点位）个数}{断面（点位）总数} \times 100\%$$

● 湖泊、水库评价方法：

——湖泊水质的评价方法：湖泊水质的评价方法与河流断面水质评价方法相同。

——湖泊水质营养状态评价方法：各项目营养状态指数计算公式如下。

$$TLI_{(chla)} = 10(2.5 + 1.086 \ln chla) \tag{7-10}$$

$$TLI_{(TP)} = 10(9.436 + 1.624 \ln TP) \tag{7-11}$$

$$TLI_{(TN)} = 10(5.453 + 1.694 \ln TN) \tag{7-12}$$

$$TLI_{(SD)} = 10(5.118 - 1.94 \ln SD) \tag{7-13}$$

$$TLI_{COD_{Mn}} = 10(0.109 + 2.661 \ln COD_{Mn}) \tag{7-14}$$

式中，chla 单位为 mg/m^3；SD 单位为 m；其他指标单位均为 mg/L。

综合营养状态指数计算公式如下：

$$TLI = \sum_{j=1}^{m} W_j TLI_j \tag{7-15}$$

式中　TLI——综合营养状态指数；

　　　W_j——第 j 种污染物的营养状态指数的相关权重；

　　　TLI_j——第 j 种污染物的营养状态指数；

　　　m——污染物的个数。

$$W_i = \frac{r_{ij}^2}{\sum_{j=1}^{m} r_{ij}^2} \tag{7-16}$$

式中　r_{ij}——第 j 种污染物与基准参数 chla 的相关系数。

中国湖泊（水库）的 chla 与其他参数之间的相关关系 r_{ij} 及 r_{ij}^2 见表 7-18。

采用 1～100 的一系列连续数字对湖泊（水库）营养状态进行分级（表 7-19）。

表 7-18　中国湖泊（水库）部分参数与 chla 的相关关系 r_{ij} 及 r_{ij}^2 值

参数	chla	TP	TN	SD	COD_{Mn}
r_{ij}	1	0.84	0.82	−0.83	0.83
r_{ij}^2	1	0.7056	0.6754	0.6889	0.6889

表 7-19　湖泊营养状态分级表

TLI 值	<30	30≤*TLI*≤50	*TLI*>50		
营养状态	贫营养	中营养	富营养		
			50<*TLI*≤60	60<*TLI*≤70	*TLI*>70
			轻度富营养	中度富营养	重度富营养

7.4　水环境影响预测的基本原理

地表水环境影响的预测是以一定的预测方法为基础，而这种方法的理论基础是水体的自净特性。水体中的污染物在没有人工净化措施的情况下，它的溶度随时间和空间的推移而逐渐降低的特性称为水体的自净特性。从机制方面可将水体自净分为物理自净、化学自净、生物自净 3 类。它们往往同时发生而又相互影响。

7.4.1　物理自净

物理自净作用主要指的是污染物在水体中的混合稀释和自然沉淀过程。沉淀作用是指排入水体的污染物中含有的微小的悬浮颗粒，如颗粒态的重金属、虫卵等由于流速较小逐渐沉到水底。污染物沉淀对水质来说是净化，但对底泥来说则污染物反而增加。混合稀释作用只能降低水中污染物的浓度，不能减少其总量。水体的混合稀释作用主要由下面三部分作用所致。

①紊动扩散作用　由水流的紊动特性引起水中污染物自高浓度向低浓度区转移的紊动扩散。

②移流作用　由于水流的推动使污染物迁移的随流输移。

③离散作用　由于水流方向横断面上流速分布的不均匀(由河岸及河底阻力所致)而引起附加的污染物分散，此种附加的污染物分散称为离散。离散是由于将流场做空间平均的简化处理而引起的。

7.4.2　化学自净

氧化还原反应对水体化学净化有重要作用。流动的水流通过水面波浪不断将大气中的氧气溶入，这些溶解氧与水中的污染物将发生氧化反应，如某些重金属离子可因氧化生成难溶物(如铁、锰等)而沉降析出；硫化物可氧化为硫代硫酸盐或硫而被净化。还原作用对水体净化也有作用，但这类反应多在微生物作用下进行。水体在不同的 pH 条件下，对污染物有一定净化作用。某些元素在弱酸性环境中容易溶解得到稀释(如锶、钽、锌、镉、六价铬等)，而另一些元素在中性或碱性环境中可形成难溶化合物而沉淀，如 Mn、Fe 形成难溶的氢氧化物沉淀而析出。因天然水体接近中性，所以酸碱反应在水体中的作用不大。天然水体中有氢氧化物、黏土颗粒和腐殖质等具有较大表面积的微粒，另有一些物质本身就是凝聚剂，这就使天然水体具有混凝沉淀作用和吸附作用，从而使有些污染物随着这些作用从水中去除。

7.4.3 生物自净

生物自净的基本过程是水中微生物(尤其是细菌)在溶解氧充分的情况下,将一部分有机污染物当作食饵消耗掉,将另一部分有机污染物氧化分解成无害的简单无机物。影响生物自净作用的关键是溶解氧的含量,有机污染物的性质、溶度以及微生物的种类、数量等。生物自净的快慢与有机污染物的数量和性质有关。生活污水、食品工业废水中的蛋白质、脂肪类等是极易分解的。但大多数有机物分解缓慢,更有少数有机物极难分解,如造纸废水中的木质素、纤维素等,需经数月才能分解;另有不少人工合成的有机物极难分解并有剧毒,如滴滴涕、六六六等有机氯农药和用作热传导体的多氯联苯等。水生物的状况与生物自净密切相关,它们担负着分解绝大多数有机物的任务。

7.5 常用的河流水质预测模型

7.5.1 完全混合模型

完全混合模型假设:

• 河流是稳态和定常排放的,即河床断面积、流速、流量及污染物的输入量不随时间变化。

• 污染物在整个河段内混合均匀,即浓度处处相等。

• 废水中的污染物为保护性(持久性)物质,不分解也不沉淀。

• 无支流和其他排污口废水进入。

因此,完全混合模型可在两种情况下应用:一是排放的污染物与河水完全迅速混合;二是要预测的是持久性污染物,虽然废水与河水完全混合的时间较长,但仍可用完全混合模型。

(1)污染物在河流断面上混合较均匀的河流,下断面的浓度预测模型

$$C = \frac{Q_P C_P + Q_h C_h}{Q_P + Q_h} \tag{7-17}$$

式中　C——废水与河水混合后的浓度,mg/L;

C_P——河流上游某污染物浓度,mg/L;

Q_P——河流上游的流量,m³/s;

C_h——排放口处某污染物浓度,mg/L;

Q_h——排入河流的污水流量,m³/s。

(2)污染物与河水完全混合所需的距离

污染物从排污口排出后要与河水完全混合需要一定的纵向距离,即污染物与河水完全混合所需的距离混合过程段长度,常用 L 表示。一般用下式估算:

$$L = \frac{0.4 W^2 v}{E_y} \tag{7-18}$$

式中　L——污染物与河水完全混合所需的距离,m;

W——河流平均宽度，m；

v——河流平均流速，m/s；

E_y——横向混合弥散系数，m^2/s。

横向混合弥散系数(E_y)可用泰勒公式估算：

$$当 \frac{W}{h} \leqslant 100 \text{ 时}, \quad E_y = \frac{(0.058h + 0.0065W)}{\sqrt{ghI}} \tag{7-19}$$

式中　h——平均水深，m；

g——重力加速度，$9.8m/s^2$；

I——水力坡度(河流水面单位距离的落差)，m/m。

【例题】　计划在河边建一座工程，该厂的废水排放流量 $Q_h = 2.83m^3/s$，废水中总溶解固体浓度 $C_h = 1300mg/L$，该河流的平均流速 $v = 0.457m/s$，平均河宽 $W = 13.72m$，平均水深 $h = 0.61m$，总溶解固体浓度 $C_P = 310mg/L$，问：该工厂的废水排入河流后，总溶解固体是否超标($S = 500mg/L$)，当水力坡度 $I = 51m/50m$，完全混合距离是多少？

第一步：求算河流上游的流量(Q_P)。

$$Q_P = v \times W \times h = 0.457 \times 13.72 \times 0.61 = 3.82(m^3/s)$$

第二步：混合后的浓度(C)。

$$C = \frac{Q_P C_P + Q_h C_h}{Q_P + Q_h} = \frac{310 \times 3.82 + 1300 \times 2.83}{3.82 + 2.83} = 731(mg/L)$$

第三步：判断。

$C = 731mg/L > 500 mg/L$，所以河流中总溶解固体浓度超标。

第四步：计算横向混合弥散系数(E_y)。

$$E_y = \frac{(0.058h + 0.0065W)}{\sqrt{ghI}} = \frac{0.058 \times 0.61 + 0.0065 \times 13.72}{\sqrt{9.8 \times 0.61 \times 1.02}} = 0.050\ 443(m^2/s)$$

第五步：计算污染物与河水完全混合所需的距离(L)。

$$L = \frac{0.4W^2 v}{E_y} = \frac{0.4 \times 13.72^2 \times 0.457}{0.050\ 443} = 682.16(m)$$

7.5.2　零维模型

零维模型解决的问题有：

• 不考虑混合距离的重金属污染物、部分有毒物质等其他持久性污染物的下游浓度预测与允许纳污量的估算。

• 有机物降解性物质的降解项可忽略时，可采用零维模型。

• 对于有机物降解性物质，当需要考虑降解时，可采用零维模型分段模拟，但计算精度和实用性较差，最好用一维模型求解。此模型适用于较浅、较窄的河流。

零维模型预测的基本模型为：

$$C = \frac{C_0}{1 + k\left(\dfrac{v}{Q}\right)} = \frac{C_0}{1 + kt} \tag{7-20}$$

式中　C——流出河段污染物的浓度，mg/L；

　　　C_0——进入河水的污染物浓度，mg/L；

　　　v——河流平均流速，m/s；

　　　Q——河流的流量，m^3/s；

　　　k——污染物的降解速度常数，1/d 或 1/s；

　　　t——河水流行的时间，d 或 s。

【例题】一条比较浅而窄的河流，有一段长为 1km 的河段，稳定排放含酚的废水 $Q_h=$ 1.0m^3/s，其酚的浓度 $C_h=200$mg/L，上游河水流量 $Q_P=9m^3/s$，河水含酚的浓度 $C_P=$ 0mg/L，河流的平均流速 $v=40$km/d，酚的降解速度常数 $k=2\dfrac{1}{d}$，求河段出口处的河水含酚浓度为多少？

第一步：求出进入河水的污染物浓度（C_0）。

$$C_0 = \frac{Q_P C_P + Q_h C_h}{Q_P + Q_h} = \frac{9 \times 0 + 1 \times 200}{9 + 1} = 20 (\text{mg/L})$$

第二步：流出河段污染物的浓度（C）。

$$C = \frac{C_0}{1 + k\left(\dfrac{v}{Q}\right)} = \frac{C_0}{1 + kt} = \frac{20}{1 + 2\left(\dfrac{1}{40}\right)} = 19.05 (\text{mg/L})$$

7.5.3　一维水质模型

一维水质模型是目前应用最广的水质模型。

（1）一维稳态水质模型

所谓的稳态是指在均匀河段上定常排污条件下，河段横截面、流速、流量、污染物的输入量和弥散系数都不随时间变化而变化。

①下游距离 x 处的浓度预测模型

$$C_x = C_0 \times \mathrm{e}^{\left[\frac{v}{2D}\left(1 - \sqrt{1 + \frac{4K_1 D}{v^2}}\right) x\right]} \tag{7-21}$$

式中　C_x——下游距离 x 处的浓度，mg/L；

　　　C_0——起始点处完全混合后的初始浓度，mg/L；

　　　v——河流平均流速，m/s；

　　　D——弥散系数，m^2/s；

　　　K_1——污染物的降解速度常数，1/d 或 1/h；

　　　x——下游距离，m。

②忽略弥散的一维稳态水质模型　在前面的条件下，如果河流较小、流速不大，弥散系数很小。近似地认为 $D=0$，此时，下游距离 x 处的浓度预测模型为：

$$C_x = C_0 \times \mathrm{e}^{\left(-K_1 \frac{x}{v}\right)} \tag{7-22}$$

$$\frac{x}{v} = t \tag{7-23}$$

$$C_x = C_0 \times e^{(-K_1 t)} \tag{7-24}$$

式中　C_x——下游距离 x 处的浓度，mg/L；

　　　C_0——起始点处完全混合后的初始浓度，mg/L；

　　　K_1——污染物的降解速度常数，1/d 或 1/s；

　　　x——下游距离，m；

　　　v——河流平均流速，m/s；

　　　t——河水流行的时间，d 或 s。

【例题】一个改扩工程拟向河流排放废水，废水量 $Q_h = 0.15 \text{m}^3/\text{s}$，苯酚的浓度 $C_h = 30 \text{mg/L}$，河流流量 $Q_P = 5.5 \text{m}^3/\text{s}$，流速 $v_x = 0.3 \text{m/s}$，苯酚背景浓度 $C_p = 0.5 \text{mg/L}$，苯酚的降解系数 $K_1 = 0.2 \dfrac{1}{\text{d}}$，纵向弥散系数 $D_x = 10 \text{m}^2/\text{s}$，求排放点下游 10km 处的苯酚浓度。

第一步：计算起始点处完全混合后的初始浓度。

$$C = \frac{Q_P C_P + Q_h C_h}{Q_P + Q_h} = \frac{0.5 \times 5.5 + 0.15 \times 30}{5.5 + 0.15} = 1.28 (\text{mg/L})$$

第二步：降解系数单位转换。

$$1\text{d} = 24\text{h} = 24 \times 60\text{min} = 24 \times 60 \times 60\text{s} = 86\,400 (\text{s})$$

第三步：考虑纵向弥散条件下游 10km 处的浓度。

$$C_x = C_0 \times e^{\left[\frac{v}{2D}\left(1 - \sqrt{1 + \frac{4K_1 D}{v^2}}\right) x\right]} = 1.28 \times 2.7^{\left[\frac{0.3}{2 \times 10}\left(1 - \sqrt{1 + \frac{4 \times \frac{0.2}{86\,400} \times 10}{0.3^2}}\right) \times 10\,000\right]} = 1.19 (\text{mg/L})$$

第四步：忽略纵向弥散条件下游 10km 处的浓度。

$$C_x = C_0 \times e^{\left(-K_1 \frac{x}{v}\right)} = 1.28 \times 2.7^{-\frac{0.2}{86\,400} \times \frac{10\,000}{0.3}} = 1.19 (\text{mg/L})$$

由此看出，在稳态条件下，忽略弥散系数与考虑纵向弥散系数的差异很小，常可以忽略。

（2）BOD - DO 耦合模型

一条河流中 DO 是否平衡取决于两个过程（作用）：一是耗氧过程（作用），水中有机物分解，底泥中有机物分解，水生生物的代谢；二是复氧过程（作用），大气复氧，水体中水生植物光合作用复氧等。

对于易降解的有机污染物预测，目前最常用的是斯特里特-费尔普斯模型，简称为 P-S 模型。

由三个假说推导出 BOD - DO 水质预测模型。

●只考虑好氧微生物参加的 BOD 衰减反应，并且认为这种反应符合一级反应动力学。

●对河水中的 DO 而言，认为耗氧的原因仅是 BOD 反应引起的。即 BOD 的衰减速率与水中的氧亏成正比，并考虑大气复氧作用。

●忽略河流的弥散作用，由河流横断面上各点的实际流速不等引起。

基于以上假设，一维稳态河流水质模型可以 BOD - DO 两组方程来表达。

BOD_5：

$$B = C_0 e^{-K_1 t} \tag{7-25}$$

式中　B——河水中的 BOD_5 浓度，mg/L；

　　　C_0——起始点处 BOD_5 浓度，mg/L；

　　　K_1——河水中 BOD_5 耗氧系数，1/d 或 1/s；

　　　t——河水流行的时间，d 或 s。

氧亏：

$$D = \frac{K_1 C_0}{K_2 - K_1}(e^{-K_1 t} - e^{-K_2 t}) + D_0 e^{-K_2 t} \tag{7-26}$$

式中　D——河水中的氧亏值，mg/L；

　　　C_0——起始点处 BOD_5 浓度，mg/L；

　　　K_1——河水中 BOD_5 耗氧系数，1/d 或 1/s；

　　　K_2——河水中复氧系数，1/d 或 1/s；

　　　D_0——起始点处氧亏值，mg/L；

　　　t——河水流行的时间，d 或 s。

D 表示河流的氧亏变化规律，如果以河流的溶解氧来表示，则有：

$$C_{(O)} = C_{(OS)} - D = C_{(OS)} - \frac{K_1 C_0}{K_2 - K_1}(e^{-K_1 t} - e^{-K_2 t}) + D_0 e^{-K_2 t} \tag{7-27}$$

式中　$C_{(O)}$——河水中的溶解氧浓度，mg/L；

　　　$C_{(OS)}$——河流中饱和溶解氧浓度，mg/L。

人们在评价工作中，往往最关心的是溶解氧浓度的最低值——临界点。临界点时，河水中的氧亏值最大，且变化率为零。

由 P-S 方程可以预测在排污点河流 BOD_5、DO 的起始浓度和氧亏值；预测出沿水流方向各点的 BOD_5、DO 浓度值和氧亏值。同时也可计算出最低位置处的 DO 出现时间、浓度值和位置，即 t_c、D_c、X_c。

$$t_c = \frac{1}{K_2 - K_1}\ln\left\{\frac{K_2}{K_1}\left[1 - \frac{D_0(K_2 - K_1)}{C_0 K_1}\right]\right\} \tag{7-28}$$

式中　t_c——由起点到达临界点的时间，d 或 s；

　　　K_1——河水中 BOD_5 耗氧系数，1/d 或 1/s；

　　　K_2——河水中复氧系数，1/d 或 1/s；

　　　D_0——起始点处氧亏值，mg/L；

　　　C_0——起始点处 BOD_5 浓度，mg/L。

$$D_c = \frac{K_1}{K_2}C_0 e^{-K_1 t_c} \tag{7-29}$$

式中　D_c——临界点的氧亏值，mg/L；

　　　K_1——河水中 BOD_5 耗氧系数，1/d 或 1/s；

　　　K_2——河水中复氧系数，1/d 或 1/s；

　　　C_0——起始点处 BOD_5 浓度，mg/L；

　　　t_c——由起点到达临界点的时间，d 或 s。

$$X_c = vt_c = \frac{v}{K_2 - K_1} \ln \left\{ \frac{K_2}{K_1} \left[1 - \frac{D_0(K_2 - K_1)}{C_0 K_1} \right] \right\}$$ (7-30)

式中　X_c——由起点到达临界点的距离，m；

v——断面平均流速，m/s；

t_c——由起点到达临界点的时间，d 或 s；

K_1——河水中 BOD_5 耗氧系数，1/d 或 1/s；

K_2——河水中复氧系数，1/d 或 1/s；

D_0——起始点处氧亏值，mg/L；

C_0——起始点处 BOD_5 浓度，mg/L。

【例题】一个拟建工厂的废水将排入一条比较洁净的河流。河流的 $BOD_5 = 2.0mg/L$，DO = 8.0mg/L，水温 22℃，流量为 7.1m³/s；工业废水的 $BOD_5 = 800mg/L$，水温 31℃，流量为 3.5m³/s，排出前废水经过曝气使溶解氧的浓度达到 6mg/L，废水和河水在排污口附近迅速混合，混合后河道中平均水深达到 0.91m，河宽为 15.2m，河流的溶解氧标准为 5.0mg/L，各个常数经测定为：

$$K_1(20℃) = 0.23 \frac{1}{d}, \quad K_2(20℃) = 3.0 \frac{1}{d}; \quad \theta_1 = 1.05, \quad \theta_2 = 1.02$$

K_1 是温度的函数，K_2 是河流流态及温度等的函数。如果以 20℃ 作为基准，则任意温度时的大气耗氧、复氧速率系数可以写为：

$$K_{1,T} = K_{1,20} \theta_1^{T-20}$$

式中　$K_{1,T}$——温度为 T 时的河水中 BOD_5 耗氧系数，1/d 或 1/s；

$K_{1,20}$——温度为 20℃ 时的河水中 BOD_5 耗氧系数，1/d 或 1/s；

θ_1——耗氧速率系数的温度系数。

$$K_{2,T} = K_{2,20} \theta_2^{T-20}$$

式中　$K_{2,T}$——温度为 T 时的河水中 BOD_5 复氧系数，1/d 或 1/s；

$K_{2,20}$——温度为 20℃ 时的河水中 BOD_5 复氧系数，1/d 或 1/s；

θ_2——复氧速率系数的温度系数。

饱和溶解氧浓度 $C_{(OS)}$ 是温度、盐度和大气压力的函数，在 101.325kPa 压力下，淡水中的饱和溶解氧浓度 $C_{(OS)}$ 可以用下式计算：

$$C_{(OS)} = \frac{468}{31.6 + T}$$

式中　$C_{(OS)}$——河流中饱和溶解氧浓度，mg/L；

T——温度，℃。

计算工厂排出废水中 BOD_5 的最高允许浓度为多少？

第一步：计算混合后的流量(Q)和混合后的流速(v)。

$$Q = Q_P + Q_h = 7.1 + 3.5 = 10.6 (mg/L)$$

$$v = \frac{Q}{h \times W} = \frac{10.6}{0.91 \times 15.2} = 0.76 (m/s)$$

第二步：计算混合后的起始水温(T)和起始溶解氧(DO)浓度。

$$T = \frac{(T_P \times Q_P) + (T_h \times Q_h)}{Q} = \frac{(22 \times 7.1) + (31 \times 3.5)}{10.6} = 25.0(\text{℃})$$

$$C_0 = \frac{(C_{(OP)} \times Q_P) + (C_{(Oh)} \times Q_h)}{Q} = \frac{(8.0 \times 7.1) + (6.0 \times 3.5)}{10.6} = 7.33(\text{mg/L})$$

第三步：计算混合后25℃时起始饱和溶解氧（DO）的浓度和氧亏值。

$$C_{(OS)} = \frac{468}{31.6 + T} = \frac{468}{31.6 + 25} = 8.38(\text{mg/L})$$

由公式 $C_{(O)} = C_{(OS)} - D$，推出 $D_0 = C_{(OS)} - C_{(O)}$。

$$D_0 = C_{(OS)} - C_{(O)} = 8.38 - 7.33 = 1.05(\text{mg/L})$$

第四步：计算耗氧、复氧系数（K_1，K_2）。

$$K_{1,25} = K_{1,20}\theta_1^{T-20} = 0.23 \times 1.05^{25-20} = 0.29\left(\frac{1}{\text{d}}\right)$$

$$K_{2,25} = K_{2,25}\theta_2^{T-20} = 3.0 \times 1.02^{25-20} = 3.3\left(\frac{1}{\text{d}}\right)$$

第五步：计算允许最大氧亏值（$D_{\max}$）。

由公式 $C_{(O)} = C_{(OS)} - D$，推出 $D_{\max} = C_{(OS)} - C_{(O)}$。

$$D_{\max} = C_{(OS)} - C_{(O)} = 8.38 - 5.00 = 3.38(\text{mg/L})$$

第六步：采用试算法计算起点到达临界点的时间（t_c）和临界点的氧亏值（D_c）起点 BOD_5 的浓度 C_0 值。

$$t_c = \frac{1}{K_2 - K_1}\ln\left\{\frac{K_2}{K_1}\left[1 - \frac{D_0(K_2 - K_1)}{C_0 K_1}\right]\right\} = \frac{1}{3.3 - 0.29}\ln\left\{\frac{3.3}{0.29}\left[1 - \frac{1.05(3.3 - 0.29)}{0.29 C_0}\right]\right\}$$

$$D_c = \frac{K_1}{K_2}C_0 e^{-K_1 t_c} = \frac{0.29}{3.3} \times C_0 \times 2.7^{-0.29 t_c}$$

通过试算法得出 $C_0 = 47.3 \text{mg/L}$。

第七步：计算混合后20℃在起点处河水允许 BOD_5 的最大值。

$$\text{BOD}_{5,20} = C_0(1 - e^{-5K_1}) = 47.3 \times (1 - 2.7^{-5 \times 0.23}) = 32.3(\text{mg/L})$$

第八步：计算工厂排出废水中 BOD_5 的最大允许浓度。

根据公式 $C = \frac{Q_P C_P + Q_h C_h}{Q_P + Q_h}$，推导出 $C_h = \frac{CQ - C_P Q_P}{Q_h}$。

$$C_h = \frac{32.3 \times 10.6 - 2 \times 7.1}{3.5} = 93.8(\text{mg/L})$$

第九步：计算处理的量。

由此可知，工厂排放出的废水中 BOD_5 的最大允许浓度为 93.8mg/L，而实际排放 BOD_5 的浓度为 800mg/L，因此必须经过处理才可排放，那么，处理多少后才可以排放？

$$800 - 93.8 = 706.5(\text{mg/L}) \qquad \frac{706.5}{800} \times 100\% = 88\%$$

结论：必须处理的量为 705.6mg/L，占排放总量的88%。

7.6　湖泊(水库)水质模型

7.6.1　概述

湖泊是天然形成的,水库是人们出于发电、蓄洪、航运、灌溉等目的在山沟或河流的峡口处拦河筑坝人工形成的,它们的水流状况类似。绝大部分湖泊(水库)水域开阔,水流状态分为前进和振动两类。前者指湖流和混合作用,后者指波动和波漾。

(1)湖流

湖流是指湖水在水力坡度、密度梯度和风力等作用下产生的沿一定方向的缓慢流动。湖流经常呈水平环状运动(湖水较浅场合)和垂直环状运动(湖水较深场合)。

(2)混合

混合是指在风力和水力坡度作用下产生的湍流混合和由湖水密度差引起的对流混合作用。

(3)波动

波动主要是由风引起的,又称风浪。

(4)波漾

波漾是在复杂的外力作用下,湖中水位有节奏地升降变化。

水在湖泊(水库)中的停留时间较长,可达数月至数年,一般属于缓流水域,湖泊(水库)中的化学和生物学过程都保持一个比较稳定的状态。由湖泊或水库的边缘至中心,由于水深不同而产生明显的水生植物分层。在浅水区生长着挺水植物(茎叶伸出水面),如茭白、慈姑、芦苇等。在深处,生长着扎根湖底但茎叶不露出水面的沉水植物,如苔草、狐尾藻等。另外,浮游生物、自游生物在各处都可以见到。

由于湖泊和水库属于静水环境,进入湖泊和水库中的营养物质在其中容易不断积累,致使湖泊和水库中的水质发生富营养化。

在水深较大的湖泊和水库中,水温和水质是竖向分层的。湖泊、水库与外界的热交换主要是在水面与大气之间进行的。随着一年四季的气温变化,湖泊和水库表层的水温也发生变化,由于湖泊和水库的水流缓慢,上层的热量只能由扩散向下传递,因而形成自上而下的温度梯度,由于下层水温低、密度高,整个湖泊和水库处于稳定状态。到了秋末冬初,由于气温的急剧下降,使得湖泊和水库表层的水温也急剧下降,同时导致表层水密度增加,当表层水密度比底层水密度大时,就出现了水质的上下循环,使湖泊和水库中水质均匀分布,这种水质循环称为"翻底","翻底"现象在春末夏初时也会发生。

7.6.2　湖泊(水库)允许污染物排放量的预测模型

在湖泊(水库)附近布置建设项目时,应根据允许排放量计算来估计建设项目对水环境的影响。建设项目投产后所排放污染物的数量要低于所计算的允许排放量。允许排放量的计算方法分述如下。

（1）有机污染物允许排放量预测模型

$$W = \frac{1}{\Delta t}(C_1 - C_0)V + K_1C_1V + C_1Q \tag{7-31}$$

式中　W——水源保护区中有机污染物的最高允许排放量，mg/L；

　　　Δt——湖泊维持其设计水量的天数，可按 30d 计算；

　　　C_1——水源保护区所规定的水质标准，mg/L；

　　　C_0——水源保护区起始时的实测浓度，mg/L；

　　　V——水源保护区设计水量，m^3；

　　　Q——水源保护区流出水量，m^3/L[不计蒸发时根据水量平衡原理，应等于入湖（库）废水量和入湖地表径流流量之和]；

　　　K_1——耗氧系数。

（2）溶解氧最低需求量预测模型

$$W_0 = \frac{1}{\Delta t}(C_s - C_0)V - K'_2D_s + K'L_s + C_sQ \tag{7-32}$$

式中　W_0——水源保护区中溶解氧的最低需求量；

　　　Δt——湖泊维持其设计水量的天数，可按 30d 计算；

　　　C_s——水源保护区饱和溶解氧的浓度，mg/L；

　　　C_0——水源保护区起始时的实测浓度，mg/L；

　　　V——水源保护区设计水量，m^3；

　　　K'_2——复氧系数；

　　　D_s——水源保护区 DO 的饱和差；

　　　K'——自净系数；

　　　L_s——水源保护区 BOD_5 的标准；

　　　Q——水源保护区流出水量，m^3/L[不计蒸发时根据水量平衡原理，应等于入湖（库）废水量和入湖地表径流流量之和]。

（3）难分解物质的允许排放量预测模型

难分解物质允许排放量计算，采用稀释倍数法：

$$W = (C_s - C_0)Q_0 + C_sQ_i \tag{7-33}$$

式中，W——水源保护区中难分解有机物质允许排放浓度；

　　　C_s——水源保护区饱和溶解氧的浓度，mg/L；

　　　C_0——水源保护区起始时的实测浓度，mg/L；

　　　Q_0——水源保护区起始时的流出水量，m^3/s；

　　　Q_i——水源保护区旁侧的流出水量，m^3/s。

其物理意义是当湖泊在设计水量期间，每月允许排放量等于每日地表径流和入湖废水均匀混合达到水质标准所允许增加的污染物的量，这时废水入湖后，其污染物浓度将既不会超过水环境质量标准，也不会产生积累。

思考与练习

1. 简述污染物在水体中的迁移转化方式。

2. 废水排入河流后，污染物与河水是如何混合的？由哪几个阶段组成？

3. 若某水库枯水期的库容为 $2 \times 10^8 \mathrm{m}^3$，枯水期为 80d，该湖水质 BOD_5 标准 C_s 为 3mg/L，BOD_5 起始浓度 C_0 为 12mg/L，枯水期从湖中排出湖水流量 Q 为 $1.5 \times 10^6 \mathrm{m}^3/\mathrm{d}$，$K$ 为 0.1 $\dfrac{1}{\mathrm{d}}$。试求水库 BOD_5 的环境容量。

单元8 声环境影响评价

声环境评价是对规划和建设项目进行环境影响评价的主要内容之一。通过声环境评价可以确定规划与建设项目实施引起的声环境质量的变化及影响程度，为项目优化选址、合理布局以及城市规划提供科学依据。本章介绍了声环境的基础知识和声环境影响评价的基本内容，论述了声环境现状评价和影响预测评价的主要内容。本单元重点掌握声环境现状评价和影响预测评价的主要内容，熟悉噪声计算常用的模式及典型工业企业噪声和交通噪声预测的一般模式。

8.1 基础知识

8.1.1 声

声具有双重含义，一是指声波，它来源于发声体振动引起的周围介质的质点位移及质点密度的疏密变化；二是指声音，当声音传入人耳时，会引起鼓膜振动并刺激听觉神经使人产生一种主观感觉。声的传播必须具备声源、传播介质、接收者3个要素，缺一不可。

8.1.2 环境噪声及其污染

8.1.2.1 环境噪声

噪声是指人们生活和工作不需要的声音（频率在20～20 000Hz范围内的可听声）。环境噪声是指在工业生产、建筑施工、交通运输和社会生活中所产生的干扰周围生活环境的声音。

环境噪声按来源分为交通噪声、工业噪声、建筑施工噪声、生活噪声；按发声机理分为机械噪声、空气动力性噪声和电磁噪声；按辐射特性和传播距离分为点声源、线声源和面声源；按声波频率分为低频噪声（<500Hz）、中频噪声（500～1000Hz）和高频噪声（>1000Hz）；按时间变化分为稳态噪声（在测量时间内声源的声级起伏≤3dB）和非稳态噪声（在测量时间内声源的声级起伏>3dB）；按声源移动性分为固定声源和流动声源。

8.1.2.2 环境噪声污染

环境噪声污染是指声源所产生的噪声超过国家规定的环境噪声排放标准，并干扰人们正常生活、工作和学习的现象。环境噪声污染一般没有残余污染物，是局部性的物理性污染，噪声一旦消除，噪声污染就随之消除，不会引起区域或全球性污染。

环境噪声污染的危害主要有损害听力、诱发疾病、影响正常生活等。

8.1.3　噪声物理量

8.1.3.1　波长、频率、声速

（1）波长

声波使传播介质中的质点振动交替地达到最高值和最低值，相邻两个最高值或最低值之间的距离称为波长，用 λ 表示，单位为 nm。

（2）频率

频率是指单位时间内发声体引起周围介质的质点振动的次数，用 f 表示，单位为 Hz。人耳能听到的声波频率范围是 20～20 000Hz，低于 20Hz 的声波为次声波，高于 20 000Hz 的声波为超声波。

（3）声速

声速是指单位时间内声波在传播介质中通过的距离，用 C 表示，单位为 m/s，声速与介质的密度和温度有关。介质的温度越高，声速越快；介质的密度越大，声速越快。

8.1.3.2　声压与声压级

（1）声压

声压是指声波在介质中传播时所引起的介质压强的变化，用 P 表示，单位为 Pa。声波作用于介质时每一瞬间引起的介质内部压强的变化，称为瞬时声压。一段时间内瞬时声压的均方根称为有效声压，用于描述介质所受声压的有效值，实际中常用有效声压代替声压。

（2）声压级

对于 1000Hz 的声波，人耳的听阈声压为 2×10^{-5}Pa，痛阈声压为 20Pa，相差 6 个数量级，使用不方便，加之人耳对声音的感觉与声音强度的对数值成正比，因此，以人耳对 1000Hz 声音的听阈值为基准声压，用声压比的对数值表示声音的大小，称为声压级，用 L_P 表示，单位为 dB，无量纲。某一声压 P 的声压级表示为：

$$L_P = 20\lg(P/P_0) \tag{8-1}$$

式中，P_0 为基准声压值，$P_0 = 2 \times 10^{-5}$Pa。

8.1.3.3　声强与声强级

（1）声强

单位时间内透过垂直于声波传播方向单位面积的有效声压称为声强，用 I 表示，单位为 W/m^2。自由声场中某处的声强 I 与该处声压 P 的平方成正比，常温下的计算公式为：

$$I = P^2/(\rho C) \tag{8-2}$$

式中　ρ ——介质密度，kg/m^3；

　　C ——声速，常温下以空气为声波传播介质时，$\rho C = 415$(N·s)/m^3。

（2）声强级

与确定声压级的道理一样，用 L_I 表示某一声强 I 的声强级，单位为 dB。

$$L_I = 10\lg(I/I_0) \tag{8-3}$$

式中，I_0 为基准声强值，$I_0 = 1 \times 10^{-12} W/m^2$。

8.1.3.4 声功率与声功率级

（1）声功率

单位时间内声波辐射的总能量称为声功率，用 W 表示，单位为 W。声强与声功率之间的关系是：

$$I = W/S \tag{8-4}$$

式中 S ——声波传播中通过的面积，m^2。

（2）声功率级

同理，用 L_W 表示某一声功率 W 的声功率级，单位为 dB。

$$L_W = 10\lg(W/W_0) \tag{8-5}$$

式中，W_0 为基准声功率值，$W_0 = 1 \times 10^{-12} W$。

声压级、声强级、声功率级都是描述空间声场中某处声音大小的物理量。实际工作中常用声压级评价声环境功能区的声环境质量，用声功率级评价声源源强。

8.1.3.5 倍频带声压级

人耳能听到的声波频率范围是 20~20 000Hz，一般情况下，不可能也没有必要对每一个频率逐一测量。为方便和实用，通常把声频的变化范围划分为若干个区段，称为频带（频段或频程）。

实际应用中，根据人耳对声音频率的反应，把可听声频率分成 10 段频带，每一段的上限频率是下限频率的 2 倍，即上下限频率之比为 2∶1（称为 1 倍频），同时取上限与下限频率的几何平均值作为该倍频带的中心频率并以此表示该倍频带。在噪声测量中常用的倍频带中心频率为 31.5Hz、63Hz、125Hz、250Hz、500Hz、1000Hz、2000Hz、4000Hz、8000Hz 和 16 000Hz，这 10 个倍频带涵盖全部可听声范围。

在实际噪声测量中用 63~8000Hz 的 8 个倍频带就能满足测量需求。在同一个倍频带频率范围内声压级的累加称为倍频带声压级，实际中采用等比带宽滤波器直接测量。等比带宽是指滤波器上、下截止频率 f_u 与 f_1 之比以 2 为底的对数值[$\log_2(f_u/f_1)$]为一常数 n，常用 1 倍频程滤波器（$n=1$）和 1/3 倍频程滤波器（$n=1/3$）来测量。

8.1.4 环境噪声评价量

在声环境影响评价中，由于声源不同，其产生的声音强弱和频率高低不同，而且有些声波是连续稳态的，有些是间歇非稳态的，同时声音在不同时空范围内对人的影响程度不同，对此需要采用不同的评价量对其进行客观评价。

8.1.4.1 A 声级

环境噪声的度量与噪声本身的特性和人耳对声音的主观听觉有关。人耳对声音的感觉不仅与声压级有关，而且与频率有关，声压级相同而频率不同的声音，听起来不一样响，高频声音比低频声音响。根据人耳的这种听觉特性，设计了一种特殊的滤波器，称为计权网络。当声音进入网络时，中、低频率的声音按比例衰减通过，而 1000Hz 以上的高频声则无衰减通过。通常有 A、B、C、D 计权网络，其中被 A 网络计权的声压级称为 A 声级

L_A，单位为 dB(A)。A 声级较好地反映了人们对噪声的主观感觉，是模拟人耳对 55dB 以下低强度噪声的频率特性而设计的，用来描述声环境功能区的声环境质量和声源源强，几乎成为一切噪声评价的基本量。

在规定的测量时段内或对于某独立的噪声事件，测得的 A 声级最大值，称为最大 A 声级，记为 L_{max}，单位为 dB(A)。对声环境中声源产生的偶发、突发、频发噪声或非稳态噪声，采用最大 A 声级描述。

8.1.4.2 等效声级

对于非稳态噪声，在声场内的某一点上，将某一时段内连续变化的不同 A 声级的能量进行平均以表示该时段内噪声的大小，称为等效连续 A 声级，简称等效声级，记为 L_{eq}，单位为 dB(A)。其数学表达式为：

$$L_{eq} = 10\lg\left[\frac{1}{T}\int_0^T 10^{0.1L_{A(t)}}\,dt\right] \tag{8-6}$$

式中　L_{eq}——在 T 段时间内的等效连续 A 声级，dB(A)；

$L_{A(t)}$——t 时刻的瞬时 A 声级，dB(A)；

T——连续取样的总时间，min。

实际噪声测量常采取等时间间隔取样，L_{eq} 也可按式(8-7)计算：

$$L_{eq} = 10\lg\left[\frac{1}{N}\sum_{i=1}^N (10^{0.1L_{Ai}})\right] \tag{8-7}$$

式中　L_{eq}——N 次取样的等效连续 A 声级，dB(A)；

L_{Ai}——第 i 次取样的 A 声级，dB(A)；

N——取样总次数。

噪声在昼间(6:00~22:00)和夜间(22:00~次日 6:00)对人的影响程度不同，为此利用等效连续声级分别计算昼间等效声级(昼间时段内测得的等效连续 A 声级)和夜间等效声级(夜间时段内测得的等效连续 A 声级)，并分别采用昼间等效声级(L_d)和夜间等效声级(L_n)作为声环境功能区的声环境质量评价量和厂界(场界、边界)噪声的评价量。

8.1.4.3 计权等效连续感觉噪声级

用于评价飞机(起飞、降落、低空飞越)通过机场周围区域时造成的声环境影响。其特点是同时考虑 24h 内飞机通过某一固定点所产生的总噪声级和不同时间内飞机对周围环境造成的影响，用 L_{WECPN} 表示，单位为 dB。

8.1.4.4 累积百分声级

累积百分声级是指占测量时间段一定比例的累积时间内 A 声级的最小值，用作评价测量时段内噪声强度时间统计分布特征的指标，故又称统计百分声级，记为 L_N。常采用 L_{10}、L_{50}、L_{90}，其含义如下：

测定时间内，L_{10} 表示 10% 的时间超过的噪声级，相当于噪声平均峰值；L_{50} 表示 50% 的时间超过的噪声级，相当于噪声平均中值；L_{90} 表示 90% 的时间超过的噪声级，相当于噪声平均底值。

实际工作中常将测得的 100 个或 200 个数据按从大到小的顺序排列,总数为 100 个数据的第 10 个或总数为 200 个数据的第 20 个代表 L_{10},第 50 个或第 100 个数据代表 L_{50},第 90 个或第 180 个数据代表 L_{90}。由此 3 个噪声级可按式(8-8)近似求出测量时段内的等效噪声级 L_{eq}。

$$L_{eq} \approx L_{50} + \frac{(L_{10} - L_{90})^2}{60} \qquad (8-8)$$

8.1.5 噪声级的基本计算

在进行噪声的相关计算时,声能量可以进行代数加、减或乘、除运算,如两个声源的声功率分别为 W_1 和 W_2,总声功率 $W_{总} = W_1 + W_2$,但声压不能直接进行加、减或乘、除运算,必须采用能量平均的方法对其进行运算。

8.1.5.1 噪声级的叠加

在声环境影响评价中经常要进行多声源的叠加或噪声贡献值与噪声现状本底值的叠加。声级的叠加是按照能量(声功率或声压平方)相加的,可按式(8-9)计算:

$$L_{PT} = 10\lg \left[\sum_{i=1}^{N} (10^{0.1L_{Pi}}) \right] \qquad (8-9)$$

式中 L_{PT}——各噪声源叠加后的总声压级;

       L_{Pi}——第 i 个噪声源的声压级;

       N——噪声源总数。

实际工作中常利用表 8-1,根据两噪声源声压级的数值之差($L_{P1} - L_{P2}$),查出对应的增值 ΔL,再将此增值直接加到声压级数值大的 L_{P1} 上,所得结果即为总声压级之和。

表 8-1　噪声级叠加时的增值变化量　　　　　　　　　　　　　　dB

$L_{P1} - L_{P2}$	0	1	2	3	4	5	6	7	8	9	10
增值 ΔL	3	2.5	2.1	1.8	1.5	1.2	1.0	0.8	0.6	0.5	0.4

8.1.5.2 噪声级的相减

在声环境影响评价中,对于已经确定噪声级限值的声场,有时需要通过噪声级的相减计算确定新引进噪声源的噪声级限值,有时需要在噪声测量中通过相减计算减去背景噪声。其计算公式如下:

$$L_{P2} = 10\lg(10^{0.1L_{PT}} - 10^{0.1L_{P1}}) \qquad (8-10)$$

式中 L_{PT}——2 个噪声源叠加后的总声压级;

       L_{P1}——第 1 个噪声源的声压级;

       L_{P2}——第 2 个噪声源的声压级。

实际工作中常利用表 8-2,根据两噪声源的总声压级与其中一个噪声源的声压级的数值之差($L_{PT} - L_{P1}$),查出对应的增值 ΔL,再用总声压级减去此增值,所得结果即为另一个噪声源的声压级 L_{P2}。

表 8-2 噪声级叠加时的增值变化量   dB

$L_{PT}-L_{P1}$	1	2	3	4	5	6	7	8	9	10
增值 ΔL	6.8	4.3	3	2.2	1.6	1.3	1.0	0.8	0.6	0.5

8.1.5.3 噪声级的平均值

若某声场中的环境噪声为非稳态噪声,则需要将各个噪声源的声压级通过能量平均的方法求得平均值,再进行相关评价。其计算公式如下:

$$\overline{L} = 10\lg \sum_{i=1}^{N} 10^{0.1L_i} - 10\lg N \tag{8-11}$$

式中 $\overline{L}$——N 个噪声源的平均声压级;

L_i——第 i 个噪声源的声压级;

N——噪声源的总数。

【例题】噪声源 1 和 2 在 M 点产生的声压级分别为 $L_{P1}=100\text{dB}$, $L_{P2}=98\text{dB}$。求 M 点的总声压级 L_{PT}。

公式法:

$$L_{PT} = 10\lg\Big[\sum_{i=1}^{N}(10^{0.1L_{Pi}})\Big] = 10\lg(10^{0.1\times100} + 10^{0.1\times98})$$
$$= 10 \times 10.21 = 102.1(\text{dB})$$

查表法:两者之差 $L_{P1}-L_{P2}=2\text{dB}$,查表 8-1 可知 $\Delta L=2.1$,则 $L_{PT}=L_{P1}+\Delta L=102.1$ (dB)。

【例题】已知 2 个声源在 M 点的总声压级 $L_{PT}=102\text{dB}$,其中一个声源在该点的声压级 $L_{P1}=100\text{dB}$,则另一声源的声压级 L_{P2} 为多少?

公式法:

$$L_{P2} = 10\lg[10^{0.1L_{PT}} - 10^{0.1L_{P1}}] = 10\lg(10^{0.1\times102} - 10^{0.1\times100})$$
$$= 10 \times 9.77 = 97.7(\text{dB})$$

查表法:两者之差 $L_{PT}-L_{P1}=2\text{dB}$,查表 8-2 可知 $\Delta L=4.3$,则 $L_{P2}=L_{PT}-4.3=97.7$(dB)。

8.2 声环境影响评价概述

声环境影响评价是按照我国有关法律法规的要求,对规划和建设项目实施过程中产生的声环境影响进行分析、预测和评价,并提出相应的噪声污染防治对策和措施。按评价对象分为建设项目声源对外环境的影响评价和外环境声源对建设声敏感建筑物项目的环境影响评价。

8.2.1 评价的基本任务

声环境影响评价作为环境影响评价的一个重要部分,遵循环境影响评价的一般工作程序,即:调查分析和工作方案制定阶段;分析论证和预测评价阶段;环境影响报告书(表)编制阶段。按照此工作程序进行声环境影响评价,所要完成的基本任务包括以下 4 个方面：

①评价建设项目实施所引起的声环境质量变化以及外界噪声对需要保持安静的建设项目的影响程度；

②提出合理可行的防治措施，把噪声污染降低到允许水平；

③从声环境影响角度评价建设项目实施的可行性；

④为建设项目的优化选址、选线、合理布局以及城市规划提供科学依据。

8.2.2 评价等级与评价范围

8.2.2.1 评价等级及其划分依据

以建设项目所在区域的声环境功能区类别、建设项目建设前后所在区域的声环境质量变化程度以及受建设项目影响的人口数量为主要依据，将声环境影响评价等级分为3级。具体评价等级划分依据见表8-3。

表8-3 声环境影响评价等级及其划分依据

评价等级	划分依据		
	声环境功能区类别	敏感目标噪声级增高量	受影响人口数量
一级	0类	>5dB(A)	显著增多
二级	1类、2类	3~5dB(A)	增加较多
三级	3类、4类	<3dB(A)	变化不大

8.2.2.2 评价范围

声环境影响评价范围依据评价等级确定，具体范围规定如下。

(1)固定声源为主的建设项目

固定声源为主的建设项目包括工厂、港口、施工工地、铁路站场等。一级评价项目一般以建设项目边界向外200m为评价范围；二级、三级评价范围可根据建设项目所在区域和相邻区域的声环境功能区类别及敏感目标等实际情况适当缩小。如果依据建设项目声源计算得到的贡献值在200m处仍不能满足相应功能区标准值，应将评价范围扩大到满足标准值的距离。

(2)陆地线路和水运线路为主的建设项目

陆地线路和水运线路为主的建设项目主要指城市道路、公路、铁路、城市轨道交通、水上航运等。一级评价项目一般以道路中心线外两侧200m以内为评价范围；二级、三级评价范围的确定与固定声源为主的建设项目的二、三级评价范围的确定一致。

(3)机场周围飞机噪声评价范围

机场周围飞机噪声评价范围根据飞行量计算到 L_{WECPN} 为70dB 的区域。一级评价项目一般以主要航迹距离跑道两端各 6~12km，侧向各 1~2km 的范围为评价范围；二级、三级评价范围可根据项目所处区域的声环境功能区类别及敏感目标等实际情况适当缩小。

8.2.3 评价要求

声环境影响的评价要求与评价等级密切相关，各级评价的具体要求如下。

8.2.3.1 一级评价的基本要求

①在工程分析中,给出建设项目对环境有影响的主要声源的数量、位置和源强,并在标有比例尺的图中标识固定声源的具体位置或流动声源的路线、跑道等。当缺少声源源强的相关资料时,要通过类比测量取得,同时给出类比测量的条件。

②实测评价范围内具有代表性的敏感目标的声环境质量现状,并对实测结果进行评价,分析现状声源的构成及其对敏感目标的影响。

③噪声预测覆盖全部敏感目标,给出各敏感目标的预测值及厂界(场界、边界)噪声值。对固定声源评价、机场周围飞机噪声评价、流动声源经过城镇建成区和规划区路段的评价,应绘制等声级线图。当敏感目标高于(含)3 层建筑时,应绘制垂直方向的等声级线图。给出建设项目建成后不同类别的声环境功能区受影响的人口分布、噪声超标的范围和程度。

④对工程预测的不同代表性时段噪声级可能发生变化的建设项目,应分别预测其不同时段的噪声级。

⑤当工程可行性研究和评价中提出不同的选址(选线)和建设布局方案时,应对不同方案中噪声影响的人口数量及程度进行比选,从声环境保护角度提出最终的推荐方案。

⑥针对建设项目的工程特点和所在区域的环境特征提出噪声防治措施,并进行经济、技术可行性论证,明确防治措施的最终降噪效果和达标分析。

8.2.3.2 二级评价的基本要求

①同一级评价要求,见 8.2.3.1 中的①。

②评价范围内具有代表性的敏感目标的声环境质量现状以实测为主,可适当利用评价范围内已有的声环境质量监测资料,对声环境质量现状进行评价。

③应对评价范围内的全部敏感目标进行噪声预测,明确各敏感目标的预测值及厂界(场界、边界)噪声值。根据评价需要绘制等声级线图,给出建设项目建成后不同类别的声环境功能区内受影响的人口分布、噪声超标的范围和程度。

④同一级评价要求,见 8.2.3.1 中的④。

⑤对工程可行性研究和评价中提出的不同选址(选线)和建设布局方案,从声环境保护角度进行合理性分析。

⑥同一级评价要求,见 8.2.3.1 中的⑥。

8.2.3.3 三级评价的基本要求

①同一级评价要求,见 8.2.3.1 中的①。

②重点调查评价范围内主要敏感目标的声环境质量现状,可利用评价范围内已有的声环境质量监测资料。若无现状监测资料要进行实测,同时对声环境质量现状进行评价。

③噪声预测应给出建设项目建成后各敏感目标的预测值及厂界(场界、边界)噪声值,分析敏感目标受影响的范围和程度。

④针对建设项目工程特点和所在区域环境特征提出噪声防治措施,并进行达标分析。

8.3 声环境现状调查与评价

8.3.1 现状调查

8.3.1.1 调查方法与内容

声环境现状调查的基本方法是收集资料法、现场调查法和现场测量法。具体评价时应根据评价等级的要求采用相应的方法。调查内容包括以下 5 个方面。

(1)气象特征

依据建设项目所处区域的主要气象特征,调查年平均风速和主导风向、年平均气温、年平均相对湿度等。

(2)地形地貌特征

从相关部门获取评价范围内 1∶2000～1∶50 000 的地形图,说明评价范围内声源和敏感目标之间的地貌特征,地形高差及影响声波传播的其他环境要素。

(3)声环境功能区划分

从相关部门获取评价范围内不同区域的声环境功能区划分情况,调查各声环境功能区的声环境质量现状。

(4)敏感目标

声环境中的敏感目标是指医院、学校、机关、科研单位、住宅、自然保护区等对噪声敏感的建筑物区域。调查评价范围内敏感目标的名称、规模、人口分布情况,并以图、表相结合的方式说明敏感目标与建设项目之间在方位、距离、高差等方面的关系。

(5)现状声源

建设项目所在区域的声环境质量现状超过相应标准要求或噪声值相对较高时,须对区域内现有的主要声源的名称、数量、位置、影响的噪声级等相关情况进行调查。含有厂界(场界、边界)噪声排放的改、扩建项目,应说明现有建设项目厂界(场界、边界)噪声的达标情况、超标情况及超标原因。

8.3.1.2 现状测量

(1)布点原则

①布点范围应覆盖整个评价区域,包括厂界(场界、边界)和敏感目标。当敏感目标高于(含)三层建筑时,还应选取有代表性的不同楼层布点。

②当评价范围内无明显的工业噪声、交通运输噪声、建设施工噪声或社会生活噪声等,且噪声声级较低时,可选择有代表性的区域布设测点。

③当评价范围内有明显的声源并影响敏感目标的声环境质量或建设项目为改、扩建工程时,应根据声源种类采取不同的监测布点原则,具体如下:

a. 对于固定声源,应重点布设在既受现有声源影响又受建设项目声源影响的敏感目标处及有代表性的敏感目标处;同时为满足预测需要,也可在距现有声源不同距离处设衰减测点。

b. 对于流动声源的现状测点的选取，要兼顾噪声敏感目标的分布状况、工程特点及线声源噪声影响随距离衰减的特点，布设在具有代表性的敏感目标处，同时为满足预测需要，也可在若干条线声源的垂线上距声源不同距离处布设监测点。其余敏感目标的现状声级可通过具有代表性的敏感目标噪声的验证和计算求得。

　　c. 对于改、扩建机场工程，一般在主要敏感目标处布设测点，测点数量可根据机场飞行量及周围敏感目标情况确定，现有单条跑道、二条跑道或三条跑道的机场可分别布设3~9、9~14 或 12~18 个噪声测点，跑道增多可进一步增加测点。其余敏感目标的现状飞机噪声声级可通过测点飞机噪声声级的验证和计算求得。

　　（2）测量要求

　　①监测执行的标准　建筑施工场界噪声测量方法执行《建筑施工场界环境噪声排放标准》（GB 12523—2011），工业企业厂界环境噪声排放标准执行《工业企业厂界环境噪声排放标准》（GB 12348—2008），社会生活环境噪声排放标准执行《社会生活环境噪声排放标准》（GB 22337—2008），声环境质量标准执行《声环境质量标准》（GB 3096—2008），铁路边界噪声限值及其测量方法执行《铁路边界噪声限值及测量方法》（GB 12523—1990）的修改方案，机场周围飞机噪声测量方法执行《机场周围飞机噪声测量方法》（GB 9661—1988）。

　　②测量时段　应在声源正常运转或运行工况的条件下测量；每一测点应分别进行昼间、夜间的测量；对于噪声起伏较大的情况（如道路交通噪声、铁路噪声、飞机机场噪声），应增加昼间、夜间的测量次数。

　　③测量气象条件　室外测量时，声级计的传声器应加防风罩；室外测量的气象条件应满足无雨、无雪、风力<4 级（5.5m/s）。

8.3.2　现状评价

　　环境噪声现状评价的主要内容有以下 4 点：

　　①采用图表简洁、清楚地给出评价范围内的声环境功能区及其划分情况、现有敏感目标的分布情况。

　　②分析评价范围内现有的主要声源种类、数量及相应的噪声源强、噪声特性等，明确主要声源分布。

　　③对不同类别声环境功能区内的各敏感目标的超标和达标情况分别进行评价，说明其受现有主要声源的影响状况。

　　④给出不同类别的声环境功能区内受噪声超标影响的人口数量及分布情况。

8.4　声环境影响预测

8.4.1　预测的声源资料与各类参量

　　建设项目的声源资料主要包括声源种类、数量、空间位置、噪声源强、频率特性、发声持续时间及对敏感目标作用的时间段等。

影响声波传播的各类参量可以通过资料收集和现场调查获得，具体包括以下参量：

①建设项目所处区域的年平均风速和主导风向、年平均气温、年平均相对湿度。

②声源和预测点之间的方位、地形、高差。

③声源和预测点之间的障碍物（如建筑物、围墙、声屏障等，若声源位于室内，还包括门、窗等）的位置及长、宽、高等数据。

④声源和预测点之间树林、灌木等的分布情况，地面覆盖情况（如草地、沼泽地、湿地、水面、水泥地面、土质地面等）。

8.4.2　预测范围与预测点布设

一般声环境影响的预测范围与评价范围相同，并以建设项目厂界（场界、边界）和评价范围内的敏感目标为预测点。

为便于比较敏感点的噪声水平变化情况，声环境影响预测的各受声点均选择在现状监测点的同一位置。同时，为便于绘制等声级线图，常采用网格法确定预测点。网格大小根据具体情况确定：对于包含点声源特征的建设项目，网格大小一般在 20m×20m ~ 100m×100m 范围；对于包含线状声源特征的建设项目，平行于线状声源走向的网格间距一般在 100~300m，垂直于线状声源走向的网格间距一般在 20~60m。

8.4.3　预测方法

在声环境影响评价中，经常根据靠近发声源某一位置（即参照点）处的已知声级（一般通过实测或相关资料获得）计算距声源较远处预测点的声级。由于预测过程中遇到的声源经常是多种声源的叠加，故一般需要根据其时空分布情况进行简化处理。

对厂界环境噪声进行影响预测时各受声点的噪声预测值应为背景噪声值与新增贡献值的叠加结果。对于改、扩建工程，有声源拆除时，应减去相应的噪声值。

对厂界外噪声敏感点进行影响预测时采用同样的方式给出各计算点的预测值，如果预测值超过环境噪声标准要求，应结合控制措施进行复测。

8.4.4　预测步骤

①根据声源性质及预测点与声源之间的距离等情况，把声源简化成点声源、线声源或面声源，建立坐标系，确定各声源坐标和预测点坐标。

②根据获得的声源源强数据和各声源到预测点的声波传播条件资料，采用相应预测模式计算噪声从各声源传播到预测点的声衰减量，由此计算出各声源单独作用于预测点时产生的 A 声级（L_{Ai}）或等效感觉噪声级（L_{EPN}）。

③确定预测计算的时间段 T，并确定各个声源发声的持续时间 t。

④计算预测点在 T 时间段内的等效连续声级。

⑤计算各预测点的声级（如 A 声级，计权有效连续感觉噪声级）后，采用数学方法（如双三次拟合法、按距离加权平均法、按距离加权最小二乘法）计算并绘制等声级线。

等声级线的间隔一般选 5dB。对于等效声级 L_{eq}，等声级线最低值应与相应功能区夜间标准值一致，最高值可为 75dB；对于计权有效连续感觉噪声级 L_{WECPN}，一般应有 70dB、

75dB、80dB、85dB、90dB 的等声级线。

等声级线图直观地显示了建设项目的噪声级分布，为分析功能区噪声超标状况提供了方便，并为城市规划和城市环境管理提供了科学依据。

8.4.5　声级预测

8.4.5.1　计权有效连续感觉噪声级预测

采用一日计权等效连续感觉噪声级评价飞机通过机场周围区域时造成的声环境影响，其计算公式如下：

$$L_{WECPN} = \overline{L_{EPN}} + 10\lg(N_1 + 3N_2 + 10N_3) - 39.4 \tag{8-12}$$

式中，N_1、N_2、N_3 依次为 7:00～19:00、19:00～22:00、22:00～次日 7:00 对某个预测点声环境产生噪声影响的飞行架次；$\overline{L_{EPN}}$ 为 N 次飞行有效感觉噪声级能量平均值（$N = N_1 + N_2 + N_3$），dB。

$$\overline{L_{EPN}} = 10\lg\left(\frac{1}{N_1 + N_2 + N_3}\sum_i\sum_j 10^{0.1L_{EPNij}}\right) \tag{8-13}$$

式中　L_{EPNij}——j 航路第 i 架次飞机在预测点产生的有效感觉噪声级。

8.4.5.2　预测点的等效声级预测

首先按式(8-14)求得建设项目本身声源在预测点的等效声级贡献值，再按式(8-15)将其与预测点处的噪声背景值进行叠加计算，求得预测点的总等效声级。

$$L_{eqg} = 10\lg\left(\frac{1}{T}\sum_i t_i 10^{0.1L_{Ai}}\right) \tag{8-14}$$

式中　L_{eqg}——建设项目声源在预测点的等效声级贡献值，dB(A)；

　　　L_{Ai}——i 声源在预测点产生的 A 声级，dB(A)；

　　　T——预测计算的时间段，t_i 为 i 声源在 T 时段内的运行时间，s。

$$L_{eq} = 10\lg(10^{0.1L_{eqg}} + 10^{0.1L_{eqb}}) \tag{8-15}$$

式中　L_{eqb}——预测点的噪声背景值，dB(A)。

8.4.5.3　户外声波传播衰减预测

建设项目本身声源所发出的声波在户外向预测点方向传播的过程中会受各种因素的影响而衰减。引起点声源、线声源和面声源的声波在户外传播过程中衰减的因素主要有声波的几何发散、空气吸收、地面效应、声屏障、噪声从室内向室外传播、绿化林带等。

(1)几何发散衰减（A_{div}）

①点声源的几何发散衰减　当发声设备自身的几何尺寸比噪声影响预测距离小得多时，可将其看作点声源。点声源的波阵面随扩散距离的增加而导致声能分散和声强减弱，但当点声源与预测点处于反射体同一侧附近时，达到预测点的声级是直达声与反射声叠加的结果，从而使预测点声级增高。

a. 无指向性点声源的几何发散衰减。

$$\Delta L = 10\lg\frac{1}{4\pi r^2} \tag{8-16}$$

式中 r——点声源到受声点的距离，m。

在距离点声源 r_1 至 r_2 处的衰减值为：

$$\Delta L = 20\lg\frac{r_1}{r_2} \tag{8-17}$$

若已知参照点的 A 声级，则预测点的 A 声级为：

$$L_A(r) = L_A(r_0) - 20\lg\frac{r}{r_0} \tag{8-18}$$

式中 $L_A(r)$——距离声源 r 处的 A 声级；

$L_A(r_0)$——距离声源 r_0 处的 A 声级。

由式(8-17)可知，当无指向性点声源声波传播距离增加 1 倍时，其声压级衰减 6dB。

若已知点声源的倍频带声功率级 L_W 或 A 声功率级 L_{AW}，当声源处于自由空间时，距离声源 r 处的倍频带声压级 $L_P(r)$ 和 A 声级 $L_A(r)$ 分别由式(8-19)和式(8-20)计算；当声源处于半自由空间时，距离声源 r 处的倍频带声压级 $L_P(r)$ 和 A 声级 $L_A(r)$ 的计算分别见式(8-21)和式(8-22)。

$$L_P(r) = L_W - 20\lg r - 11 \tag{8-19}$$
$$L_A(r) = L_{AW} - 20\lg r - 11 \tag{8-20}$$
$$L_P(r) = L_W - 20\lg r - 8 \tag{8-21}$$
$$L_A(r) = L_{AW} - 20\lg r - 8 \tag{8-22}$$

b. 有指向性点声源的几何发散衰减。此类声源在自由空间中辐射声波时，其强度分布的主要特性是指向性，如喇叭的发声在其正前方声音大，两侧或背面声音小。自由空间的点声源在 θ 方向上距离 r 处的倍频带声压级 $[L_P(r)\theta]$ 为：

$$L_P(r)\theta = L_W - 20\lg r + D_{I\theta} - 11 \tag{8-23}$$

式中 $D_{I\theta}$——θ 方向上的指向性指数，$D_{I\theta}=10\lg R_\theta$；

R_θ——指向性因数，$R_\theta=I_\theta/I$；

I——所有方向上的平均声强，W/m^2；

I_θ——某一 θ 方向上的声强，W/m^2。

c. 反射体反射声波引起的修正 反射体的存在使与声源处于反射体同侧附近的预测点所受到的声级是声源直达声与反射声的叠加，因而使预测点声级增高，如图 8-1 所示。此时声源在预测点的声级值应为直达声计算值加上反射体引起的修正量。

图 8-1 中 S 代表点声源，I 代表反射体对点声源的反射点，P 代表预测点，O 代表反射点和预测点之间的连线与反射面的交点，r_d 代表点声源与预测点之间的距离，r_r 代表反射

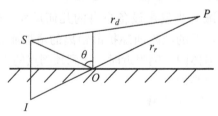

图 8-1 反射体的影响

点与预测点之间的距离，θ 代表点声源到反射面的入射角。

当满足反射体表面平整、光滑、坚硬，反射体尺寸远大于所有声波波长 λ，入射角 θ 小于 85°的条件时，需考虑反射体引起的声级增高。反射体引起的声级增高值与 r_r/r_d 之间的关系为：$r_r/r_d \approx 1$ 时声级增高 3dB；$r_r/r_d \approx 1.4$ 时声级增高 2dB；$r_r/r_d \approx 2$ 时声级增高 1dB；$r_r/r_d > 2.5$ 时声级增高 0dB。

②线声源的几何发散衰减 当许多点声源连续分布在一条直线上时，可看作线状声源，如公路上的汽车流、铁路列车等。实际工作中分为无限长线声源和有限长线声源。

垂直于线声源方向，线声源随传播距离的增加所引起的衰减值为：

$$\Delta L = 10\lg \frac{r}{4l\pi} \tag{8-24}$$

式中 r——线声源到受声点的距离，m；

l——线声源的长度，m。

a. 无限长线声源。无限长线声源几何发散衰减的基本公式为：

$$L_A(r) = L_A(r_0) - 10\lg \frac{r}{r_0} \tag{8-25}$$

式中 r，r_0——垂直于线状声源的距离，m；

$L_A(r)$——垂直于线声源距离 r 处的 A 声级；

$L_A(r_0)$——垂直于线声源距离 r_0 处的 A 声级。

由式(8-25)可见，当噪声沿垂直于线声源方向的传播距离增加 1 倍时，其声压级衰减 3dB。

b. 有限长线声源。设线状声源长为 l，在线声源垂直平分线上距离声源 r 处的声压级可简化为以下 3 种情况：

当 $r>l$ 且 $r_0>l$ 时，在有限长线声源的远场，可将有限长线声源当作点声源，即：

$$L_P(r) = L_P(r_0) - 20\lg \frac{r}{r_0} \tag{8-26}$$

当 $r<l/3$ 且 $r_0<l/3$ 时，在有限长线声源的近场，可将有限长线声源当作无限长线声源，即：

$$L_P(r) = L_P(r_0) - 10\lg \frac{r}{r_0} \tag{8-27}$$

当 $l/3<r<l$ 且 $l/3<r_0<l$ 时，有限长线声源的声压级近似为：

$$L_P(r) = L_P(r_0) - 15\lg \frac{r}{r_0} \tag{8-28}$$

③面声源的几何发散衰减 一个大型设备的振动表面或车间透声的墙壁，均可认为是面声源。若已知面声源单位面积的声功率 L_W，各面源噪声的位相是随机的，则面声源可看作由无数点声源连续分布组合而成，其合成声级可按能量叠加法求出。

当预测点和长方形面声源中心的距离 r 处于以下条件时，对于长方形面声源中心轴线上的声衰减，可按下述方法近似计算：$r<a/\pi$ 时，声级几乎不衰减（$A_{\text{div}} \approx 0\text{dB}$）；当 $a/\pi<r<b/\pi$ 时，距离加倍，声级衰减 3dB 左右，类似点声源衰减特性[$A_{\text{div}} \approx 10\lg(r/r_0)$]；当 $r>$

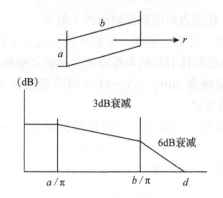

图 8-2 长方形面声源中心轴线上的声衰减曲线

b/π 时，距离加倍，声级衰减趋近于 6dB，类似点声源衰减特性 $[A_{div} \approx 20\lg(r/r_0)]$。此处 a 和 b 分别代表长方形的宽和长 $(b>a)$。图 8-2 为长方形面声源中心轴线上的声衰减曲线。

（2）空气吸收衰减（A_{atm}）

声波在空气中传播时，部分声波被空气吸收而导致衰减，空气吸收引起的衰减量为：

$$A_{atm} = \frac{a(r - r_0)}{1000} \qquad (8-29)$$

式中　A_{atm}——空气吸收引起的 A 声级衰减量，dB（A）；

r——预测点距声源的距离，m；

r_0——参照点距声源的距离，m；

a——空气吸收衰减系数，dB/km，是湿度、温度和声波频率的函数。

预测计算中一般根据当地常年平均气温和湿度选择相应的空气吸收衰减系数，具体见表 8-4。

表 8-4 倍频带噪声的空气吸收衰减系数　　　　　　　　　　　　　　　dB/km

温度	相对湿度	倍频带中心频率（Hz）							
（℃）	（%）	63	125	250	500	1000	2000	4000	8000
10	70	0.1	0.4	1.0	1.9	3.7	9.7	32.8	117.0
20	70	0.1	0.3	1.1	2.8	5.0	9.0	22.9	76.6
30	70	0.1	0.3	1.0	3.1	7.4	12.7	23.1	59.3
15	20	0.3	0.6	1.2	2.7	8.2	28.2	28.8	202.0
15	50	0.1	0.5	1.2	2.2	4.2	10.8	36.2	129.0
15	80	0.1	0.3	1.1	2.4	4.1	8.3	23.7	82.8

（3）声屏障衰减（A_{bar}）

位于声源和预测点之间的围墙、建筑物、土坡或地堑、绿化林带等可起到声屏障作用，从而引起声能量的较大衰减。

在环境影响评价中，可将各种形式的声屏障简化为具有一定高度的薄屏障。如图 8-3 所示，S、O、P 3 点在同一平面内且垂直于地面。定义 $\delta = SO + OP - SP$ 为声程差，$N = 2\delta/\lambda$

为菲涅尔数，其中 λ 为声波波长，单位为 nm。

①薄屏障衰减　对于有限长薄屏障，其在点声源声场中引起的衰减量计算过程是：首先计算图 8-4 所示 3 个传播途径的声程差 δ_1、δ_2、δ_3 和相应的菲涅尔数 N_1、N_2、N_3；再按式(8-30)计算声屏障引起的衰减。

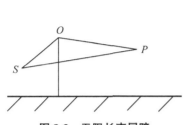

图 8-3　无限长声屏障　　　图 8-4　有限长声屏障上不同的传播途径

$$A_{\mathrm{bar}} = -10\lg\left(\frac{1}{3+20N_1} + \frac{1}{3+20N_2} + \frac{1}{3+20N_3}\right) \tag{8-30}$$

当屏障很长时，看作无限长薄屏障，则

$$A_{\mathrm{bar}} = -10\lg\left(\frac{1}{3+20N_1}\right) \tag{8-31}$$

在任何频带上，薄屏障引起的衰减量最大取 20dB。

②绿化林带衰减　声源附近的绿化林带、预测点附近的绿化林带或两者均有的情况都可以使声波衰减。密集林带对宽带噪声典型的附加衰减量为每 10m 衰减 1~2dB，具体取值与树种类型、林带结构、树种密度等因素有关，最大衰减量一般不超过 10dB。

计算声屏障衰减后，不再考虑地面效应衰减。

(4)地面效应衰减(A_{gr})

地面效应是指声波在地面附近传播时由于地面的反射和吸收而引起的声衰减现象。地面效应引起的声衰减与地面类型(铺筑或夯实的坚实地面、被草或作物覆盖的疏松地面、坚实地面和疏松地面组成的混合地面)有关。无论传播距离有多远，地面效应引起的声级衰减量不超过 10dB。

若同时存在声屏障和地面效应，则声屏障和地面效应引起的声级衰减量之和≤25dB。

(5)其他多方面原因引起的衰减(A_{misc})

其他多方面原因引起的衰减指通过工业场所或房屋群的衰减等。在声环境影响评价中，一般不考虑自然条件(风、温度梯度、雾等)引起的附加修正。

8.4.5.4　倍频带声压级预测

当环境中具有多个不同频率的声源存在时，应采用倍频带声压级进行预测点声压级的相关计算。其过程是首先计算出预测点的每个倍频带声压级，再将每个倍频带的声压级按照声级求和公式进行叠加以求得预测点的声压级，计算过程如下。

(1)预测点的倍频带声压级

已知距离无指向性点声源参照点 r_0 处的第 i 个倍频带(63~8000Hz 的 8 个倍频带中心频率)声压级 $L_{Pi}(r_0)$，同时计算出参照点(r_0)和预测点(r)之间的各种户外声波传播衰减，

则预测点的第 i 个倍频带声压级可按下式计算：

$$L_{Pi}(r) = L_{Pi}(r_0) - (A_{div} + A_{atm} + A_{bar} + A_{gr} + A_{misc}) \qquad (8\text{-}32)$$

式中　$L_{Pi}(r)$——预测点的第 i 个倍频带声压级，dB；

　　　$L_{Pi}(r_0)$——参照点的第 i 个倍频带声压级，dB；

　　　A_{div}——几何发散引起的倍频带衰减，dB；

　　　A_{bar}——声屏障碍引起的倍频带衰减，dB；

　　　A_{atm}——空气吸收引起的倍频带衰减，dB；

　　　A_{gr}——地面效应引起的倍频带衰减，dB；

　　　A_{misc}——其他多方面效应引起的倍频带衰减，dB。

若只考虑声源的几何发散衰减，则式(8-32)可简化为：

$$L_{Pi}(r) = L_{Pi}(r_0) - A_{div} \qquad (8\text{-}33)$$

式(8-32)和式(8-33)同样适用于只有一个频率的声源在预测点处声压级的计算。

(2)预测点的 A 声级 $L_A(r)$：

将 8 个倍频带声压级进行叠加，则可按下式计算出预测点的 A 声级 $L_A(r)$：

$$L_A(r) = 10\lg\left(\sum_{i=1}^{8} 10^{0.1\,[L_{Pi}(r)-\Delta L_i]}\right) \qquad (8\text{-}34)$$

式中　$L_{Pi}(r)$——预测点 r 的第 i 个倍频带声压级，dB；

　　　ΔL_i——第 i 个倍频带的 A 计权网络修正值。

具体不同倍频带的 A 计权网络修正值见表 8-5。

表 8-5　不同倍频带的 A 计权网络修正值　　　　　　　　　　　　　　　　　dB

频率(Hz)	63	125	250	500	1000	2000	4000	8000	16 000
ΔL_i	−26.2	−16.1	−8.6	−3.2	0	1.2	1.0	−1.1	−6.6

8.4.6　典型建设项目噪声影响预测

8.4.6.1　工业噪声预测

在环境影响评价中一般将工业企业声源按点声源进行预测，常用倍频带声功率级、A 声功率级或靠近声源某一位置的倍频带声压级、A 声级预测计算距离工业企业声源不同位置处的声级。工业企业噪声源分为室外和室内两种，应分别进行计算。

(1)单个室外点声源的倍频带声压级 $L_P(r)$

如已知声源的倍频带声功率级 L_W，预测点处的倍频带声压级 $L_P(r)$ 可按下式计算：

$$L_P(r) = L_W + D_C - A \qquad (8\text{-}35)$$

$$A = A_{div} + A_{atm} + A_{bar} + A_{gr} + A_{misc} \qquad (8\text{-}36)$$

式中　L_W——由点声源产生的倍频带声功率级，dB；

　　　D_C——指向性校正，对辐射到自由空间的全向点声源，$D_C = 0$dB；

　　　其他符号意义同前。

如已知靠近声源处某点的倍频带声压级 $L_P(r_0)$，则相同方向预测点位置的倍频带声压级 $L_P(r)$ 按式(8-32)或式(8-33)计算，A 声级 $L_A(r)$ 按式(8-34)计算。

在不能取得声源的倍频带声功率级或倍频带声压级，只能获得声源的 A 声功率级 L_{AW} 或 A 声级 $L_A(r_0)$ 时，可按式(8-37)和式(8-38)近似计算预测点的 A 声级：

$$L_A(r) = L_{AW} - D_C - A \tag{8-37}$$

$$L_A(r) = L_A(r_0) - A \tag{8-38}$$

此两式中 A 所代表的意义同式(8-36)，计算时可选择对 A 声级影响最大的倍频带，一般可选中心频率为 500Hz 的倍频带做估算。

（2）室内声源等效室外声源声功率级

如图 8-5 所示，当声源位于室内时，室内声源的声功率级可采用等效室外声源声功率级法进行计算。

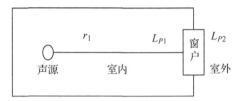

图 8-5　噪声从室内向室外传播

①室外的倍频带声压级　设靠近开口处(或窗户)室内、室外某倍频带的声压级分别为 L_{P1} 和 L_{P2}，若室内声场近似为扩散声场，则室外的倍频带声压级可按式(8-39)计算：

$$L_{P2} = L_{P1} - (T_L + 6) \tag{8-39}$$

式中　T_L——隔墙(或窗户)倍频带隔声量，dB。

L_{P1} 可通过测量获得，也可按下式计算：

$$L_{P1} = L_W + 10\lg\left(\frac{Q}{4r_1^2\pi} + \frac{4}{R}\right) \tag{8-40}$$

式中　L_W——某个室内声源在靠近开口处产生的倍频带声功率级，dB；

r_1——某个室内声源到靠近维护结构某点处的距离，m；

R——房间常数，m^2，$R = Sa/(1-a)$，S 为房间内表面面积，m^2，a 为平均吸声系数；

Q——指向性因数，一般对无指向性声源，当声源在房间中心时 $Q=1$；当放在一面墙的中心时 $Q=2$，当放在两面墙夹角处时 $Q=4$；当放在三面墙夹角处时 $Q=8$。

②室内外声源在围护结构处的倍频带叠加声压级　按式(8-41)计算出所有室内声源在围护结构处产生的第 i 个倍频带叠加声压 $L_{P1i}(T)$：

$$L_{P1i}(T) = 10\lg\left(\sum_{j=1}^{N} 10^{0.1L_{P1ij}}\right) \tag{8-41}$$

式中　$L_{P1i}(T)$——靠近围护结构处室内 N 个声源第 i 个倍频带的叠加声压级，dB；

L_{P1ij}——室内第 j 个声源第 i 个倍频带的声压级，dB；

N——室内声源总数。

设室内近似为扩散声场，则按式(8-42)计算出靠近室外围护结构处的 N 个声源第 i 个倍频带的叠加声压级 $L_{P2i}(T)$：

$$L_{P2i}(T) = L_{P1i}(T) - (TL_i + 6) \tag{8-42}$$

式中　$L_{P2i}(T)$——靠近围护结构处室外 N 个声源第 i 个倍频带叠加声压级，dB；

　　　TL_i——围护结构第 i 个倍频带的总隔声量。

③室外等效声源的倍频带声功率级　将室外声源的声压级和透过面积换算成等效的室外声源，按式(8-43)计算出中心位置位于透声面积(S)处等效声源的倍频带声功率级 L_W。

$$L_W = L_{P2}(T) + 10\lg S \tag{8-43}$$

式中　S——透声面积，m^2。

④室外等效声源在预测点处的 A 声级　求出 L_W 后，先按式(8-35)计算倍频带的声压级，再按照式(8-34)计算室外声源在预测点处的 A 声级。

(3)噪声贡献值

设第 i 个室外声源在预测点产生的 A 声级为 L_{Ai}；第 j 个等效室外声源在预测点产生的 A 声级为 L_{Aj}，则拟建工程声源对预测点产生的贡献值 L_{eqg} 为：

$$L_{eqg} = 10\left[\frac{1}{T}\left(\sum_{i=1}^{N} t_i 10^{0.1L_{Ai}} + \sum_{j=1}^{M} t_j 10^{0.1L_{Aj}}\right)\right] \tag{8-44}$$

式中　t_i——在 T 时间内第 i 个声源工作时间，s；

　　　t_j——在 T 时间内第 j 个声源工作时间，s；

　　　T——用于计算等效声级的时间，s；

　　　N——室外声源个数；

　　　M——等效室外声源个数。

(4)预测值

按式(8-15)计算。

【例题】某印染企业位于声环境 2 类功能区，厂界噪声现状值和噪声源及其离厂界东和厂界南的距离分别见表 8-6 和表 8-7。假设噪声源为点源，若只考虑其随距离引起的几何发散衰减和建筑墙体的隔声量，可采用公式：$L_A(r) = L_{AW} - 20\lg r - 8 - TL$。式中，$TL$ 为墙壁隔声量，此处取 10dB(A)；其他符号意义同前。

表 8-6　厂界噪声现状值　　　　　　　　　　　　　　　　　　dB(A)

昼间		夜间	
厂址东边界	厂址南边界	厂址东边界	厂址南边界
59.8	53.7	41.3	49.7

表 8-7　噪声源及离厂界距离

项目	声源设备名称	数量	噪声级[dB(A)]	厂界东(m)	厂界南(m)
车间 A	印花机	1 套	85	160	60
锅炉房	风机	3 台	90	250	60

问题：①锅炉房 3 台风机合成后的总噪声级(不考虑距离)为多少？②若不考虑背景值，厂界东和厂界南的噪声预测值分别应为多少？③叠加背景值后，厂界东和厂界南的噪声预测值是否超标？

①利用求和公式计算：

$$L_{PT} = 10\lg\Big[\sum_{i=1}^{N}(10^{0.1L_{Ai}})\Big] = 10\lg(10^{0.1\times90}\times3)$$

$$= 10\times(\lg10^9 + \lg3) = 94.77[\mathrm{dB(A)}]$$

②不考虑背景值，车间 A 在厂界东的噪声预测值为：

$$L_A(r)_{东} = L_{AW} - 20\lg r - 8 - TL$$

$$= 85 - 20\times\lg160 - 8 - 10 = 22.9[\mathrm{dB(A)}]$$

同法可得，锅炉房在厂界东的噪声预测值 $L_A(r)_{锅} = 28.8\mathrm{dB(A)}$。

车间 A 和锅炉房在厂界东的总预测值用上述求和公式计算为 $L_{PT} = 29.79\mathrm{dB(A)}$。

求得车间 A 和锅炉房在厂界南的噪声预测值分别为 $31.4\mathrm{dB(A)}$ 和 $41.2\mathrm{dB(A)}$，车间 A 和锅炉房在厂界南的总预测值为 $41.63\mathrm{dB(A)}$。

③叠加背景值。同样，按照噪声求和公式，求得昼间厂界东和夜间厂界东的总噪声预测值分别为 $L_{eq昼} = 59.80\mathrm{dB(A)}$，$L_{eq夜} = 41.60\mathrm{dB(A)}$。

昼间厂界南和夜间厂界南的总噪声预测值分别为 $53.96\mathrm{dB(A)}$ 和 $50.33\mathrm{dB(A)}$。

按照《声环境质量标准》（GB 3096—2008）规定，2 类声环境功能区执行昼间 60dB(A)、夜间 50dB(A)标准，因此，厂界东在昼间和夜间均不超标；厂界南在昼间不超标，夜间略超标。

8.4.6.2 公路（道路）交通运输噪声预测

（1）第 i 类车等效声级预测

$$L_{eq}(h)_i = (\bar{L}_{0E})_i + 10\lg\Big(\frac{N_i}{V_iT}\Big) + 10\lg\Big(\frac{7.5}{r}\Big) + 10\lg\Big(\frac{\varphi_1+\varphi_2}{\pi}\Big) + \Delta L - 16 \quad (8\text{-}45)$$

式中 $L_{eq}(h)_i$——第 i 类车的小时等效声级，dB(A)。

第 i 类车是指将机动车辆分为大、中、小型，具体分类参照《机动车辆及挂车分类》（GB/T 15089—2001）规定，$(\bar{L}_{0E})_i$ 为第 i 类车，其速度为 V_i（单位为 km/h）、水平距离为 7.5m 处的能量平均 A 声级[单位为 dB(A)]，具体计算可以按照《公路建设项目环境影响评价规范》（JTGB 03—2006）中的相关模式进行，也可通过类比测量进行修正；N_i 为昼间、夜间通过某预测点的第 i 类车平均小时车流量，单位为 辆/h；r 为从车道中心线到预测点的距离，单位为 m；式（8-45）适用于 $r>7.5\mathrm{m}$ 预测点的噪声预测；V_i 为第 i 类车的平均车速，单位为 km/h；T 为计算等效声级的时间（$T=1\mathrm{h}$）；φ_1、φ_2 为预测点到有限长路段两端的张角。

ΔL 为其他因素引起的修正量，单位为 dB(A)，可按式（8-46）计算：

$$\Delta L = \Delta L_{坡度} + \Delta L_{路面} + \Delta L_{反射} + A_{atm} + A_{gr} + A_{bar} + A_{misc} \quad (8\text{-}46)$$

式中 $\Delta L_{坡度}$——公路纵坡修正量，dB(A)；

$\Delta L_{路面}$——公路路面材料引起的修正量，dB(A)；

$\Delta L_{反射}$——反射等引起的修正量，dB(A)；

A_{bar}——道路两侧障碍物引起的交通噪声衰减量；

其他符号意义同前。

（2）总车流等效声级预测

$$L_{eq}(T) = 10\lg\left[10^{0.1L_{eq}(h)_{大}} + 10^{0.1L_{eq}(h)_{中}} + 10^{0.1L_{eq}(h)_{小}}\right] \tag{8-47}$$

如果某预测点受多条道路交通噪声影响（如高架桥周边预测点受桥上和桥下多条车道的影响，路边高层建筑预测点受地面多条车道的影响），应分别计算每条道路对该预测点的声级，再叠加计算总的影响值。

（3）修正量和衰减量的计算

①纵坡修正量 $\Delta L_{坡度}$　　大、中、小型车的 $\Delta L_{坡度}$ 分别为 98βdB(A)、73βdB(A)、50βdB(A)，其中 β 为公路纵坡坡度，单位为%。

②路面修正量 $\Delta L_{路面}$　　对于沥青混凝土路面，$\Delta L_{路面}$ 为 0dB(A)；对于水泥混凝土路面，车辆行驶速度为 30km/h、40km/h、$\geqslant$50km/h 时的 $\Delta L_{路面}$ 依次为 1.0dB(A)、1.5dB(A)、2.0dB(A)。

③反射修正量 ΔL 反射　　城市道路交叉路口可造成车辆加速或减速，使单车噪声声级发生变化，交叉路口的噪声附加值与受声点至最近快车道中轴线交叉点的距离有关，其最大增量为 3dB(A)。

当道路两侧建筑物间距小于总计算高度 30% 时，其反射声修正量为：两侧建筑物是反射面时，$\Delta L_{反射} \leqslant 3.2$dB(A)；两侧建筑物是一般吸收表面时，$\Delta L_{反射} \leqslant 1.6$dB(A)；两侧建筑物为全吸收表面时，$\Delta L_{反射} \approx 0$dB(A)。

④障碍物衰减量（A_{bar}）　　具体计算方法参照《环境影响评价技术导则 声环境》（HJ 2.4—2009），对于无限长声屏障引起的噪声衰减量最小约为 5dB(A)，有限长声屏障衰减量按照同一公式计算后再根据遮蔽角百分率的大小，按照有限长声屏障及线声源的修正图进行修正，具体计算过程可参照《声屏障声学设计和测量规范》（HJ/T 90—2004）。

【例题】某一有限长双向行驶公路，交通高峰时段（早 7:30～8:30）的车流量为 8000 辆/h，其中大型车占 10%，中型车占 15%，其余为小型车。距离为 7.5m 时大型、中型和小型车的能量平均 A 声级分别为 80dB(A)、74dB(A) 和 70dB(A)，车速均为 50km/h。预测点与道路中心线垂直距离为 50m，预测点到该有限长路段两端的张角为 150°，其间无遮挡物。道路地面为沥青混凝土，平均坡度为 3%。试求预测点在该时段的交通噪声等效声级。

根据题意，此有限长双向行驶公路为沥青混凝土，则路面噪声修正量 $\Delta L_{路面}$ 为 0dB(A)。

平均坡度为 3%，则按 8.4.6.2(3)—①中的表达式，求得大、中、小型车的纵坡修正量 ΔL 分别为 2.94dB(A)、2.19dB(A)、1.5dB(A)。

预测点与道路中心线之间无遮挡物，忽略空气吸收等户外衰减，则 A_{atm}、A_{gr}、A_{misc}、A_{bar} 可取 0dB(A)；忽略反射引起的修正量，则取 $\Delta L_{反射}$ 为 0dB(A)。

预测点到该有限长路段两端的张角为 150°，则 $\varphi_1 + \varphi_2 = (150/180)\pi$。利用式(8-45)求得大、中、小型车的等效声级分别为：

$$L_{eq}(h)_{大} = 80 + 10\lg\left(\frac{80}{50\times1}\right) + 10\lg\left(\frac{7.5}{50}\right) + 10\lg\left(\frac{150}{180}\right) + 2.94 - 16 = 59.95\,[\mathrm{dB(A)}]$$

同理，求得 $L_{eq}(h)_{中} = 54.96$dB(A)，$L_{eq}(h)_{小} = 57.26$dB(A)。

故该预测点总车流的等效声级可按式(8-47)计算：

$$L_{eq}(T) = 10\lg(10^{0.1 \times 59.95} + 10^{0.1 \times 54.96} + 10^{0.1 \times 57.26}) = 62.63 [dB(A)]$$

思考与练习

1. 简述声环境现状调查和评价内容。

2. 简述声环境影响预测内容和预测步骤。

3. 为测定某车间中一台机器的噪声大小，从声级计上测得声级为104dB，当机器停止工作，测得背景噪声为100dB，求该机器噪声的实际大小。

4. 在某铁路旁声环境监测点处测得货车经过时2min内的平均声压级为75dB，客车经过时1min内的平均声压级为70dB，无车通过时的环境噪声为60dB。此铁路白天2h内有25列货车和15列客车通过，计算此处的昼间等效声级。

5. 某一无限长单向行驶公路，交通高峰时段(16:00~17:00)的车流量为800 辆/h，其中大型车占10%，其余为小型车。大型车辐射声级距离为7.5m时是83dB(A)，小型车辐射声级距离为7.5m时是75dB(A)，车速均为60km/h。预测点与道路中心线垂直距离为20m，其间无遮挡物。道路地面为沥青混凝土，平坦无坡。试求预测点在该时段的交通噪声等效声级。

单元⑨　固体废物环境影响评价

建设项目在建设和运行期间均会产生固体废物，对人类和生态环境造成影响。固体废物环境影响评价是确定拟开发行动或建设项目在建设和运行过程中所产生的固体废物的种类和数量，以及其造成的影响范围和危害程度，并提出相应的处理处置措施，避免、消除和减少其对环境的影响。《中华人民共和国固体废物污染防治法》明确规定，建设项目的环境影响评价文件确定需要配套建设的固体废物污染环境防治设施，必须与主体工程同时设计、同时施工、同时投入使用。固体废物污染环境防治设施必须经原审批环境影响评价文件的环境保护行政主管部门验收合格，该建设项目方可投入生产或者使用。

本单元首先介绍了固体废物的基础知识，着重分析了固体废物的环境影响评价方法和技术，然后简要介绍了几个主要的固体废物集中处置设施的污染控制标准。

9.1　概述

9.1.1　固体废物基本概念

固体废物来自人们生产和生活过程的许多环节。根据《中华人民共和国固体废物污染防治法(修订版)》(以下简称《固废法》)的规定，固体废物是指在生产、生活和其他活动中产生的丧失原有利用价值或者虽未丧失利用价值但被抛弃或者放弃的固态、半固态和置于容器中的气态的物品、物质以及法律、行政法规规定纳入固体废物管理的物品、物质。因此，固体废物不仅指固态和半固态物质，还包括部分液态和气态物质。但是，排入水体的废水和排入大气的废气污染物除外。

9.1.1.1　一般固体废物

一般固体废物是指生产、生活和其他活动中产生的未被列入国家危险废物名录的固体废物，通常分为城市垃圾、一般工业固体废物和农业固体废物3种。

（1）城市垃圾

城市垃圾是指来自居民的生活消费、商业活动、市政建设和维护、机关办公等过程中产生的固体废物，一般可以分为以下3类：

①生活垃圾　指在日常生活或者为日常生活提供服务的活动中产生的固体废物以及法律、行政法规规定视为生活垃圾的固体废物，包括厨余物、庭院物、废纸、废塑料、废织物、废金属、废玻璃陶瓷碎片、砖瓦渣土及废家具、废旧电器等。

②城建渣土   指城市建设过程中产生的废砖瓦、碎石、渣土、混凝土碎块等。

③商业固体废物   指商业活动过程中产生的包装材料、丢弃的主副食品等。

（2）一般工业固体废物

一般工业固体废物就是从工矿企业生产过程中排放出来的、未被列入《国家危险废物名录》(2016)或者根据《危险废物鉴别标准》(GB 5085—2007)、《固体废物 浸出毒性浸出方法 翻转法》(GB 5086.1—1997)、《固体废物 浸出毒性浸出方法 水平振荡法》(HJ 557—2010)和《固体废物 浸出毒性测定方法》(GB/T 15555)鉴别方法判定不具有危险特性的工业固体废物。一般工业固废分为第Ⅰ类一般工业固体废物和第Ⅱ类一般工业固体废物，其中第Ⅰ类一般工业固体废物为按照 GB 5086.1—1997 规定方法进行浸出试验而获得的浸出液中，任何一种污染物的浓度均未超过 GB 8978 规定的最高允许排放浓度，且 pH 值在 6~9 范围之内的一般工业固体废物；第Ⅱ类一般工业固体废物为按照 GB 5086.1—1997 和 HJ 557—2010 规定方法进行浸出试验而获得的浸出液中，有一种或一种以上的污染物浓度超过 GB 8978 规定的最高允许排放浓度，或者是 pH 在 6~9 范围之外的一般工业固体废物。

一般工业固体废物主要来源如下：

①冶金废渣   指金属冶炼过程中或冶炼后排出的所有残渣废物，如高炉矿渣、钢渣、有色金属渣、粉尘、污泥、废屑等。

②采矿废渣   指在各种矿石、煤炭的开采过程中产生的矿渣，包括矿山剥离废渣、掘进废石、各种尾矿等。

③燃料废渣   主要是工业锅炉特别是燃煤的火力发电厂排出大量粉煤灰和煤渣。

④化工废渣   指化学工业生产中排出的工业废渣，包括电石渣、碱渣、磷渣、盐泥、铬渣、废催化剂、绝热材料、废塑料、油泥等。这类废渣往往含大量的有毒物质，对环境的危害极大。

⑤建材工业废渣   指建材工业生产中排出的工业废渣，如水泥、黏土、玻璃废渣、砂石、陶瓷、纤维废渣等。

在一般工业固体废物中，还有来自机械工业的金属切削物、型砂等废弃物；食品工业的肉、骨、水果、蔬菜等废弃物；轻纺工业的布头、纤维、染料等废料；建筑业的建筑废料等。

（3）农业固体废物

农作物收割、畜禽养殖、农产品加工过程中要排出大量的废弃物，主要是农作物秸秆和畜禽类粪便等。

9.1.1.2   危险废物

危险废物泛指除放射性废物以外，具有毒性、易燃性、反应性、腐蚀性、爆炸性、传染性因而可能对人类的生活环境产生危害的废物。《中华人民共和国固体废物污染环境防治法》中规定："危险废物是指列入国家危险废物名录或者根据国家规定的危险废物鉴别标准和鉴别方法认定的具有危险特性的固体废物。"《国家危险废物名录》中将危险废物分为 49 类。但是列入该名录的废物不一定都属于危险废物，只有那些高于鉴别标准的才属于危险废物。2007 年版的《危险废物鉴别标准》(GB 5085—2007) 中的危险废物主要包括浸出毒性、急性毒性初筛和腐蚀性 3 类。

9.1.1.3　固体废物与非固体废物的鉴别

对于固体废物与非固体废物的鉴别，除应首先根据上述定义进行判断外，还可根据《固体废物鉴别导则（试行）》进行判断。该导则所指固体废物包含（但不限于）下列物质、物品或材料：

①从家庭收集的垃圾；

②生产过程中产生的废弃物质、报废产品；

③实验室产生的废弃物质；

④办公产生的废弃物质；

⑤城市污水处理厂污泥，生活垃圾处理厂产生的残渣；

⑥其他污染控制设施产生的垃圾、残余渣、污泥；

⑦城市河道疏浚污泥；

⑧不符合标准或规范的产品，继续用作原用途的除外；

⑨假冒伪劣产品；

⑩所有者或其代表声明是废物的物质或物品；

⑪被污染的材料（如被多氯联苯 PCBs 污染的油）；

⑫被法律禁止使用的任何材料、物质或物品；

⑬国务院环境保护行政主管部门声明是固体废物的物质或物品。

固体废物不包括下列物质或物品：

①放射性废物；

②不经过贮存而在现场直接返回到原生产过程或返回到其产生过程的物质或物品；

③任何用于其原始用途的物质和物品；

④实验室用样品；

⑤国务院环境保护行政主管部门批准其他可不按固体废物管理的物质或物品。

若出现根据《固废法》中的固体废物定义和《固体废物鉴别导则（试行）》中所列上述固体废物范围仍难以鉴别的，还可以从"根据废物的作业方式和原因"及"根据特点和影响"两个方面进行判断。

在《固体废物鉴别导则（试行）》中，固体废物与非固体废物判别流程如图 9-1 所示。

9.1.2　固体废物特点和分类

9.1.2.1　固体废物的特点

固体废物直接占用土地，具有一定的空间，且品种繁多、数量巨大，并包括了有固体外形的危险液体和气体废物。

（1）数量巨大、种类繁多、成分复杂

随着工业生产规模的扩大、人口的增加和居民生活水平的提高，各类固体废物的产生量也逐年增加。固体废物的来源广泛，有工业垃圾、生活垃圾、农业垃圾等，成分也十分复杂。

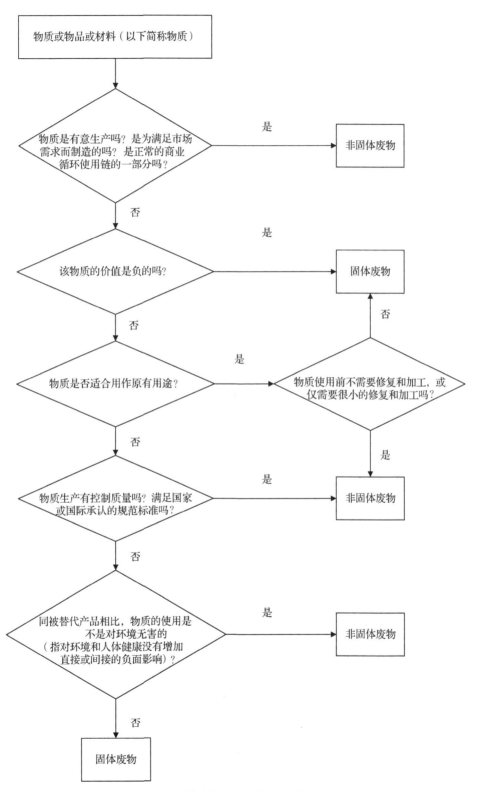

图 9-1 固体废物与非固体废物判别流程

（2）具有潜在性、长期性和灾难性危害

固体废物不具备流动性，进入环境后没有被与其形态相同的环境体接纳，所以固体废物不能像废气、废水那样可以迁移到大容量的水体或融入大气中，并通过自然界中物理、化学、生物等多种途径进行稀释、降解和净化。固体废物只能通过释放渗滤液和气体进行"自我消化"处理，而这种消化过程是长期的、复杂的和难以控制的。例如，堆放场的城市垃圾一般需要10~30年的时间才可以稳定，而其中的废旧塑料、薄膜等即使经过更长时间也不能完全消解掉。如果是危险废物(如化学废物)的堆放，对环境的危害程度更大，如美国的洛夫运河事件就是由于化学废物污染土壤引起的严重后果。

（3）富集终态和污染源头的双重作用

一方面，固体废物是水污染物、大气污染物等处理处置的终态；另一方面，固体废物又是造成大气、水体、土壤污染的源头。正由于其具有两面性，对其进行管理既要避免、减少产生固体废物，又要控制在其处理处置过程中对水体、大气和土壤的污染。

（4）资源和废物的相对性

固体废物具有二重性，即鲜明的时间性和空间性，因此固体废物又有"放错地点的原料"之称。任何产品经过使用都将变成废物，但所谓废物仅仅相对于当时的科技水平和经济条件而言，随着时间的推移和科学技术的进步，今天的废物也可能成为明天的有用资源。例如，石油炼制过程中产生的残留物，可变为筑路的材料沥青；动物粪便可转化为液体燃料；燃料发电过程中产生的粉煤灰，可作为建筑材料的原料。

9.1.2.2 固体废物的分类

固体废物来源广，种类繁多，性质各异，按组成可分为有机废物和无机废物；按危害程度可分为有害废物和一般废物；按来源可分为工业固体废物、生活垃圾和农业固体废物。根据《固废法》的规定，固体废物分为生活垃圾、工业固体废物和危险废物3类。

（1）生活垃圾

生活垃圾是指在日常生活或者为日常生活提供服务的活动中产生的固体废物以及法律、行政法规规定视为生活垃圾的固体废物。包括城市生活垃圾、建筑垃圾、农村生活垃圾。

（2）工业固体废物

工业固体废物是指在工业生产活动中产生的固体废物。主要来自各个工业生产部门的生产和加工过程及流通过程中所产生的粉尘、碎屑、污泥等。

工业固体废物主要包括冶金工业固体废物、能源工业固体废物、石油化学工业固体废物、矿业固体废物、轻工业固体废物和其他工业固体废物。不同工业类型所产生的固体废物种类和性质是截然不同的。

（3）危险废物

①危险废物的定义 根据《固废法》的规定，危险废物是指列入国家危险废物名录或者根据国家规定的危险废物鉴别标准和鉴别方法认定的具有危险特性的固体废物。危险特性包括腐蚀性、毒性、易燃性、反应性和感染性。

国家环境保护部、国家发展和改革委员会根据有关规定，联合制定了《国家危险废物名录》(以下简称《名录》)，于2008年8月1日起施行。《名录》共列出了49类危险废物的废物类别、废物来源、废物代码、废物危险特性、常见危险废物组分和名称，共 400 多种。《名录》中明确了医疗废物(指医疗卫生机构在医疗、预防、保健以及其他相关活动中产生的具有直接或间接传染性、毒性以及其他危害性的废物)属于危险废物。

未列入《名录》和《医疗废物分类目录》的固体废物和液态废物，由国务院环境保护行政主管部门组织专家，根据国家危险废物鉴别标准和鉴别方法认定具有危险特性的，属于危险废物，适时增补进《名录》。

②危险废物的鉴别标准 《危险废物鉴别标准》(GB 5085—2007)于 2007 年 10 月 1 日开始施行，规定了固体废物危险特性技术指标，危险特性符合标准技术指标的固体废物属于危险废物，必须依法按危险废物进行管理。国家危险废物鉴别标准由 7 个标准组成，分别为《危险废物鉴别标准 腐蚀性鉴别》(GB 5085.1—2007)、《危险废物鉴别标准 急性毒性初筛》(GB 5085.2—2007)、《危险废物鉴别标准 浸出毒性鉴别》(GB 5085.3—2007)、《危险废物鉴别标准 易燃性鉴别》(GB 5085.4—2007)、《危险废物鉴别标准 反应性鉴别》(GB 5085.5—2007)、《危险废物鉴别标准 毒性物质含量鉴别》(GB 5085.6—2007)及《危险废物鉴别标准 通则》(GB 5085.7—2007)。

《危险废物鉴别标准 腐蚀性鉴别》(GB 5085.1—2007)适用于任何生产、生活和其他活动中产生的固体废物的腐蚀性鉴别。标准规定，按照《固体废物 腐蚀性测定 玻璃电极法》(GB/T 15555.12—1995)制备的浸出液，当 pH≥12.5 或 pH≤2.0 时；或者在 55℃ 条件下，对《优质碳素钢结构》(GB/T 699—2015)中规定的 20 号钢材的腐蚀速率≥6.35mm/a 时，可判定该固体废物具有腐蚀性，属于危险废物。

《危险废物鉴别标准 急性毒性初筛》(GB 5085.2—2007)适用于任何生产、生活和其他活动中产生的固体废物的急性毒性初筛鉴别。该标准规定，按照《化学品测试导则》(HJ/T 153—2004)中指定的方法进行试验，经口摄取：固体 LD_{50}≤200mg/kg，液体 LD_{50}≤500mg/kg；经皮肤接触 LD_{50}≤1000mg/kg；蒸气、烟雾或粉尘吸入 LC_{50}≤10mg/L 时，则判定该废物是具有急性毒性的危险废物。其中口服毒性半数致死量 LD_{50} 是经过统计学方法得出的一种物质的单一计量，即青年白鼠口服后，在 14d 内死亡一半的物质剂量；皮肤接触毒性半数致死量 LD_{50} 是使白兔的裸露皮肤持续接触24h，最可能引起这些试验动物在 14d 内死亡一半的物质剂量；吸入毒性半数致死浓度 LC_{50} 是使雌雄青年白鼠连续吸入1h，最可能引起这些试验动物在 14d 内死亡一半的蒸气、烟雾或粉尘的浓度。

《危险废物鉴别标准 浸出毒性鉴别》(GB 5085.3—2007)适用于任何生产、生活和其他活动中产生固体废物的浸出毒性鉴别。固态的危险废物遇水浸沥，其中的有害物质迁移转化，污染环境，这种浸出的有害物质的毒性称为浸出毒性。该标准规定，按照《固体废物浸出毒性浸出方法》(HJ/T 299)制备的固体废物浸出液中任何一种危害成分含量超过GB 5085.3—2007 中表 1 中所列的浓度限值，则判定该固体废物是具有浸出毒性特征的危险废物。

《危险废物鉴别标准 易燃性鉴别》(GB 5085.4—2007)适用于任何生产、生活和其他活动中产生的固体废物的易燃性鉴别。采用定性描述和定量的方法，规定了液态、固态和气态 3 种不同状态下易燃性的鉴别标准和方法。

《危险废物鉴别标准 反应性鉴别》(GB 5085.5—2007)规定了具有爆炸性质、与水或酸接触产生易燃气体或有毒气体、废弃氧化剂或有机过氧化物 3 种类型危险废物的反应特性的鉴别标准。

《危险废物鉴别标准 毒性物质含量鉴别》(GB 5085.6—2007)适用于任何生产、生活和其他活动中产生的固体废物的毒性物质含量鉴别，规定了含毒性、致癌性、致突变性和生殖毒性物质的危险废物鉴别标准。

《危险废物鉴别标准 通则》(GB 5085.7—2007)规定了危险废物的鉴别程序、危险废物混合后判定规则和危险废物处理后判定规则。

9.1.3 固体废物对环境的影响

固体废物污染环境的途径多、污染形式复杂。固体废物可直接或间接污染环境，既有即时性污染，又有潜伏性和长期性污染。一旦固体废物造成环境污染或潜在的污染变成现实，消除这些污染往往需要比较复杂的技术和大量的资金投入，耗费较大的代价进行治理，并且很难使被污染破坏的环境得到完全彻底的恢复。

固体废物对环境的危害主要表现在以下几个方面。

9.1.3.1 污染水体

固体废物对水体的污染有直接污染和间接污染两种途径。由于固体废物弃置于水中而导致的水体污染为直接污染。直接污染严重危害水生生物的生存条件，并影响水资源的充分利用。此外，向水体倾倒固体废物还将缩减江河湖泊的有效面积，导致其排洪和灌溉能力降低。固体废物在堆积过程中，经雨水浸淋和自身分解产生的渗出液流入江河、湖泊和渗入地下，将导致附近区域地表水和地下水的污染。

9.1.3.2 污染大气

固体废物造成大气污染的情况有许多种，例如，堆放在露天环境中的固体废物内的细微颗粒、粉尘等可随风飞扬，从而对大气环境造成污染；一些有机固体废物在适宜的湿度和温度下被微生物分解，释放出有害气体，造成地区性空气污染；采用焚烧法处理固体废物时，若尾气处理不当会造成严重的大气污染。

9.1.3.3 污染土壤

固体废物及其渗滤液所含的有害物质对土壤会产生污染，例如，改变土壤的物理结构和化学性质，影响植物营养吸收和生长；影响土壤中微生物的活动，破坏土壤内部的生态平衡；有害物质在土壤中累积，致使土壤中有害物质超标；有害物质还会通过植物吸收进入食物链，影响人体健康；此外，固体废物携带的病菌还会四处传播，造成生物污染。

9.2 固体废物环境影响评价

固体废物的环境影响评价主要分为两大类型：第一类是对一般工程项目产生的固体废物，由产生、收集、运输、处理到最终处置的环境影响评价；第二类是对处理、处置固体废物设施建设项目的环境影响评价。

由于对固体废物污染实行由产生、收集、贮存、运输、预处理直至处置全过程控制，因此在固废环评中必须体现全过程特点，即应该包括所建项目涉及的各个过程。为了保证固体废物处理、处置设施的安全稳定运行，必须建立一个完整的收、贮、运体系，这个体系与处理、处置设施构成一个整体，其中各个环节对路线周围环境敏感目标造成的可能影响，是环评工作关注的重点。

由于固废不是对某一特定自然环境产生影响的，所以固废环境影响评价工作没有等级划分，只是按照固废类型进行分类分析。固废的环境影响分析工作程序是：确定固废类别→找出污染源→明确固废贮存、处理过程中产生的各类污染物对各环境要素的影响→进行产生、收集、贮存、运输、处理、处置全过程的评价。

9.2.1　一般工程项目的固体废物环境影响评价

9.2.1.1　评价内容

一般工程项目的固体废物环境影响评价应包括由产生、收集、运输、处理到最终处置的全过程环境影响评价。其中若涉及一般固体废物或危险废物贮存或处置设施的建设，则同时还应执行相应的污染控制标准。

（1）污染源调查

通过对所建项目进行工程分析，依据整个工艺过程，统计出各个生产环节所产生的固体废物的名称、组分、形态、排放量、排放规律等内容。

根据《国家危险废物名录》或者国家规定的危险废物鉴别标准和鉴别方法对产生的固体废物进行识别或鉴别，明确其属性。根据其识别或鉴别结果对产生的固体废物按一般废物和危险废物分别列出调查清单，危险废物需明确其废物类别和危险特性等内容。

（2）污染防治措施的论证

根据工艺过程的各个环节产生的固体废物的危害性及排放方式、排放量等，按照"全过程控制"的思路，分析其在产生、收集、运输、处理到最终处置等过程中对环境的影响，有针对性地提出污染防治措施，并对其可行性加以论证。对于危险废物则需要提出最终处置措施并加以论证。

（3）提出危险废物最终处置措施方案

①综合利用　给出综合利用的危险废物名称、数量、性质、用途、利用价值、防治污染转移及二次污染措施、综合利用单位情况、综合利用途径、供需双方的书面协议等。

②焚烧处置　给出危险废物名称、组分、热值、形态及在《国家危险废物名录》中的分类编号，并应说明处置设施的名称、隶属关系、地址、运距、路由、运输方式及管理。如果处置设施属于工程范围内项目，则需要对处置设施建设项目单独进行环境影响评价。

③安全填埋处置　给出危险废物名称、组分、产生量、形态、容量、浸出液组分及浓度以及在《国家危险废物名录》中的分类编号、是否需要固化处理。

对填埋场应说明名称、隶属关系、厂址、运距、路由、运输方式及管理。如果填埋场属于工程范围内项目，则需要对安全填埋场单独进行环境影响评价。

④其他处置方法　使用其他物理、化学方法处置危险废物，必须注意对处置过程产生的环境影响进行评价。

⑤委托处置　一般工程项目产出的危险废物也可采取委托处置的方式进行处理处置，

受委托单位须具有环境保护行政主管部门颁发的相应类别的危险废物处理处置资质。在采取此种处置方式时，应提供与接收方的危险废物委托处置协议和接收方的危险废物处置资质证书，并将其作为环境影响评价文件的附件。

9.2.1.2 场址选择的环保要求

根据《一般工业固体废物贮存和填埋污染控制标准》（GB 18599—2020），基本要求如下：

①一般工业固体废物贮存场、填埋场的选址应符合环境保护法律法规及相关法定规划要求。

②贮存场、填埋场的位置与周围居民区的距离应依据环境影响评价文件及审批意见确定。

③贮存场、填埋场不得选在生态保护红线区域、永久基本农田集中区域和其他需要特别保护的区域内。

④贮存场、填埋场应避开活动断层、溶洞区、天然滑坡或泥石流影响区以及湿地等区域。

⑤贮存场、填埋场不得选在江河、湖泊、运河、渠道、水库最高水位线以下的滩地和岸坡，以及国家和地方长远规划中的水库等人工蓄水设施的淹没区和保护区之内。

⑥一般工业固体废物贮存和填埋污染控制标准。

9.2.1.3 污染控制项目的选择

(1)渗滤液及其处理后的排放水

应选择一般工业固体废物的特征组分作为控制项目。

(2)地下水

贮存、处置场投入使用前，以《地下水质量标准》（GB/T 14848—2017）规定的项目作为控制项目。使用过程中和关闭或封场后的控制项目，可选择所贮存、处置的固体废物的特征组分。

(3)大气

贮存、处置场以颗粒物为控制项目，其中属于自燃性煤矸石的贮存、处置场，以颗粒物和二氧化硫为控制项目。

9.2.2 固体废物处置设施的环境影响评价

固体废物处置设施主要包括一般工业废物的贮存、处置场，危险废物贮存场，生活垃圾填埋场，危险废物填埋场，生活垃圾焚烧厂和危险废物焚烧厂等。在进行这些项目的环境影响评价时应根据处理处置的工艺特点，依据《环境影响评价技术导则》及相应的污染控制标准进行环境影响评价。评价的重点应放在处理、处置固体废物设施的选址，污染控制项目，污染物排放等内容上。除此之外，为了保证固体废物处理、处置设施的安全稳定运行，必须建立一个完整的收集、贮存、运输系统，因此在环境影响评价中这个系统是与处理、处置设施构成一个整体的。如果这一系统运行的过程中，可能对周围环境敏感目标造成威胁（如危险废物的运输），如何规避环境风险也是环境影响评价的主要任务。由于一般固体废物和危险固体废物在性质上差别较大，因此其环境影响评价的内容和重点也有所不同。

9.2.2.1　一般固体废物处置设施建设项目的环境影响评价

根据处理、处置设施建设及其排污特点，一般固体废物处理、处置设施建设项目环境影响评价的主要工作内容有场址选择评价、环境质量现状评价、工程污染因素分析、施工期影响评价、地表水和地下水环境影响预测与评价，以及大气环境影响预测及评价。

下面以生活垃圾填埋场为例进行介绍。

（1）主要环境影响

运行中的生活垃圾填埋场，对环境的影响主要包括：

①填埋场渗滤液泄漏或处理不当对地下水及地表水的污染；

②填埋场产生气体排放对大气的污染、对公众健康的危害以及可能发生的爆炸对公众安全的威胁；

③施工期水土流失对生态环境的不利影响；

④填埋场的存在对周围景观的不利影响；

⑤填埋作业及垃圾堆体对周围地质环境的影响，如造成滑坡、崩塌、泥石流等；

⑥填埋机械噪声对公众的影响；

⑦填埋场滋生的害虫、昆虫、啮齿动物以及在填埋场觅食的鸟类和其他动物可能传播疾病；

⑧填埋垃圾中的塑料袋、纸张以及尘土等在未来得及覆土压实情况下可能飘出场外，造成环境污染和景观破坏；

⑨流经填埋场区的地表径流可能受到污染。

封场后的填埋场对环境的影响减小，上述环境影响中的⑥～⑨项基本上不再存在，但在填埋场植被恢复过程中种植于填埋场顶部覆盖层上的植物可能受到污染。

（2）主要污染源

垃圾填埋场主要污染源是垃圾渗滤液和填埋场释放的气体。

①渗滤液　生活垃圾填埋场渗滤液是一种成分复杂的高浓度有机废水，其 pH 在 4～9，COD 在 2000～62 000mg/L，BOD_5 在 60～45 000mg/L，BOD_5/COD 值较低，可生化性差，重金属浓度和市政污水中重金属的浓度基本一致。

垃圾渗滤液的性质随着填埋场的运行时间的不同而发生变化，这主要是由填埋场中垃圾的稳定化过程所决定的。年轻的垃圾填埋场（填埋时间在 5 年以下）渗滤液，水质特点是 pH 较低，COD 和 BOD_5 浓度均较高，色度大，可生化性较好，各类重金属离子浓度较高。

年老的垃圾填埋场（填埋时间一般在 5 年以上）渗滤液，水质特点是 pH 为 6～8，接近中性或弱碱性，COD 和 BOD_5 浓度均较低，NH_3-N 浓度高，重金属离子浓度比年轻填埋场有所下降，渗滤液可生化性差。因此，在进行生活垃圾填埋场的环境影响评价时，应根据填埋场的年龄选择有代表性的指标。

②释放气体　生活垃圾填埋场释放气体的典型组成为：甲烷 45%～50%，二氧化碳 40%～60%，氮气 2%～5%，氧气 0.1%～1.0%，硫化氢 0～1.0%，氨气 0.1%～1.0%，氢气 0～0.2%，微量气体 0.01%～0.6%。填埋场释放气体中的微量气体量很少，但在国外某研究中却发现多达 116 种有机成分，其中许多为挥发性有机组分（VOCs）。在垃圾填埋过

程中产生环境影响的主要大气污染物是恶臭气体。

(3)垃圾填埋场环境影响评价的工作内容

根据垃圾填埋场建设及其排污特点,环境影响评价工作主要内容见表9-1所列。

表9-1　填埋场环境影响评价工作内容

评价项目	评价内容
场址选择评价	场址选择评价是填埋场环境影响评价的重要内容,主要是评价拟选场地是否符合选址标准。其方法是根据场地自然条件,采用选址标准逐项进行评判。评价的重点是场地的水文地质条件、工程地质条件、土壤自净能力等
自然、环境质量现状评价	自然现状评价要突出对地质现状的调查与评价。环境质量现状评价主要评价拟选场地及其周围的空气、地表水、地下水、噪声等环境质量状况。其方法一般是根据监测值与各种标准,采用单因子和多因子综合评判法
工程污染因素分析	对拟填埋垃圾的组分、预测产生量、运输途径等进行分析说明;对施工布局、施工作业方式、取土石区及弃渣点位设置及其环境类型和占地特点进行说明;分析填埋场建设过程中和建成投产后可能产生的主要污染源及其污染物,以及它们产生的数量、种类、排放方式等,其方法一般采用计算、类比、经验统计等。污染源一般有渗滤液、释放气体、恶臭、噪声等
施工期影响评价	主要评价施工期场地内排放生活污水,各类施工机械产生的机械噪声、振动以及二次扬尘对周围地区产生的环境影响。还应对施工期水土流失生态环境影响进行相应评价
水环境影响预测与评价	主要评价填埋场衬里结构的安全性以及结合渗滤液防治措施综合评价渗滤液的排出对周围水环境的影响,包括两方面内容: ①正常排放对地表水的影响　主要评价渗滤液经处理达到排放标准后排出,经预测并利用相应标准评价是否会对受纳水体产生影响及影响程度如何; ②非正常渗漏对地下水的影响　主要评价衬里破裂后渗滤液下渗对地下水的影响。 在评价时段上应体现对施工期、运营期和服务期满后的全时段评价
大气环境影响预测及评价	主要评价填埋场释放气体及恶臭对环境的影响。 ①释放气体　主要根据排气系统的结构,预测和评价排气系统的可靠性、排气利用的可能性以及排气对环境的影响。预测模式可采用地面源模式; ②恶臭　主要评价运输、填埋过程中及封场后可能对环境的影响。评价时要根据垃圾的种类,预测各阶段臭气产生的位置、种类、浓度及其影响范围。 在评价时段上应体现对施工期、运营期和服务期满后的全时段评价

2011年7月1日起,现有全部生活垃圾填埋场应自行处理生活垃圾渗滤液并执行相应的水污染排放浓度限制。

(4)生活垃圾填埋场的选址要求

依据《生活垃圾填埋场污染控制标准》(GB 16889—2008),生活垃圾填埋场的选址要符合以下要求。

①选址应符合区域性环境规划、环境卫生设施建设规划和当地的城市规划。

②场址不应选在城市工农业发展规划区、农业保护区、自然保护区、风景名胜区、文物(考古)保护区、生活饮用水水源保护区、供水远景规划区、矿产资源储备区、军事要地、国家保密地区和其他需要特别保护的区域。

③选址的标高应位于重现期不小于50年一遇的洪水位之上,并建设在长远规划中的水库等人工蓄水设施的淹没区和保护区之外。

④场址的选择应避开下列区域：破坏性地震及活动构造区；活动中的坍塌、滑坡和隆起地带；活动中的断裂带；石灰岩溶洞发育带；废弃矿区的活动塌陷区；活动沙丘区；海啸及涌浪影响区；湿地；尚未稳定的冲积扇及冲沟地区；泥炭以及其他可能危及填埋场安全的区域。

⑤场址的位置及与周围人群的距离应依据环境影响评价结论确定，并经地方环境保护行政主管部门批准。在对生活垃圾填埋场场址进行环境影响评价时，应考虑生活垃圾填埋场产生的渗滤液、大气污染物（含恶臭物质）、滋养动物（如蚊、蝇、鸟类）等因素，根据其所在地区的环境功能区类别，综合评价其对周围环境、居住人群的身体健康、日常生活和生产活动的影响，确定生活垃圾填埋场与常住居民居住场所、地表水域、高速公路、交通主干道（国道或省道）、铁路、飞机场、军事基地等敏感对象之间合理的位置关系以及合理的防护距离。环境影响评价的结论可作为规划控制的依据。

（5）填埋废物的入场要求

可进入生活垃圾填埋场填埋处置的废物依据《生活垃圾填埋污染控制标准》（GB 16889—2008），填埋废物的入场要求如下：

①可以直接进入生活垃圾填埋场填埋处置的固体废物

● 由环境卫生机构收集或自行收集的混合生活垃圾以及企事业单位产生的办公废物；

● 生活垃圾焚烧炉渣（不包括焚烧飞灰）；

● 生活垃圾堆肥处理产生的固态残余物；

● 服装加工、食品加工以及其他城市生活服务行业产生的性质与生活垃圾相近的一般工业固体废物。

②《医疗废物分类目录》中的感染性废物　按照《医疗废物化学消毒集中处理工程技术规范（试行）》（HJ/T 228—2006）、《医疗废物微波消毒集中处理工程技术规范（试行）》（HJ/T 229—2006）或《医疗废物高温蒸汽集中处理工程技术规范（试行）》（HJ/T 276—2006）要求进行破碎毁形及相关消毒处理后满足消毒效果检验指标，可进入生活垃圾填埋场填埋处置。

③生活垃圾焚烧飞灰和医疗废物焚烧残渣（包括飞灰、底渣）　经处理后满足下列条件，可以进入生活垃圾填埋场填埋处置，但应单独分区填埋：

● 含水率小于 30%；

● 二噁英含量低于 3μg/kg；

● 按照《固体废物　浸出毒性浸出方法　醋酸缓冲溶液法》（HJ/T 300—2007）制备的浸出液中危害成分浓度低于表 9-2 中规定的限值。

④一般工业固体废物　经处理后，按照《固体废物　浸出毒性浸出方法　醋酸缓冲溶液法》制备的浸出液中危害成分浓度低于表 9-2 中的浓度限值，可以进入生活垃圾填埋场填埋处置，但应单独分区填埋。

⑤厌氧产沼等生物处理后的固态残余物、粪便经处理后的固态残余物和生活污水处理厂污泥经处理后含水率<60%，可以进入生活垃圾填埋场填埋处置。

②~⑤处理后满足上述要求的固体废物，由地方环境保护行政主管部门认可的监测部门检测，经地方环境保护行政主管部门批准，方可进入生活垃圾填埋场。

表 9-2　浸出液污染物浓度限值

污染物项目	浓度限值(mg/L)	污染物项目	浓度限值(mg/L)
汞	0.05	钡	25
铜	40	镍	0.5
锌	100	砷	0.3
铅	0.25	总铬	4.5
镉	0.15	六价铬	1.5
铍	0.2	硒	0.1

不得在生活垃圾填埋场中填埋处置的废物(国家环境保护标准另有规定的除外)如下:
- 满足入场要求的生活垃圾焚烧飞灰以外的危险废物;
- 未经处理的餐饮废物;
- 未经处理的粪便;
- 禽畜养殖废物;
- 电子废物及其处理处置残余物;
- 除本填埋场产生的渗滤液之外的任何液态废物和废水。

(6)渗滤液产生量计算

渗滤液的产生量受垃圾含水量、填埋场区降雨情况以及填埋作业区大小的影响;同时也受到场区蒸发量、风力的影响和场地地面情况、种植情况等因素的影响。最简单的估算方法是假设整个填埋场的剖面含水率在所考虑的周期内等于或超过其相应的持水率,用水量平衡法进行计算:

$$Q = (W_p - R - E)A_a + Q' \tag{9-1}$$

式中　Q——渗滤液的年产生量,m^3/a;
　　　W_p——年降水量,m/a;
　　　R——年地表径流量,$R = CW_p$,C 为地表径流系数;
　　　E——年蒸发量,m/a;
　　　A_a——填埋场地表面积,m^2;
　　　Q'——垃圾产水量,m^3/a。

降雨的地表径流系数 C 与土壤条件、地表植被条件和地形条件等因素有关。表 9-3 中列出了用于计算填埋场渗滤液产生量的地表径流系数。

表 9-3　降雨地表径流系数

地表条件	坡度(%)	地表径流系数 C		
		亚砂土	亚黏土	黏土
草地 (表面有植被覆盖)	0~5(平坦)	0.10	0.30	0.40
	5~10(起伏)	0.16	0.36	0.55
	10~30(陡坡)	0.22	0.42	0.60
裸露土层 (表面无植被覆盖)	0~5(平坦)	0.30	0.50	0.60
	5~10(起伏)	0.40	0.60	0.70
	10~30(陡坡)	0.52	0.72	0.82

(7)恶臭源确定

根据垃圾的组成及垃圾填埋场的特点，其恶臭气体主要组成是硫化氢、氨、醛类、脂肪酸、吲哚类及硫醚类气体，以硫化氢、氨为主要污染物。

9.2.2.2　危险废物处置工程环境影响评价

(1)危险废物处置工程评价重点

①危险废物处置工程评价重点

●调查分析危险废物产生的数量、种类及特性，评价处理危险废物工艺可行性，是否达到废物利用、资源回收、清洁生产的要求。

●工程运行后对拟选场区范围内的地下水、地表水质的影响。

●在分析拟选场址区内工程地质和水文情况的基础上，综合分析和判断项目选址的环境可行性。

●工程施工期和运行期对生态环境的影响。

②须关注的主要问题

●必须详细调查、了解和描述危险废物的产生量、种类和特性，它关系到危险废物处置中心的建设规模、处置工艺。因为危险废物的来源复杂、种类繁多、特性各异，而且各种废物在产生数量上也有极大的差异，因此搞清废物来源、种类、特性，对于评价处置场规模、处置选址和处置工艺的可行性至关重要。

●危险废物安全处置中心的环境影响评价必须贯彻"全过程管理"的原则，包括收集、临时贮存、中转、运输、处置以及施工期和运营期的环境问题。

●对危险废物安全填埋处置工艺的各个环节进行充分分析，对填埋场的主要环境问题如渗滤液的产生、收集和处理系统以及填埋气体的导排、处理和利用系统进行重点评价，对渗滤液泄漏及污染物的迁移转化进行预测评价。对于配有焚烧设施的处置中心，还要对焚烧工艺和主要设施进行充分分析。

●危险废物处置工程的选址是一个比较敏感的问题，除了环境基本条件外，还有公众的心理影响因素，因此必须对场址的比选进行充分论证，做好公众参与的调查和分析工作。

●必须要有风险分析和应急措施，风险包括运输过程中产生的事故风险、填埋场渗滤液的泄漏事故以及入场废物的不相容性产生的事故风险。

(2)危险废物处置工程选址环境可行性论证

危险废物处置工程选址环境可行性从以下几方面进行论证：

①自然环境　包括自然生态环境、地形条件、气象条件。

②工程条件　主要从地质水文条件方面进行论证。

③敏感点与项目所处位置、距离　是否符合《危险废物填埋污染控制标准》中的要求。

④项目与周围环境的协调性　重点分析是否位于《危险废物填埋污染控制标准》中禁止选址的区域内。

⑤环境质量现状　重点从地表水环境质量现状和地下水环境质量现状进行论证。

⑥运行期环境影响　重点分析对地表水、地下水、声、自然生态的环境影响及风险影响。

⑦社会条件　主要包括水电设施、生产生活条件、交通运输等。

(3)危险废物贮存污染控制要求

依据《危险废物贮存污染控制标准》(GB 18597—2023),危险废物贮存的污染控制要求如下。

①总体要求

• 产生、收集、贮存、利用、处置危险废物的单位应建造危险废物贮存设施或设置贮存场所,并根据需要选择贮存设施类型。

• 贮存危险废物应根据危险废物的类别、数量、形态、物理化学性质和环境风险等因素,确定贮存设施或场所类型和规模。

• 贮存危险废物应根据危险废物的类别、形态、物理化学性质和污染防治要求进行分类贮存,且应避免危险废物与不相容的物质或材料接触。

• 贮存危险废物应根据危险废物的形态、物理化学性质、包装形式和污染物迁移途径,采取措施减少渗滤液及其衍生废物、渗漏的液态废物(简称渗漏液)、粉尘、VOCs、酸雾、有毒有害大气污染物和刺激性气味气体等污染物的产生,防止其污染环境。

• 危险废物贮存过程产生的液态废物和固态废物应分类收集,按其环境管理要求妥善处理。

• 贮存设施或场所、容器和包装物应按《危险废物识别标志设置技术规范》(HJ 1276—2022)要求设置危险废物贮存设施或场所标志、危险废物贮存分区标志和危险废物标签等危险废物识别标志。

• 《危险废物管理计划和管理台账制定技术导则》(HJ 1259—2022)规定的危险废物环境重点监管单位,应采用电子地磅、电子标签、电子管理台账等技术手段对危险废物贮存过程进行信息化管理,确保数据完整、真实、准确;采用视频监控的应确保监控画面清晰,视频记录保存时间至少为3个月。

• 贮存设施退役时,所有者或运营者应依法履行环境保护责任,退役前应妥善处理处置贮存设施内剩余的危险废物,并对贮存设施进行清理,消除污染;还应依据土壤污染防治相关法律法规履行场地环境风险防控责任。

• 在常温常压下易爆、易燃及排出有毒气体的危险废物应进行预处理,使之稳定后贮存,否则应按易爆、易燃危险品贮存。

• 危险废物贮存除应满足环境保护相关要求外,还应执行国家安全生产、职业健康、交通运输、消防等法律法规和标准的相关要求。

②贮存设施选址要求

• 贮存设施选址应满足生态环境保护法律法规、规划和"三线一单"生态环境分区管控的要求,建设项目应依法进行环境影响评价。

• 集中贮存设施不应选在生态保护红线区域、永久基本农田和其他需要特别保护的区域内,不应建在溶洞区或易遭受洪水、滑坡、泥石流、潮汐等严重自然灾害影响的地区。

• 贮存设施不应选在江河、湖泊、运河、渠道、水库及其最高水位线以下的滩地和岸坡,以及法律法规禁止贮存危险废物的其他地点。

• 贮存设施的位置以及其与周围环境敏感目标的距离应依据环境影响评价文件确定。

③贮存设施污染控制要求

●一般规定：

——贮存设施应根据危险废物的形态、物理化学性质、包装形式和污染物迁移途径，采取必要的防风、防晒、防雨、防漏、防渗、防腐以及其他环境污染防治措施，不应露天堆放危险废物。

——贮存设施应根据危险废物的类别、数量、形态、物理化学性质和污染防治等要求设置必要的贮存分区，避免不相容的危险废物接触、混合。

——贮存设施或贮存分区内地面、墙面裙脚、堵截泄漏的围堰、接触危险废物的隔板和墙体等应采用坚固的材料建造，表面无裂缝。

——贮存设施地面与裙脚应采取表面防渗措施；表面防渗材料应与所接触的物料或污染物相容，可采用抗渗混凝土、高密度聚乙烯膜、钠基膨润土防水毯或其他防渗性能等效的材料。贮存的危险废物直接接触地面的，还应进行基础防渗，防渗层为至少 1m 厚黏土层（渗透系数不大于 1×10^{-7}cm/s），或至少 2mm 厚高密度聚乙烯膜等人工防渗材料（渗透系数不大于 1×10^{-10}cm/s），或其他防渗性能等效的材料。

——同一贮存设施宜采用相同的防渗、防腐工艺（包括防渗、防腐结构或材料），防渗、防腐材料应覆盖所有可能与废物及其渗滤液、渗漏液等接触的构筑物表面；采用不同防渗、防腐工艺应分别建设贮存分区。

——贮存设施应采取技术和管理措施防止无关人员进入。

●贮存库：

——贮存库内不同贮存分区之间应采取隔离措施。隔离措施可根据危险废物特性采用过道、隔板或隔墙等方式。

——在贮存库内或通过贮存分区方式贮存液态危险废物的，应具有液体泄漏堵截设施，堵截设施最小容积不应低于对应贮存区域最大液态废物容器容积或液态废物总储量1/10（二者取较大者）；用于贮存可能产生渗滤液的危险废物的贮存库或贮存分区应设计渗滤液收集设施，收集设施容积应满足渗滤液的收集要求。

——贮存易产生粉尘、VOCs、酸雾、有毒有害大气污染物和刺激性气味气体的危险废物贮存库，应设置气体收集装置和气体净化设施；气体净化设施的排气筒高度应符合《大气污染物综合排放标准》（GB 16297—1996）要求。

●贮存场：

——贮存场应设置径流疏导系统，保证能防止当地重现期不小于 25 年的暴雨流入贮存区域，并采取措施防止雨水冲淋危险废物，避免增加渗滤液量。

——贮存场可整体或分区设计液体导流和收集设施，收集设施容积应保证在最不利条件下可以容纳对应贮存区域产生的渗滤液、废水等液态物质。

——贮存场应采取防止危险废物扬散、流失的措施。

●贮存池：

——贮存池防渗层应覆盖整个池体，并应按照一般规定第 4 条的要求进行基础防渗。

——贮存池应采取措施防止雨水、地面径流等进入，保证能防止当地重现期不小于 25 年的暴雨流入贮存池内。

——贮存池应采取措施减少大气污染物的无组织排放。

● 贮存罐区：

——贮存罐区罐体应设置在围堰内，围堰的防渗、防腐性能应满足一般规定第 4 条、第 5 条的要求。

——贮存罐区围堰容积应至少满足其内部最大贮存罐发生意外泄漏时所需要的危险废物收集容积要求。

——贮存罐区围堰内收集的废液、废水和初期雨水应及时处理，不应直接排放。

④容器和包装物污染控制要求

● 容器和包装物材质、内衬应与盛装的危险废物相容。

● 针对不同类别、形态、物理化学性质的危险废物，其容器和包装物应满足相应的防渗、防漏、防腐和强度等要求。

● 硬质容器和包装物及其支护结构堆叠码放时不应有明显变形，无破损泄漏。

● 柔性容器和包装物堆叠码放时应封口严密，无破损泄漏。

● 使用容器盛装液态、半固态危险废物时，容器内部应留有适当的空间，以适应因温度变化等可能引发的收缩和膨胀，防止其导致容器渗漏或永久变形。

● 容器和包装物外表面应保持清洁。

⑤贮存过程污染控制要求

● 一般规定：

——在常温常压下不易水解、不易挥发的固态危险废物可分类堆放贮存，其他固态危险废物应装入容器或包装物内贮存。

——液态危险废物应装入容器内贮存，或直接采用贮存池、贮存罐区贮存。

——半固态危险废物应装入容器或包装袋内贮存，或直接采用贮存池贮存。

——具有热塑性的危险废物应装入容器或包装袋内进行贮存。

——易产生粉尘、VOCs、酸雾、有毒有害大气污染物和刺激性气味气体的危险废物应装入闭口容器或包装物内贮存。

——危险废物贮存过程中易产生粉尘等无组织排放的，应采取抑尘等有效措施。

● 贮存设施运行环境管理要求：

——危险废物存入贮存设施前应对危险废物类别和特性与危险废物标签等危险废物识别标志的一致性进行核验，不一致的或类别、特性不明的不应存入。

——应定期检查危险废物的贮存状况，及时清理贮存设施地面，更换破损泄漏的危险废物贮存容器和包装物，保证堆存危险废物的防雨、防风、防扬尘等设施功能完好。

——作业设备及车辆等结束作业离开贮存设施时，应对其残留的危险废物进行清理，清理的废物或清洗废水应收集处理。

——贮存设施运行期间，应按国家有关标准和规定建立危险废物管理台账并保存。

——贮存设施所有者或运营者应建立贮存设施环境管理制度、管理人员岗位职责制度、设施运行操作制度、人员岗位培训制度等。

——贮存设施所有者或运营者应依据国家土壤和地下水污染防治的有关规定，结合贮存设施特点建立土壤和地下水污染隐患排查制度，并定期开展隐患排查；发现隐患应及时采取措施消除隐患，并建立档案。

——贮存设施所有者或运营者应建立贮存设施全部档案，包括设计、施工、验收、运行、监测和环境应急等，应按国家有关档案管理的法律法规进行整理和归档。

•贮存点环境管理要求：

——贮存点应具有固定的区域边界，并应采取与其他区域进行隔离的措施。

——贮存点应采取防风、防雨、防晒和防止危险废物流失、扬散等措施。

——贮存点贮存的危险废物应置于容器或包装物中，不应直接散堆。

——贮存点应根据危险废物的形态、物理化学性质、包装形式等，采取防渗、防漏等污染防治措施或采用具有相应功能的装置。

——贮存点应及时清运贮存的危险废物，实时贮存量不应超过 3t。

⑥污染物排放控制要求

•贮存设施产生的废水(包括贮存设施、作业设备、车辆等清洗废水，贮存罐区积存雨水，贮存事故废水等)应进行收集处理，废水排放应符合《污水综合排放标准》(GB 8978—2002)规定的要求。

•贮存设施产生的废气(含无组织废气)的排放应符合《大气污染物综合排放标准》(GB 16297—1996)和《挥发性有机物无组织排放控制标准》(GB 37822—2019)规定的要求。

•贮存设施产生的恶臭气体的排放应符合恶臭污染物排放标准(GB 14554—1993)规定的要求。

•贮存设施内产生以及清理的固体废物应按固体废物分类管理要求妥善处理。

•贮存设施排放的环境噪声应符合《工业企业厂界环境噪声排放标准》(GB 12348—2008)规定的要求。

(4)危险废物和医疗废物处置设建设项目环境影响评价技术原则

由于危险废物和医疗废物都具有危险性、危害性和对环境影响的滞后性，因此为了防止在处置过程中的二次污染，减少处置设施建设项目潜在的风险，认真落实国务院颁布的《全国危险废物和医疗废物处置设施建设规划》，原国家环保总局于 2004 年 4 月 15 日发布了《危险废物和医疗废物处置设施建设项目环境影响评价技术原则(试行)》(以下简称《技术原则》)，规定所有危险废物和医疗废物集中处置建设项目的环境影响评价都应符合《技术原则》的要求。

①技术原则的内容　《技术原则》明确规定，危险废物和医疗废物处置设施建设项目环境影响评价必须编制环境影响报告书，且必须包括风险评价的有关内容，并严格执行国家、地方相关法律、法规、标准的有关规定。在评价过程中，应根据处置设施的特点，进行环境影响因素识别和评价因子筛选，并确定评价重点。环境要素应按 3 级或 3 级以上等级进行评价，评价范围应根据处理方法和环境敏感程度合理确定。

目前，《技术原则》主要包括厂(场)址选择、工程分析、环境现状调查、大气环境影响评价、水环境影响评价、生态影响评价、污染防治措施、环境风险评价、环境监测与管理、公众参与、结论与建议等内容。

②技术原则的要点　危险废物和医疗废物处置设施建设项目的环境影响评价与一般工

程环境影响评价有不同的要求和评价重点，主要体现在以下5个方面。

厂（场）址选择：由于危险废物及医疗废物的处置具有一定的危险性，因此在对其处置设施的环境影响评价中，首要关注的是厂（场）址的选择。处置设施选址除了要符合相关的国家法律法规要求外，还要就社会环境、自然环境、场地环境、工程地质、水文地质、气候条件、应急救援等多因素进行综合分析。

全时段的环境影响评价：危险废物或医疗废物的处置方法包括焚烧法、安全填埋法和其他物理化学方法。无论采用何种技术处置废物，环境影响预测和评价时段均为建设期、运营期和服务期满后（封场后）3个时段。但采用的处理、处置工艺不同，评价时需重点关注的时段也有所不同。以焚烧工艺及其他物化技术为主的处置厂，预测和评价主要关注的时段是运营期。而填埋场在建设期将产生永久占地和临时占地，造成生物资源或农业资源损失，甚至对生态敏感目标产生影响。在服务期满后，必须进行填埋场封场、植被恢复和建设，并在封场后多年内仍需要进行管理和监测。因此对于填埋场而言，建设期、运营期和服务期满后3个评价时段均为环境影响评价的重点关注时段。

全过程的环境影响评价：危险废物和医疗废物处置设施环境影响评价必须贯彻"全过程管理"的原则，包括收集、运输、临时贮存、中转、预处理、处置以及工程建设期、运营期和服务期满后的环境评价。

风险分析和应急措施：危险废物种类多、成分复杂，具有传染性、毒性、腐蚀性、易燃易爆性。因此，该类项目的环境影响评价中必须包含风险分析和应急措施的相关内容。例如，运输过程中产生的事故风险分析，渗滤液的泄漏事故风险分析以及由于入场废物的不相容性产生的事故风险分析等。通过分析和预测该类建设项目的潜在危险，从而提出合理可行的防范与减缓措施及应急预案，以使建设项目的事故率达到最小，使事故带来的损失及对环境的影响达到可接受的水平。

充分重视环境管理与环境监测：为保证危险废物和医疗废物的安全处置和有效运行，必须具备健全的管理机构和完善的规章制度。环境影响评价报告书必须提出风险管理及应急救援体系、转移联单管理制度、处置过程安全操作规程、人员培训考核制度、档案管理制度、处置全过程管理制度以及职业健康与安全、环保管理体系等。不同的危险废物处置设施，其环境监测的重点也有不同。例如，危险废物焚烧厂的重点是大气环境监测，而安全填埋场的重点则是地下水的监测。

（5）危险废物填埋污染控制要求

依据《危险废物填埋污染控制标准》（GB 18598—2019）危险废物贮存的污染控制要求如下。

①填埋场场址选择要求

• 填埋场选址应符合环境保护法律法规及相关法定规划要求。

• 填埋场场址的位置及与周围人群的距离应依据环境影响评价结论确定。

• 填埋场场址不应选在国务院和国务院有关主管部门及省、自治区、直辖市人民政府划定的生态保护红线区域、永久基本农田和其他需要特别保护的区域内。

• 填埋场场址不得选在以下区域：破坏性地震及活动构造区，海啸及波浪影响区；湿地；地应力高度集中，地面抬升或沉降速率快的地区；石灰溶洞发育带；废弃矿区、竭陷区；崩塌、岩堆、滑坡区；山洪、泥石流影响地区；活动沙丘区；尚未稳定的冲积扇、冲沟地区及其他可能危及填埋场安全的区域。

• 填埋场选址的标高应位于重现期不小于 100 年一遇的洪水位之上，并在长远规划中的水库等人工蓄水设施淹没和保护区之外。

• 填埋场场址地质条件应符合下列要求，刚性填埋场除外：

——场区的区域稳定性和岩土体稳定性良好，渗透性低，没有泉水出露；

——填埋场防渗结构底部应与地下水有记录以来的最高水位保持 3m 以上的距离。

• 填埋场场址不应选在高压缩性淤泥、泥炭及软土区域，刚性填埋场选址除外。

• 填埋场场址天然基础层的饱和渗透系数不应大于 1.0×10^{-5} cm/s，且其月度不应小于 2m，刚性填埋场除外。

• 填埋场场址不能满足上述要求时，必须按照刚性填埋场要求建设。

②设计、施工与质量保证

• 填埋场应包括以下设施：接收与贮存设施、分析与鉴别系统、预处理设施、填埋处置设施、环境监测系统、封场覆盖系统、应急设施及其他公用工程和配套设施。同时，应根据具体情况选择设置渗滤液和废水处理系统、地下水导排系统。

• 填埋场应建设封闭性的围墙或栅栏等隔离设施，专人管理的大门，安全防护和监控设施，并且在入口处标识填埋场的主要建设内容和环境管理制度。

• 填埋场处置不相容的废物应设置不同的填埋区，分区设计要有利于以后可能的废物回取操作。

• 柔性填埋场应设置渗滤液收集和导排系统，包括渗滤液导排层、导排管道和集水井。渗滤液导排层的坡度不宜小于 2%。渗滤液导排系统的导排效果要保证人工衬层之上的渗滤液深度不大于 30cm，并应满足下列条件：

——渗滤液导排层采用石料时应采用卵石，初始渗透系数应不小于 0.1cm/s，碳酸钙含量应不大于 5%；

——渗滤液导排层与填埋废物之间应设置反滤层，防止导排层淤堵；

——渗滤液导排管出口应设置端头井等反冲洗装置，定期冲洗管道，维持管道通畅；

——渗滤液收集与导排设施应分区设置。

• 柔性填埋场应采用双人工复合衬层作为防渗层。双人工复合衬层中的人工合成材料采用高密度聚乙烯膜时应满足《垃圾填埋场用高密度聚乙烯土工膜》(CJ/T 234—2006)规定的技术指标要求，并且厚度不小于 2.0m。双人工复合衬层中的黏土衬层应满足下列条件：

——主衬层应具有厚度不小于 0.3m，且其被压实、人工改性等之后的饱和渗透系数小于 1×10^{-7} cm/s 的黏土衬层；

——次衬层应具有厚度不小于 0.5m，且其被压实、人工改性等之后的饱和渗透系数小于 1×10^{-7} cm/s 的黏土衬层。

• 黏土衬层施工过程应充分考虑压实度与含水率对其饱和渗透系数的影响，并满足下列条件：

——每平方米黏土层高度差不得大于 2cm；

——黏土的细粒含量(粒径小于 0.075mm)应大于 20%，塑性指数应大于 10%，不应

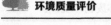

含有粒径大于 5mm 的尖锐颗粒物；

——黏土衬层的施工不应对渗滤液收集和导排系统、人工合成材料衬层、渗漏检测层造成破坏。

• 柔性填埋场应设置两层人工复合衬层之间的渗漏检测层，它包括双人工复合衬层之间的导排介质、集排水管道和集水井，并应分区设置。检测层渗透系数应大于 0.1cm/s。

• 刚性填埋场设计应符合以下规定：

——刚性填埋场钢筋混凝土的设计应符合《混凝土结构设计规范》（GB 50010—2010）的相关规定，防水等级应符合《地下工程防水技术规范》（GB 50108—2008）一级防水标准；

——钢筋混凝土与废物接触的面上应覆有防渗、防腐材料；

——钢筋混凝土抗压强度不低于 25N/mm²，厚度不小于 35cm；

——应设计成若干独立对称的填埋单元，每个填埋单元面积不得超过 50m²，且容积不得超过 250m³；

——填埋结构应设置雨棚，杜绝雨水进入；

——在人工目视条件下能观察到填埋单元的破损和渗漏情况，并能及时进行修补。

• 填埋场应合理设计排气系统。

• 高密度聚乙烯防渗膜在铺设过程中要对膜下介质进行目视检测，确保平整性，确保没有遗留尖锐物质与材料。对高密度聚乙烯防渗膜进行目视检测，确保没有质量瑕疵。高密度聚乙烯防滤膜焊接过程中，应满足《生活垃圾卫生填埋场防渗系统工程技术规范》（CJJ 113—2007）相关技术要求。在填埋区施工完毕后，需要对高密度聚乙烯防渗膜进行完整性检测。

• 填埋场施工方案中应包括施工质量保证和施工质量控制内容，明确环保条款和责任，作为项目竣工环境保护验收的依据，同时可作为填埋场建设环境监理的主要内容。

• 填埋场施工完毕后应向当地生态环境主管部门提交施工报告、全套竣工图，所有材料的现场和试验室检测报告，采用高密度聚乙烯膜作为人工合成材料衬层的填埋场还应提交防渗层完整性检测报告。

• 填埋场应制定到达设计寿命期后的填埋废物的处置方案，并依据第十条的评估结果确定是否启动处望方案。

③填埋废物的入场要求

• 下列废物不得填埋：

——医疗废物；

——与衬层具有不相容性反应的废物；

——液态废物。

• 除上文所列废物，满足下列条件或经预处理满足下列条件的废物，可进入柔性填埋场：

——根据《固体废物 浸出毒性浸出方法 硫酸硝酸法》（HJ/T 299—2007）制备的浸出液中有害成分浓度不超过允许填埋控制限值的废物；

——根据《固体废物 腐蚀性测定 玻璃电极法》（GB/T 15555.12—1995）测得浸出液 pH 在 7.0~12.0 之间的废物；

——含水率低于 60% 的废物；

——水溶性盐总量小于 10% 的废物，测定方法按照《土壤检测　第 16 部分：土壤水溶性盐总量的测定》(NY/T 1121.16—2006)执行，待国家发布固体废物中水溶性盐总量的测定方法后执行新的监测方法标准；

——有机质含量小于 5% 的废物，测定方法按照《固体废物　有机质的测定　灼烧减量法》(HJ 761—2005)执行；

——不再具有反应性、易燃性的废物。

• 除上文所列废物，不具有反应性、易燃性或经预处理不再具有反应性、易燃性的废物，可进入刚性填埋场。

• 砷含量大于 5% 的废物，应进入刚性填埋场处置，测定方法按照表 9-4 执行。

表 9-4　危险废物允许填埋的控制限值

序号	项目	稳定化控制限值 (mg/L)	检测方法
1	烷基汞	不得检出	GB/T 14204
2	汞(以总汞计)	0.12	GB/T 15555.1、HJ 702
3	铅(以总铅计)	1.2	HJ 766、HJ 781、HJ 786、HJ 787
4	镉(以总镉计)	0.6	HJ 766、HJ 781、HJ 786、HJ 787
5	总铬	15	GB/T 15555.5、HJ 749、HJ 750
6	六价铬	6	GB/T 15555.4、GB/T 15555.7、HJ 687
7	铜(以总铜计)	120	HJ 751、HJ 752、HJ 766、HJ 781
8	锌(以总锌计)	120	HJ 766、HJ 781、HJ 786
9	铍(以总铍计)	0.2	HJ 752、HJ 766、HJ 781
10	钡(以总钡计)	85	HJ 766、HJ 767、HJ 781
11	镍(以总镍计)	2	GB/T 15555.10、HJ 751、HJ 752、HJ 766、HJ 781
12	砷(以总砷计)	1.2	GB/T 15555.3、HJ 702、HJ 766
13	无机氟化物 (不包括氟化钙)	120	GB/T 15555.11、HJ 999
14	氰化物(以 CN 计)	6	暂时按照 GB 5085.3 附录 G 方法执行，待国家固体废物氰化物监测方法标准发布实施后，应采用国家监测方法标准

④填埋场运行管理要求

• 在填埋场投入运行之前，企业应制订运行计划和突发环境事件应急预案。突发环境事件应急预案应说明各种可能发生的突发环境事件情景及应急处置措施。

• 填埋场运行管理人员，应参加企业的岗位培训，合格后上岗。

• 柔性填埋场应根据分区填埋原则进行日常填埋操作，填埋工作面应尽可能小，方便及时得到覆盖。填埋堆体的边坡坡度应符合堆体稳定性验算的要求。

• 填埋场应根据废物的力学性质合理选择填埋单元，防止局部应力集中对填埋结构造成破坏。

• 柔性填埋场应根据填埋场边坡稳定性要求对填埋废物的含水量、力学参数进行控制，避免出现连通的滑动面。

• 柔性填埋场日常运行要采取措施保障填埋场稳定性，并根据《旋转式滗水器》（CJ/T 176—2007）的要求对填埋堆体和边坡的稳定性进行分析。

• 柔性填埋场运行过程中，应严格禁止外部雨水的进入。每日工作结束时，以及填埋完毕后的区域必须采用人工材料覆盖。除非设有完备的雨棚，雨天不宜开展填埋作业。

• 填埋场运行记录应包括设备工艺控制参数，入场废物来源、种类、数量，废物填埋位出等信息，柔性填埋场还应当记录渗滤液产生量和渗漏检测层流出量等。

• 企业应建立有关填埋场的全部档案，包括入场废物特性、填埋区域、场址选择、勘察、征地、设计、施工、验收、运行管理、封场及封场后管理、监测以及应急处置等全过程所形成的一切文件资料：必须按国家档案管理等法律法规进行整理与归档，并永久保存。

• 填埋场应根据渗滤液水位、渗滤液产生量、渗滤液组分和浓度、渗漏检测层渗漏量、地下水监测结果等数据，定期对填埋场环境安全性能进行评估，并根据评估结果确定是否对填埋场后续运行计划进行修订以及采取必要的应急处置措施。填埋场运行期间，评估频次不得低于两年一次；封场至设计寿命期，评估频次不得低于三年一次；设计寿命期后，评估频次不得低于一年一次。

⑤填埋场污染物排放控制要求

• 废水污染物排放控制要求

——填埋场产生的渗滤液（调节池废水）等污水必须经过处理，并符合本标准规定的污染物排放控制要求后方可排放，禁止渗滤液回灌。

——2020年8月31日前，现有危险废物填埋场废水进行处理，达到《污水综合排放标准》（GB 8978—1996）中第一类污染物最高允许排放浓度标准要求及第二类污染物最高允许排放浓度标准要求后方可排放。第二类污染物排放控制项目包括：pH值、悬浮物、五日生化需氧量、化学需氧量、氨氮、磷酸盐（以P计）。

——自2020年9月1日起，现有危险废物填埋场废水污染物排放执行表9-5规定的限值。

• 填埋场有组织气体和无组织气体排放应满足《大气污染物综合排放标准》（GB 16297—1996）和《挥发性有机物无组织排放控制标准》（GB 37822—2019）的规定。监测因子由企业根据填埋废物特性从上述两个标准的污染物控制项目中提出，并征得当地生态环境主管部门同意。

• 危险废物填埋场不应对地下水造成污染。地下水监测因子和地下水监测层位由企业根据填埋废物特性和填埋场所处区域水文地质条件提出，必须具有代表性且能表示废物特性的参数，并征得当地生态环境主管部门同意。常规测定项目包括：浑浊度、pH、溶解性总固体、氯化物、硝酸盐（以N计）、亚硝酸盐（以N计）。填埋场地下水质量评价按照《地下水质量标准》（GB/T 14848—2017）执行。

表 9-5　危险废物填埋场废水污染物排放限值　　　　mg/L（pH 除外）

序号	污染物项目	直接排放	间接排放*	污染物排放监控位置
1	pH	6~9	6~9	
2	生化需氧量（BOD_5）	4	50	
3	化学需氧量（COD_{Cr}）	20	200	
4	总有机碳（TOC）	8	30	
5	悬浮物（SS）	10	100	
6	氨氮	1	30	危险废物填埋场
7	总氮	1	50	废水总排放口
8	总铜	0.5	0.5	
9	总锌	1	1	
10	总钡	1	1	
11	氰化物（以 CN 计）	0.2	0.2	
12	总磷（TP，以 P 计）	0.3	3	
13	氟化物（以 F 计）	1	1	
14	总汞	0.001		
15	烷基汞	不得检出		
16	总砷	0.05		
17	总镉	0.01		
18	总铬	0.1		
19	六价铬	0.05		渗滤液调节池废水排放口
20	总铅	0.05		
21	总铍	0.002		
22	总镍	0.05		
23	总银	0.5		
24	苯并（a）芘	0.000 03		

注：＊工业园区和危险废物集中处置设施内的危险废物填埋场向污水处理系统排放废水时执行间接排放限值。

9.3　固体废物污染控制与管理

9.3.1　固体废物污染控制原则

固体废物污染控制主要有以下 3 个原则。

9.3.1.1　减量化、资源化和无害化原则

减量化是指在对资源能源的利用过程中，最大限度地利用资源和能源，尽可能地减少固体废物的排放量和产生量。资源化是指对已经成为固体废物的各种物质进行回收、加工，使其转化成为二次原料或能源予以再利用的过程。无害化是指对于不能再利用的固体

废物进行妥善贮存或处置，使其不对环境及人身安全造成危害。

9.3.1.2 全过程管理原则

全过程管理是对固体废物从生产、收集贮存、运输、利用直到最终处置的全部过程实行一体化管理。我国固体废物污染环境防治法对全过程管理的规定是产生固体废物的环节，应当采取措施防止或者减少固体废物对环境的污染；收集、贮存、运输、利用和处置固体废物的环节，必须采取防止环境污染的措施；对于可能成为固体废物的产品的管理，规定应当采取易回收利用、易处置或者在环境中易消纳的包装物。

9.3.1.3 分类管理原则

根据不同情况对固体废物的管理采取分类管理的方法制定不同的规定和措施。《固废法》对分类管理的规定是，对工业固体废物和生活垃圾的污染环境防治采取一般性管理措施，对危险废物则采取严格管理措施。

9.3.2 固体废弃物的处置处理方式与技术

9.3.2.1 固体废弃物的处置处理方式

(1)资源化处理

资源化处理是通过各种方法从固体废物中回收或制取物质和能源，将废物转化为资源，即转化为同一产业部门或其他产业部门新的生产要素，同时达到保护环境的目的。固体废物资源化是固体废物的主要归宿。

与自然资源相比，固体废物属于二次资源或再生资源范畴，虽然它一般不具有原使用价值，但是通过回收、加工等途径，可以获得新的使用价值。近40年来，随着工业文明的高速发展，固体废物的数量以惊人的速度不断增长，另外世界资源也正以惊人的速度被开发和消耗，维持工业发展命脉的石油和煤炭等不可再生资源已经濒临枯竭。在这种形势下，欧美及日本等纷纷把固体废物资源化利用列为重要经济政策。世界各国的废物资源化实践表明，从固体废物中回收有用物资和能源的潜力相当大。

资源化处理应遵循的原则是：技术可行；经济效益好；就近利用；符合国家相应产品的质量标准。

资源化处理方式主要有以下5种。

①资源回收 从尾矿和废金属渣中回收金属元素作为工业原材料，如利用含铝量高、含铁量低的煤矸石制作铝铵钒、三氧化二铝、聚合铝、二氧化硅等产品，从剩余滤液中提取锗、镓、铀、钒、钼等稀有金属。

②能源回收 例如，可以利用煤矸石作为沸腾炉燃料用于发电、制造煤气。此外，还有焚烧回收能源以及从有机废物分解回收燃料油、煤气及沼气等。

③做土壤改良剂和肥料 例如，用粉煤灰改良土壤，对酸性土、黏性土和弱盐碱地都有良好效果；用铜矿渣粉和硫铁矿渣做肥料等。

④直接利用 如各种包装材料直接利用。

⑤做建筑材料 例如，利用矿渣、炉渣和粉煤灰等可制作水泥、砖、保温材料等各种建筑材料，也可做道路和地基的垫层材料。

固体废物资源化处理的优势很突出，包括以下 4 点：

①生产成本低　例如，用废铝炼铝比用铝矾土炼铝可节约资源 90%~97%，减少空气污染 95%，减少水质污染 97%。

②能耗少　例如，用废钢炼钢比用铁矿石炼钢可节约能耗 74%。

③生产效率高　例如，用铁矿石炼 1t 钢需 8 个工时，而用废铁炼 1t 电炉钢只需 2~3 个工时。

④环境效益好　可除去有毒、有害物质，减少废物堆置场地，减少环境污染。

因此，推行固体废物资源化，是维持生态系统良性循环、保证国民经济可持续发展的一项有效措施。

（2）减量化处理

固体废物减量化的基本任务是通过适宜的手段减少固体废物的数量和体积，主要从以下两个方面着手：一是对固体废物进行处理利用。这属于物质生产过程的末端，即通常人们所理解的"废弃物综合利用"。二是减少固体废物的产生。这属于物质生产过程的前端，需从资源的综合开发和生产过程中物质资料的综合利用着手。

当今，从国际资源开发利用与环境保护的发展趋势看，人们对综合利用范围的认识，已从物质生产过程的末端（废物利用）向前延伸，即从物质生产过程的前端（自然资源开发）开始，就考虑和规划如何全面合理地利用资源，把综合利用贯穿于自然资源的综合开发和生产过程中物质资料与废物综合利用的全程，即"废物最小化"与"清洁生产"。其工作重点包括采用经济合理的综合利用工艺和技术、制定科学的资源消耗定额等。

固体废物减量化处理方法主要有以下 4 种：

①通过改变产品设计，开发原材料消耗少、包装材料省的新产品，并改革工艺，强化管理，减少浪费，以降低产品的单位资源消耗量。

②提高产品质量，延长产品寿命，尽可能减少产品废弃的概率和更换次数。

③开发可多次重复使用的制成品。

④采用焚烧、压实、破碎、干燥等方法，减小固废体积。

（3）无害化处理

固体废物无害化处理的基本任务是将固体废物通过工程处理，达到不损害人体健康，不污染周围自然环境（包括原生环境与次生环境）的目的。

目前，废物无害化处理工程已经发展成为一门崭新的工程技术。如垃圾焚烧、卫生填埋、堆肥、粪便厌氧发酵、有害废物热处理和解毒处理等。其中，高温快速堆肥处理工艺、高温厌氧发酵处理工艺已经基本成熟。在对废物进行无害化处理时必须注意，各种无害化处理工程技术的通用性是有限的，其优劣程度与处理技术、设备条件以及固体废物的本身特性有关。

（4）临时贮存

对于建设项目产生的一般性固废，临时贮存场所必须能保证该废弃物不挥发、不扬尘、不淋溶、不丢弃，按《一般工业固体废物贮存和填埋　污染控制标准》（GB 18599—2020）要求执行。

对于建设项目产生的危险性固废，临时贮存场所必须能保证该废弃物不挥发、不扬尘、不淋溶、不渗漏(防渗)、不丢弃,并有符合标准的标识,按《危险废物贮存污染控制标准》(GB 18597—2023)相关要求执行。在危险固废临时贮存场所进行防渗时,按其理化特性及其危害程度分为 1×10^{-7} cm/s、1×10^{-10} cm/s、1×10^{-13} cm/s 三个防渗等级进行。

9.3.2.2 固体废弃物的处置处理技术

(1)预处理技术

固体废物的种类多种多样,其性状、大小、结构及性质千差万别,为了便于对它们进行合适的处理和处置,往往要对废物进行预处理。预处理技术主要包括压实、破碎、分选等。

①压实 为了减少固体废物的运输量和处置体积,对固体废物进行压实处理有明显的经济意义。在固体废物进行资源化处理过程中,废物的交换和回收利用均需将原来松散的废物进行压实、打包,然后从废物产生地运往废物回收利用地。

②破碎 通过人力或机械等外力的作用,破坏物体内部的凝聚力和分子间作用力而使物体破裂变碎的操作过程统称破碎。破碎是固体废物处理技术中最常用的预处理工艺。固体废物经过破碎,尺寸减小,粒度均匀,将有利于焚烧,也可加快堆肥化的反应速度。

③分选 在固体废物处理、处置与回用之前必须进行分选,将有用的成分分选出来加以利用,并将有害的成分分离出来。分选技术包括人工手选、风力分选、筛分、跳汰机、浮选、磁选、电选等。

(2)固体废物的综合利用和资源化

①一般工业固体废物的再利用 由矿物开采、火力发电以及金属冶炼产生的大量的一般工业固体废物,积存量大,处置占地多。主要固体废物有煤矸石、锅炉渣、粉煤灰、高炉渣、钢渣、尘泥等,这些废物多以 SiO_2、Al_2O_3、CaO、MgO、Fe_2O_3 为主要成分,只要适当进行调配,经加工即可生产水泥等多种建筑材料,这不仅实现了资源再利用,而且由于其产量大,可以大大减少处置的费用和难度。

②有机固体废物堆肥技术 固体废物生物转换技术是对固体废物进行稳定化、无害化处理的重要方式之一,也是实现固体废物资源化、能源化的系统技术之一,主要包括堆肥化、沼气化和其他生物转换技术。依靠自然界广泛分布的细菌、放线菌、真菌等微生物,人为地促进可生物降解的有机物向稳定的腐殖质生化转化的过程称为堆肥化,堆肥化的产物称为堆肥。根据生物处理过程中起作用的微生物对氧气要求不同,可以把固体废物堆肥化分为好氧堆肥化和厌氧堆肥化。前者是在通风条件下,有游离氧存在时进行的分解发酵过程,由于堆肥堆温高,一般在 55~65℃,有时高达 80℃,故又称高温堆肥化。后者是利用厌氧微生物发酵造肥。由于好氧堆肥化具有发酵周期短、无害化程度高、卫生条件好、易于机械化操作等特点,故国内外用垃圾、污泥、人畜粪尿等有机废物制造堆肥的工厂,绝大多数采用好氧堆肥化。

生活垃圾经分拣,将分拣出的玻璃废物、塑料废物、金属回收再利用,剩余垃圾的有机质具有堆肥的极大潜力。

利用污水处理厂产生的污泥进行堆肥,产生的肥料必须进行组分分析,只有符合国家农用标准的肥料,才能用于农田,否则将会带来农田土壤的污染,这是环境影响评价中经常遇到且必须注意的问题。

（3）一般固体废物的热处理技术

在固体废物处理技术中，所谓热处理工艺是在某种装有固体废物的设备中以高温使有机物分解并深度氧化而改变其化学、物理或生物特性和组成的处理技术。各类固体废物（包括城市垃圾中的有机物）均可采用不同类型的热处理技术使其无害化。热处理技术具有减容效果好、消毒彻底、减轻或消除后续处置过程对环境的影响以及可回收资源能源等特点，但也具有投资和运行费用高、操作运行复杂、存在二次污染等问题。热处理技术的方法包括焚烧、热解、熔融、湿式氧化和烧结等，其中最常用的是焚烧处理技术。

焚烧处理技术是一种最常用的高温热处理技术，在过量氧气的条件下，采用加热氧化作用使有机物转化成无机废物，同时减少废物体积。焚烧处理技术的特点是可以同时实现废物的无害化、减量化和资源化。焚烧法不仅可以处理固体废物，还可以处理液态废物和气态废物；不仅可以处理城市垃圾和一般工业废物，还可以处理危险废物。焚烧法适宜处置有机成分多、热值高的废物。当可燃有机物组分很少时，需添加辅助燃料以维持高温燃烧。

焚烧烟气中常见的空气污染物包括粒状污染物、酸性气体、氮氧化物、重金属和毒性有机氯化物等。

①粒状污染物　在废物焚烧过程中产生的粒状污染物有 3 类。第一类是废物中的不可燃物，在焚烧过程中（较大残留物）成为炉渣排出，部分粒状物则随废气排出炉外成为飞灰。飞灰所占的比例随焚烧炉操作条件（如送风量、炉温等）、粒状物粒径分布、形状与密度而定。第二类是部分无机盐类，其在高温下氧化而排出，在炉外凝结成粒状物。另外，排出的二氧化硫在低温下遇水滴而形成硫酸盐雾状颗粒等。第三类是未燃烧完全而产生的炭颗粒与煤烟。由于颗粒微细，难以去除，最好的控制办法是在高温下使其氧化分解。

②酸性气体　废物焚烧过程中产生的酸性气体主要包括 SO_2、HCl 和 HF 等。这些污染物都是直接由废物中的 S、Cl、F 等元素经过焚烧反应而形成的。据国外研究报道，一般城市垃圾中硫含量为 0.12%，其中 30%~60% 转化为 SO_2，其余则残留于底灰或被飞灰所吸收。

③氮氧化物　废物焚烧过程中产生的氮氧化物有两个主要来源。一是在高温下，助燃空气中的 N_2 与 O_2 反应形成氮氧化物；二是废物中的氮组分转化成氮氧化物。

④重金属　废物中所含重金属物质经高温焚烧，一部分残留于灰渣中，另一部分在高温下气化挥发进入烟气，还有一部分金属物在炉中参与反应生成重金属氧化物或氯化物进入烟气。这些氧化物及氯化物，因挥发、热解、还原及氧化等作用，可能进一步发生复杂的化学反应，最终产物包括元素态重金属、重金属氧化物及重金属氯化物等。

⑤毒性有机氯化物　废物焚烧过程中产生的毒性有机氯化物主要为二噁英类，包括多氯代二苯并二噁英（PCDDs）和多氯代二苯并呋喃（PCDFs）。在焚烧过程中有 3 条途径产生二噁英类物质，即废物本身含有二噁英类物质、炉内形成和炉外低温再合成。由于二噁英类物质毒性极强，因此最为人们所关注。

（4）一般固体废物的卫生填埋技术

填埋处置生活垃圾是应用最早、最广泛的，也是当今世界各国普遍使用的一项固体废物的处置技术。将垃圾埋入地下会大大减少因垃圾敞开堆放带来的环境问题，如散发恶臭、滋生蚊蝇等。但垃圾填埋处理不当，也会引发新的环境污染，如由于降雨的淋洗及地下水的浸泡，垃圾中的有害物质溶出并污染地表水和地下水；垃圾中的有机物在厌氧微生物的作用下产生以甲烷为主的可燃性气体，从而引发填埋场火灾或爆炸。

填埋处置对环境的影响包括多个方面，通常主要考虑占用土地、植被破坏所造成的生态影响以及填埋场释放物(包括渗滤液和填埋气体)对周围环境的影响。

填埋技术是利用天然地形或人工构造，形成一定空间，将固体废物填充、压实、覆盖达到贮存的目的。它是固体废物的最终归宿或最终处置，并且是保护环境的重要手段。固体废物的填埋技术包括卫生填埋和安全填埋两种。对于一般固体废物应进行卫生填埋。

区别于传统的填埋法，卫生填埋法采用严格的污染控制措施，使整个填埋过程的污染和危害减少到最低限度。在进行填埋场的设计、施工、运行时最关键的问题是控制含大量有机酸、氨氮和重金属等污染物的渗滤液随意地流出，做到统一收集后集中处理。

根据填埋场污染控制"三重屏障"(即地质屏障、人工防渗屏障和废物处理屏障)理论，填埋场污染控制的重点通常是填埋场选址、填埋场防渗结构和渗滤液处理、填埋气体控制。

9.3.2.3 危险废物的处理与处置

(1)危险废物的焚烧技术

危险废物的焚烧要采用先进实用、成熟可靠的技术，切实实现安全处置。选址要符合要求，收集、处理、处置、综合利用全过程必须符合《危险废物焚烧污染控制标准》(GB 18484—2020)等环境保护与卫生标准、技术规范的要求。焚烧后的飞灰、残渣等应送入危险废物安全填埋场进行处置，不得混入生活垃圾填埋场。

(2)危险废物的安全填埋

安全填埋是一种把危险废物放置或贮存在环境中，使其与环境隔绝的处置方法，也是对其进行各种方式的处理之后所采取的最终处置措施，目的是割断废物和环境的联系，使其不再对环境和人体健康造成危害。所以，能否阻断废物和环境的联系是填埋处置成功与否的关键，也是安全填埋潜在风险的所在。对于危险废物要进行固化/稳定化处理，对于填埋场则需要做严格的防渗构造。

一个完整的安全填埋场应包括废物接收与贮存系统、分析监测系统、预处理系统、防渗系统、渗滤液集排水系统、雨水及地下水集排水系统、渗滤液处理系统、渗滤液监测系统、管理系统和公用工程等。

(3)危险废物的收集、贮存及运输

由于危险废物固有的属性包括化学反应性、毒性、腐蚀性、传染性或其他特性，对人类健康或环境产生危害。因此，在其收集、贮存及转运期间必须进行不同于一般废物的特殊管理。

①收集与贮存 由产出者将危险废物直接运往场外的收集中心或回收站，也可以通过地方主管部门配备的专用运输车辆按规定路线运往指定的地点贮存或做进一步处理。

②危险废物的运输 通常采用公路作为危险废物的主要运输途径，载重汽车的装卸作业是造成废物污染环境的重要环节。因此，为了保证安全，必须严格执行培训、考核及许可证制度。

9.3.3　固体废物的管理制度与体系

9.3.3.1　固体废物的管理制度

（1）废物交换制度

一个行业或企业的废物可能是另一个行业或企业的原料。通过信息系统对固体废物进行交换，这种废物交换已不同于一般意义上的废物综合利用，而是利用信息技术实行废物资源合理配置的系统工程。

（2）废物审核制度

废物审核制度是对废物从产生、处理到处置、排放实行全过程监督的有效手段。它的主要内容包括废物合理产生的估量、废物流向和分配及监测记录、废物处理和转化、废物有效排放和废物总量衡算、废物从产生到处置的全过程评估。

废物审核的结果可以及时判断工艺的合理性，发现操作过程中是否有跑、冒、滴、漏或非法排放，有助于改善工艺，改进操作，实现废物最小量化。

（3）申报登记制度

为了使环境保护行政主管部门掌握工业固体废物和危险废物的种类、产生量、流向以及对环境的影响等情况，有效地防治工业固体废物和危险废物对环境的污染，《中华人民共和国固体废物污染环境防治法》要求实施工业固体废物和危险废物申报登记制度。

（4）排污收费制度

与废水、废气排污有着本质上的不同，《中华人民共和国固体废物污染环境防治法》规定，企业事业单位对其产生的不能利用或者暂时不利用的工业固体废物，必须按照国务院环境保护主管部门的规定建设贮存或者处置的设施、场所，任何单位都被禁止向环境排放固体废物。而固体废物排污费的缴纳，则是对那些在按照规定和环境保护标准建成工业固体废物贮存或者处置的设施、场所，或者经改造这些设施、场所达到环境保护标准之前产生的工业固体废物而言的。

（5）许可证制度

许可证制度是在环境管理中，国家环境主管部门要求开发建设、生产排污等具有影响环境的活动行为者进行活动申请，并批准、监督其从事某种活动而采取的一种行政管理制度。废物的贮存、转运、加工处理，特别是处置实行经营许可证制度。经营者原则上应独立于生产者，经营者和经营人员必须经过专门的培训，并经考核取得专门的资格证书，经营者必须持有专门的废物管理机构发放的经营许可证，并接受废物管理机构的监督检查。废物经营实行收费制，促使废物最小量化。《中华人民共和国固体废物污染环境防治法》规定："从事收集、贮存、处置危险废物经营活动的单位，必须向县级以上人民政府环境保护行政主管部门申请领取经营许可证；从事利用危险废物经营活动的单位，必须向国务院环境保护行政主管部门或者省、自治区、直辖市人民政府环境保护行政主管部门申请领取经营许可证。"许可证制度可保证对环境有影响的管理对象遵守国家管理环境的有关规定，从而将其对环境的影响作用限制在国家允许范围内。实践表明，许可证制度是国家强化环境管理的一种行之有效的方法。

（6）转移报告单制度

危险废物转移报告单制度是指在进行危险废物转移时，其转移者、运输者和接收者，无论各环节涉及者数量多寡，均应按国家规定的统一格式、条件和要求，对所交接、运输的危险废物如实进行转移报告单的填报登记，并按程序和期限向有关环境保护部门报告。实施转移报告单制度的目的是控制废物流向，掌握危险废物的动态变化，监督转移活动，控制危险废物污染的扩散。危险废物转移必须填写报告单。在转移过程中，报告单始终跟随着危险废物。

（7）危险废物行政代执行制度

产生危险废物的单位，必须按照国家有关规定处置危险废物。不处置的，由所在地县以上地方人民政府环境保护行政主管部门责令限期改正。逾期不处置或处置不符合国家有关规定的，由所在地县以上地方人民政府环境保护行政主管部门指定单位按照国家有关规定代为处置，处置费由产生危险废物的单位承担。行政代执行制度是一种行政强制执行措施，这一措施保证了危险废物能得到妥善、适当的处置。而处置费用由危险废物产生者承担，也符合我国"谁污染谁治理"的原则。

9.3.3.2 固体废物的管理体系

①我国固体废物管理体系是以环境保护主管部门为主，结合有关工业主管部门及城市建设主管部门，共同对固体废物实行全过程管理。各主管部门在所辖的职权范围内，建立相应的管理体系和管理制度，对固体废物污染环境的防治工作实施统一监督管理。其主要工作如下：

• 制定有关固体废物管理的规定、规则和标准，建立固体废物污染环境的监测制度。
• 审批产生固体废物的项目以及建设贮存、处置固体废物的项目的环境影响评价。
• 验收、监督和审批固体废物污染环境防治设施的"三同时"制度及其关闭、拆除。
• 对与固体废物污染环境防治有关的单位进行现场检查，对固体废物的转移、处置进行审批、监督。
• 审批进口可用作原料的固体废物。
• 制定防治工业固体废物污染环境的技术政策，组织推广先进的防治工业固体废物污染环境的生产工艺设备。
• 制定工业固体废物污染环境的防治工作规划。
• 组织工业固体废物和危险废物的申报登记。
• 对所产生的危险废物不处置或处置不符合国家有关规定的单位实行行政代执行制度。
• 对固体废物污染事故进行监督、调查和处理。

②国务院有关部门及地方人民政府有关部门在其职责范围内负责固体废物污染环境防治的监督管理，其主要工作如下：

• 对所管辖范围内的有关单位的固体废物污染环境防治工作进行监督管理。
• 对造成固体废物严重污染环境的企事业单位进行限期治理。
• 制定防止工业固体废物污染环境的技术政策，组织推广先进的防止工业固体废物污染环境的生产工艺和设备。

●组织、研究、开发和推广减少工业固体废物产生量的生产工艺和设备，限期淘汰产生严重污染环境的工业固体废物的落后生产工艺和设备。

●制定工业固体废物污染环境的防治工作规划，组织建设工业固体废物和危险废物储存、处置设施。

③各级人民政府环境卫生行政主管部门负责城市生活垃圾的清扫、贮存、运输和处置的监督管理工作，主要包括如下内容：

●组织制定有关城市生活垃圾管理的规定和环境卫生标准。

●组织建设城市生活垃圾的清扫、贮存、运输和处置设施，对其运转进行监督管理。

●对城市生活垃圾的清扫、贮存、运输和处置经营单位进行统一管理。

思考与练习

1. 什么是固体废物？

2. 固体废物如何分类？

3. 固体废物环境影响评价的类型有哪些？

4. 固体废物管理原则和管理制度有哪些？

5. 垃圾填埋场对环境的影响主要有哪些？

单元10 生态环境影响评价

生态环境与人类生存生活密切相关，而工程项目建设会对生态环境造成一定的影响，为了人类的健康和可持续发展，对建设项目的生态环境影响评价必不可少。生态环境影响评价范围较大，需要在生态背景、水土流失、生物多样性锐减等生态问题及生态现状调查的基础上，预测对生态环境的影响。本章介绍了生态环境影响评价的相关概念及基础知识、生态影响的特点，生态影响评价的基本原则、评价等级及范围的确定等基本内容。并按照实际评价工作思路，讲述了生态现状调查的基本要求、内容与方法，现状评价的内容与方法；生态影响预测与评价的基本内容与方法；生态影响防护与恢复的主要措施等内容。本单元的重点内容是生态影响现状评价和影响预测评价的内容，以及常用的评价方法。

10.1 概述

10.1.1 生态影响评价的相关概念

10.1.1.1 生态影响评价的相关概念

（1）生态影响

生态影响是指经济社会活动对生态系统及其生物因子、非生物因子所产生的任何有害的或有益的作用。生态影响按照不同的角度可划分为不利影响和有利影响，直接影响、间接影响和累积影响，可逆影响和不可逆影响。

①不利影响和有利影响　根据经济社会活动对生态系统及其生物因子、非生物因子所产生的作用是有害的或者是有益的，可以将生态影响分为不利影响和有利影响。

②直接影响、间接影响和累积影响　直接影响是指经济社会活动所导致的不可避免的、与该活动同时同地发生的生态影响。

间接影响是指经济社会活动及其直接生态影响所诱发的、与该活动不在同一地点或不在同一时间发生的生态影响。

累积影响是指经济社会活动各个组成部分之间或者该活动与其他相关活动（包括过去、现在、未来）之间造成生态影响的相互叠加。

③可逆影响和不可逆影响　可逆影响是指经济社会活动及其各因子所造成的可以逆转、可以恢复的生态影响。例如，大气污染，停止或中断人工干预、干扰之后环境质量可

以恢复。

不可逆影响是指经济社会活动及其各因子所造成的不可逆转的生态影响。例如，采矿行业造成的地形地貌破坏、煤炭资源使用等，即便停止或中断人工干预、干扰之后环境质量和环境状况也不能恢复至以前状态。

（2）生态影响评价

生态影响评价是指建设项目、区域和规划等对生态系统及其组成因子所造成的影响的评价，是通过定量或定性揭示和预测人类活动的生态影响，提出防护、恢复、补偿及替代方案的过程。

10.1.1.2　生态影响评价中涉及的生态学相关概念

（1）生态因子

生态因子是指对生物有影响的各种环境因子。常直接作用于个体和群体，主要影响个体生存和繁殖、种群分布和数量、群落结构和功能等。各个生态因子不仅本身起作用，而且相互发生作用，受周围其他因子的影响，反过来又影响其他因子。

生态因子分为非生物因子、生物因子和人为因子三大类。非生物因子主要包括气候因子、土壤因子等。生物因子包括共生，寄生，附生，动物对植物的摄食、传粉和践踏等。人为因子包括放牧、采伐、环境污染等人类活动。

（2）生态系统

生态系统是指在自然界的一定的空间内，生物与环境构成的统一整体，在这个整体中，生物与环境之间相互影响、相互制约，并在一定时期内处于相对稳定的动态平衡状态。

地球上的生态系统可以分为陆地生态系统、水域生态系统和复合生态系统。陆地生态系统包括森林生态系统、湿地生态系统、草原生态系统、荒漠生态系统、农田生态系统、城市生态系统等。水域生态系统包括淡水生态系统、海洋生态系统。复合生态系统是由人类社会、经济活动和自然条件共同组合而成的生态功能统一体。

（3）生物多样性

生物多样性是生物与环境形成的生态复合体以及与此相关的各种生态过程的总和，包括生态系统多样性、物种多样性和基因多样性 3 个层次。

生物多样性是人类赖以生存的条件，是经济社会可持续发展的基础，是生态安全和粮食安全的保障。

《生物多样性公约》第十五次缔约方大会于 2022 年 12 月 7 日召开，中国是最早的缔约方之一。该公约具有法律约束力，旨在保护濒临灭绝的动植物和地球上多种多样的生物资源。

《中国生物多样性保护战略与行动计划》（2011—2030 年）已于 2010 年 9 月经国务院常务会议第 126 次会议审议通过，主要内容有：我国生物多样性现状，生物多样性保护工作的成效、问题与挑战，生物多样性保护战略，生物多样性保护优先区域，生物多样性保护优先领域与行动，保障措施等。

（4）外来物种

外来物种是同原产地土著种相对的术语，是指某一地区或水域原先没有，而从另一地区移人的种或亚种。在自然分布范围之外，在没有直接或间接引入或没有人类照顾之下，这些物种无法存活。也可以泛指非本土原产的各种外域物种。一些外来物种会造成严重的环境问题和经济损失，如外来种改变生境、与本土物种竞争、引入病原体等。

（5）外来物种入侵

外来物种入侵是指生物物种由原产地通过自然或人为的途径迁移到新的生态环境的过程。该外来物种能在当地的自然或人工生态系统中定居、自行繁殖和扩散，最终明显影响当地生态环境，损害当地生物多样性。入侵的外来物种可能会破坏景观的自然性和完整性，摧毁生态系统，危害动植物多样性，影响遗传多样性。

（6）特有种

特有种是指某一物种因历史、生态或生理等因素，造成其分布仅局限于某一特定的地理区域或大陆，而未在其他地方出现。

有些特有种本来就起源于该地区，这些物种因此又可以称为该地区的固有种或土著种，如无尾熊和红袋鼠，都仅产于澳大利亚，而未在世界上的其他地方发现过，因此两者都是澳大利亚的固有种动物。有些则是从其他地区迁移而来，如南美洲的骆马，根据古生物学的资料，它原发生于北美洲，是北美洲的固有种，后来却在原产地绝灭了，现在的驼马只分布在南美洲，成为该洲的特有种。

特有种通常是发生在地理上被隔绝的地区，如岛屿。特有种也有可能发生在一个很小的区域，如高山山顶。

（7）稀有种

在全世界总数量很少，很珍贵，但尚不属于濒危种、易危种的珍贵类群，这些类群常分布于有限的地理区或栖息地，或者稀疏地分布在更为广阔的范围。

（8）国家保护物种

国家对境内的物种制定了完整的保护名录，并定期调整。国家重点保护野生植物分为一级保护野生植物和二级保护野生植物。国家重点保护野生动物分为一级保护野生动物和二级保护野生动物。

（9）水土流失

水土流失是指在水力、风力、重力及冻融等自然营力和人类活动作用下，水土资源和土地生产力的破坏和损失，包括土地表层侵蚀及水的损失。

水土流失可分为水力侵蚀、重力侵蚀和风力侵蚀3种类型。

水力侵蚀分布最广泛，在山区、丘陵区和一切有坡度的地面，暴雨会对其产生水力侵蚀。它的特点是以地面的水为动力冲走土壤。

重力侵蚀主要分布在山区、丘陵区的沟壑和陡坡上，在陡坡和沟的两岸沟壁，其中一部分下部被水流淘空，由于土壤及其成土母质自身的重力作用，不能继续保留在原来的位置，分散地或成片地塌落。

风力侵蚀主要分布在中国西北、华北和东北的沙漠、沙地和丘陵盖沙地区。它的特点是由于风力扬起沙粒，离开原来的位置，随风飘浮到另外的地方降落。

（10）土地荒漠化

土地荒漠化简单地说就是土地退化，也可以称为沙漠化。土地荒漠化是由于气候变化和人类不合理的经济活动等因素，使干旱、半干旱和具有干旱灾害的半湿润地区的土地发生了退化。

（11）石漠化

石漠化又称石质荒漠化，是指因水土流失而导致地表土壤损失、基岩裸露、土地丧失农业利用价值和生态环境退化的现象。石漠化多发生在石灰岩地区，此地区土层厚度薄，地表呈现类似荒漠景观的岩石逐渐裸露。

从成因来说，导致石漠化的主要因素是人为活动。由于长期以来自然植被不断遭到破坏，大面积的陡坡开荒，地表裸露，加上喀斯特石质山区土层薄，基岩出露，暴雨冲刷力强，大量的水土流失后岩石逐渐凸现裸露，从而呈现出石漠化现象。

（12）盐渍化

盐渍化是指易溶性盐分在土壤表层积累的现象或过程，也称盐碱化。我国盐渍土（或称盐碱土）的分布范围广、面积大、类型多，总面积约 1 亿 hm^2。主要发生在干旱、半干旱和半湿润地区。

大致有两方面因素导致土地盐渍化，一方面是自然条件，另一方面是水资源的不合理利用。盐渍土的可溶性盐主要包括钠、钾、钙、镁等的硫酸盐、氯化物、碳酸盐和重碳酸盐。硫酸盐和氯化物一般为中性盐，碳酸盐和重碳酸盐为碱性盐。

10.1.2 生态影响的特点

10.1.2.1 阶段性

生态影响具有阶段性的特点。建设项目对生态环境的影响从规划设计开始贯穿全程，并且在不同建设时期影响不同。因此，生态影响评价应在项目开始时介入，注重整个过程。

对于建设项目，在勘探选线阶段就应考虑周边敏感目标的影响。通常情况下，施工期往往是影响最严重阶段，这个阶段由于施工作业可能造成生物多样性锐减、一些生物的迁徙通道受损、生境破坏、景观破坏、噪声等影响。这些不利影响有一部分会在施工结束后消失，但是有些影响是不可逆的。在运营期可能因为交通噪声及汽车尾气影响附近生物的生存及迁移以及自然景观的破坏，同时交通可能会造成外来物种入侵。项目到达退役期时，如果没有及时采取合理措施，这些不利影响将仍然存在。

10.1.2.2 累积性

生态影响除了具有阶段性外，还具有累积性的特点。生态环境的影响通常是由量变到质变的过程，这些变化在最开始的阶段是不显著的，难以被人察觉，但是当这种变化发生到一定程度时，就会凸显出来。

例如，森林砍伐的初期，并不会察觉到森林的服务功能被削弱，森林被大面积砍伐一段时间后，就会察觉到砍伐森林而带来的气候变化等服务功能的削弱。再如，草原的退化也是缓慢的，退化到一定程度，才会出现沙漠化的特征。

10.1.2.3 区域性或流域性

生态影响具有区域性或流域性的特点。相同的建设项目在不同区域或者流域不会产生完全相同的生态影响，正是由于生态系统具有显著的地域特点造成的。同时，当一地生态环境发生恶化时，也会使其他相关地区受到生态影响。

因此，在进行生态影响评价时，也要充分考虑到地域性或流域性的特点，在分析生态影响时，应具有针对性，具体分析所在区域或流域的主要生态环境特点与问题。

10.1.2.4　高度相关性和整体性

生态影响具有高度相关性的特点。这是由于生态因子间的关系错综复杂，各生态系统之间彼此密切相关。项目建设通常会影响到所在地整个区域或流域的生态环境，即使只是直接地影响其中一部分，也可能通过该部分直接或间接地影响其全部。因此，在进行生态影响评价时，应有整体概念，无论生态系统中的哪些因子受到影响，其影响效应都是整体性的。

例如，在河流的下游修建水库项目，不仅水库对外环境有重要影响，外环境对水库也有重要的影响。水库因为直接占地而影响库区原有的植被及生物多样性，而水库上游的污染源会使水库水质恶化，同时上游流域水土流失会增加水库淤积，此外水土流失又与植被覆盖紧密联系，所以水库区域的森林与水、陆地及河流是高度相关的一个综合整体。由此可见，生态环境与自然资源的开发利用息息相关，生态影响也会涉及社会和经济问题。

10.1.2.5　多样性

项目建设对生态系统的影响可以分为很多类型，包括直接影响、间接影响、显见影响、潜在影响，长期影响、短期影响、暂时影响、累积影响等。有时候潜在影响和间接影响更为重要。

例如，大坝建设为发展水产养殖提供了良好条件，使许多水库成为水产供应基地，但同时也淹没了大片土地，阻碍了河谷生命网络间的联系，影响了野生动植物原有生存、繁衍的生态环境，阻隔了洄游性鱼类洄游通道，影响了物种交流；建坝改变了河流的洪泛特性，对洪泛区环境的不利影响主要表现在使洪泛区湿地景观减少、生物多样性减损、生态功能退化等。

10.1.3　生态影响评价的原则

《环境影响评价技术导则　生态影响》(HJ 19—2011)规定了生态影响评价的 3 个一般性原则。

(1)坚持重点与全面相结合的原则

既要突出评价项目所涉及的重点区域、关键时段和主导生态因子，又要从整体上兼顾评价项目所涉及的生态系统和生态因子在不同时空等级尺度上结构与功能的完整性。

(2)坚持预防与恢复相结合的原则

预防为主，恢复补偿为辅。恢复、补偿等措施必须与项目所在地的生态功能区划的要求相适应。

(3)坚持定量与定性相结合的原则

生态影响评价应尽量采用定量方法进行描述和分析，当现有科学方法不能满足定量需要或因其他原因无法实现定量测定时，生态影响评价可通过定性或类比的方法进行描述和分析。

10.1.4　生态影响评价内容

①生态影响评价等级；

②生态影响评价范围；

③生态影响识别；

④筛选评价因子；

⑤生态现状调查与评价；

⑥生态影响预测与评价；

⑦提出消除或减少影响的对策及生态保护措施。

10.1.5　生态影响评价等级

《环境影响评价技术导则　生态影响》(HJ 19—2011)规定，依据影响区域的生态敏感性和评价项目的工程永久占地和临时占地(含水域)范围，将生态影响评价工作等级划分为一级、二级和三级，见表10-1所列。位于原厂界(或永久用地)范围内的工业类改扩建项目，可做生态影响分析。

表 10-1　生态影响评价工作等级划分

影响区域生态敏感性	工程占地(含水域)范围		
	面积≥20km² 或长度≥100 km	面积为 2~20km² 或长度为 50~100km	面积≤2km² 或长度≤50km
特殊生态敏感区	一级	一级	一级
重要生态敏感区	一级	二级	三级
一般区域	二级	三级	三级

当工程占地(含水域)范围的面积或长度分别属于两个不同评价工作等级时，原则上应按其中较高的评价工作等级进行评价。改、扩建工程的工程占地范围以新增占地(含水域)面积或长度计算。

在矿山开采可能导致矿区土地利用类型明显改变，或在拦河闸坝建设可能明显改变水文情势等情况下，评价工作等级应上调一级。

特殊生态敏感区是指具有极重要的生态服务功能，生态系统极为脆弱或已有较为严重的生态问题，如遭到占用、损失或破坏后所造成的生态影响后果严重且难以预防、生态功能难恢复和替代的区域，包括自然保护区、世界文化和自然遗产地等。

重要生态敏感区是指具有相对重要的生态服务功能或生态系统较为脆弱，如遭到占用、损失或破坏后所造成的生态影响后果较严重，但可以通过一定措施加以预防、恢复和替代的区域，包括风景名胜区、森林公园、地质公园、重要湿地、原始天然林、珍稀濒危野生动植物天然集中分布区、重要水生生物的自然产卵场及索饵场、越冬场和洄游通道、天然渔场等。

一般区域是指除特殊生态敏感区和重要生态敏感区以外的其他区域。

10.1.6　生态影响评价范围

《环境影响评价技术导则　生态影响》(HJ 19—2011)中明确了评价工作范围的确定原则。

①生态影响评价应能够充分体现生态完整性,涵盖评价项目全部活动的直接影响区域和间接影响区域。

②评价工作范围应依据评价项目对生态因子的影响方式、影响程度和生态因子之间的相互影响和相互依存关系确定。

③可综合考虑评价项目与项目区的气候过程、水文过程、生物过程等生物地球化学循环过程的相互作用关系,以评价项目影响区域所涉及的完整气候单元、水文单元、生态单元、地理单元界限为参照边界。

《环境影响评价技术导则　生态影响》(HJ 19—2011)中并没有确定具体范围,这是因为我国地域广阔,生态系统类型多样,项目复杂,难以给出一个具体的评价工作范围去要求不同地域和不同类型的项目。但不同行业导则对评价工作范围均已有明确规定,因此,不同项目的生态影响评价工作范围应依据相应的评价工作等级和具体行业导则要求,采用弹性与刚性相结合的方法来确定。

针对某个具体项目,对于一般区域,可按行业导则的规定执行。当项目涉及特殊生态敏感区、重要生态敏感区、受法律保护的野生动植物时,应以有无"生态影响"来确定评价工作范围。要综合考虑建设项目的特点、保护目标的生理生态学特征等,依靠"生态学原理"进行专业分析确定。

为了提高生态评价范围划定的合理性,在确定评价范围时应该包含项目全部活动空间和影响空间,考虑到生态系统结构和功能的完整性特征,认识到受项目影响的生态系统与周围其他生态系统的关系,注意到项目可能影响的所有生态敏感区和敏感生态保护目标。应依据生态导则的原则要求,结合行业类导则进行分析研究,合理确定生态评价范围。

10.1.7　生态影响判定依据

①国家、行业和地方已颁布的资源环境保护等相关法规、政策、标准、规划和区划等确定的目标、措施与要求;

②科学研究判定的生态效应或评价项目实际的生态监测、模拟结果;

③评价项目所在地区及相似区域生态背景值或本底值;

④已有性质、规模以及区域生态敏感性相似项目的实际生态影响类比;

⑤相关领域专家、管理部门及公众的咨询意见。

10.1.8　工程分析

10.1.8.1　工程分析的内容

工程分析的内容应包括:项目所处的地理位置、工程的规划依据和规划环境影响评价依据、工程类型、项目组成、占地规模、总平面及现场布置、施工方式、施工时序、运行方式、替代方案、工程总投资与环保投资、设计方案中的生态保护措施等。

工程分析时段应涵盖勘察期、施工期、运营期和退役期，以施工期和运营期为调查分析的重点。

10.1.8.2　工程分析的重点

根据评价项目自身特点、区域的生态特点以及评价项目与影响区域生态系统的相互关系，确定工程分析的重点，分析生态影响的源及其强度。

主要内容应包括：

①可能产生重大生态影响的工程行为；

②与特殊生态敏感区和重要生态敏感区有关的工程行为；

③可能产生间接、累积生态影响的工程行为；

④可能造成重大资源占用和配置的工程行为。

10.2　生态环境现状调查与生态现状评价

10.2.1　生态环境现状调查

10.2.1.1　调查要求

生态环境现状调查是生态环境现状评价、影响预测的基础和依据，调查的内容和指标应能反映评价工作范围内的生态背景特征和现存的主要生态问题。在有敏感生态保护目标（包括特殊生态敏感区和重要生态敏感区）或其他特别保护要求对象时，应做专题调查。

生态环境现状调查应在收集资料的基础上开展现场工作，生态环境现状调查的范围应不小于评价工作的范围。

一级评价应给出采样地样方实测、遥感等方法测定的生物量、物种多样性等数据，给出主要生物物种名录、受保护的野生动植物物种等调查资料。

二级评价的生物量和物种多样性调查可依据已有资料推断，或实测一定数量的、具有代表性的样方予以验证。

三级评价可充分借鉴已有资料进行说明。

10.2.1.2　调查内容

调查内容主要包括生态背景调查和生态问题调查。

（1）生态背景调查

根据生态影响的空间和时间尺度特点，调查影响区域内涉及的生态系统类型、结构、功能和过程，以及相关的非生物因子特征（如气候、土壤、地形地貌、水文及水文地质等），重点调查受保护的珍稀濒危物种、关键种、土著种、建群种和特有种，天然的重要经济物种等。

如涉及国家级和省级保护物种、珍稀濒危物种和地方特有物种，应逐个或逐类说明其类型、分布、保护级别、保护状况等；如涉及特殊生态敏感区和重要生态敏感区，应逐个说明其类型、等级、分布、保护对象、功能区划、保护要求等。

（2）生态问题调查

调查影响本区域可持续发展的生态问题，如水土流失、荒漠化、石漠化、盐渍化、自然灾害、生物多样性和污染危害等，指出其类型、成因、空间分布、发生特点。

10.2.1.3 调查方法

生态环境现状调查常用的方法有资料收集法、现场勘察法、专家和公众咨询法、生态监测法、遥感调查法、海洋生态调查方法和水库渔业资源调查方法等。

（1）资料收集法

资料收集法即收集现有的能反映生态现状或生态背景的资料，是环境调查中普遍应用的方法，这种方法应用范围广，能够节省人力、物力和时间。

收集的资料从表现形式上分为文字资料和图形资料，从时间上可分为历史资料和现状资料，从收集行业类别上可分为农、林、牧、渔和环境保护部门，从资料性质上可分为环境影响报告书、污染源调查、生态保护规划、生态功能区划、生态敏感目标的基本情况以及其他生态调查材料等。

使用资料收集法时，应保证资料的时效性，引用资料必须建立在现场校验的基础上，工作时应标记好各项资料的来源，以便核实真伪。

资料收集法虽然简便，但是由于资料有限，不能完全满足调查工作的需要，因此通常与其他调查方法一起采用。

（2）现场勘察法

现场勘察应遵循整体与重点相结合的原则，在综合考虑主导生态因子结构与功能完整性的同时，突出重点区域和关键时段的调查，并通过对影响区域的实际踏勘，核实收集资料的准确性，以获取实际资料和数据。

通常，现场勘察法是在生态现状调查中必须使用的，该方法可以弥补收集资料法以及其他方法的不足，但其工作量较大，会受到场地、气候、设备等条件限制，需要占用较多时间以及花费大量的人力、物力、财力。

现场勘察法在实际应用中，为了提高工作效率，减少调查所消耗的资源，通常使用抽样方法来调查实地数据，而不是全部调查。因此，在现场调查前应根据收集资料的情况确定调查地段、时段、调查指标及路线，要选择有代表性的、典型的调查地段与时段，突出重点区域和关键时段，同时综合考虑主导生态因子、生态系统结构功能的完整性。确定调查路线时，首先要确保不遗漏调查目标，再综合选择路线最短、时间最省、工作量最小的调查线路。

进行现场勘察时，要保证数据的真实可靠，勘察的同时要做好工作记录，沿预定线路边调查、边记录、边填表、边填图、边编号。为减轻外业工作量，可利用已有资料来确定、验证或做补充修正。填图填表时，使用规定的图例、标记符号、编号等。底图上的地形、地物有差错的要修正，没有的要补充，必要的可进行局部补测。

（3）专家和公众咨询法

专家和公众咨询法是对现场勘察的有益补充。通过咨询有关专家，收集评价工作范围内的公众、社会团体和相关管理部门对项目影响的意见，发现现场踏勘中遗漏的生态问题。专家和公众咨询应与资料收集和现场勘察同步开展。

（4）生态监测法

当资料收集、现场勘察、专家和公众咨询提供的数据无法满足评价的定量需要，或项目可能产生潜在的或长期累积效应时，可考虑选用生态监测法。

生态监测法应根据监测因子的生态学特点和干扰活动的特点确定监测位置和频次，有代表性地布点。

生态监测法与技术要求须符合国家现行的有关生态监测规范和监测标准分析方法。对于生态系统生产力的调查，必要时需现场采样、实验室测定。

（5）遥感调查法

当涉及区域范围较大或主导生态因子的空间等级尺度较大，通过人力踏勘较为困难或难以完成评价时，可采用遥感调查法。遥感调查过程中必须辅助必要的现场勘察工作。

（6）海洋生态调查方法

海洋生态调查应依据《海洋调查规范》（GB/T 12763.9—2007）进行。

（7）水库渔业资源调查方法

水库渔业资源调查应依据《水库渔业资源调查规范》（SL 167—2014）进行。

10.2.2　生态现状评价

10.2.2.1　评价要求

生态现状评价就是在区域生态基本特征调查的基础上，对评价区域的生态现状进行定量或定性的分析评价，评价应采用文字和图件相结合的表现形式，图件制作应遵照相关规范要求。

10.2.2.2　评价内容

（1）生态系统

在阐明生态系统现状的基础上，分析影响区域内生态系统状况的主要原因。其主要内容包括：评价生态系统的结构与功能状况（如水源涵养、防风固沙、生物多样性保护等主导生态功能）、生态系统面临的压力和存在的问题、生态系统的总体变化趋势等。

（2）生物资源

分析和评价受影响区域内动植物等生态因子的现状组成、分布。

当评价区域涉及受保护的敏感物种时，应重点分析该敏感物种的生态学特征。

当评价区域涉及特殊生态敏感区或重要生态敏感区时，应分析其生态现状、保护现状和存在的问题等。

10.2.2.3　评价方法

常用的评价方法包括列表清单法、图形叠置法、生态机理分析法、景观生态学法、指数法、综合指数法、类比分析法、系统分析法、生物多样性评价方法等。

（1）列表清单法

列表清单法是 Little 等人于 1971 年提出的一种定性分析方法。该方法的特点是简单明了，针对性强。其基本做法是，将拟实施的开发建设活动的影响因素与可能受影响的环境因子分别列在同一张表格的行与列内，然后逐点进行分析，并逐条阐明影响的性质、强度等，由此分析开发建设活动的生态影响。

（2）图形叠置法

图形叠置法是把两个以上的生态信息叠合到一张图上，构成复合图，用以表示生态变化的方向和程度，特点是直观、形象、简单明了。

图形叠置法有指标法和 3S 叠图法两种基本制作手段。

①指标法　该方法的步骤为：

a. 确定评价区域范围。

b. 进行生态调查，收集评价工作范围与周边地区自然环境、动植物等的信息，同时收集社会经济和环境污染及环境质量信息。

c. 进行影响识别并筛选拟评价因子，其中包括识别和分析主要生态问题。

d. 研究拟评价生态系统或生态因子的地域分布特点与规律，对拟评价的生态系统、生态因子或生态问题建立表征其特性的指标体系，并通过定性分析或定量方法对指标赋值或分级，再依据指标值进行区域划分。

e. 将上述区划信息绘制在生态图上。

②3S 叠图法　该方法的步骤为：

a. 选用地形图、地图或经过精确校正的遥感影像作为工作底图，底图范围应略大于评价工作范围。

b. 在底图上描绘主要生态因子信息，如植被覆盖、动物分布、河流水系、土地利用和特别保护目标等。

c. 进行影响识别与筛选评价因子。

d. 运用 3S 技术，分析评价因子的不同影响性质、类型和程度。

e. 将影响因子图和底图叠加，得到生态影响评价图。

（3）生态机理分析法

生态机理分析法是根据建设项目的特点和受其影响的动植物的生物学特征，依照生态学原理分析、预测工程生态影响的方法，其工作步骤如下：

①调查环境背景现状，搜集工程组成和建设等有关资料。

②调查植物和动物分布、动物栖息地和迁徙路线。

③根据调查结果分别对植物或动物种群、群落和生态系统进行分析，描述其分布特点、结构特征和演化等级。

④识别有无珍稀濒危物种及重要经济、历史、景观和科研价值的物种。

⑤预测项目建成后该地区动物、植物生长环境的变化。

⑥根据项目建成后的环境（水、气、土和生命组分）变化，对照无开发项目条件下动物、植物或生态系统演替趋势，预测项目对动物和植物个体、种群和群落的影响，并预测生态系统演替方向。

评价过程中有时要根据实际情况进行相应的生物模拟试验，如环境条件、生物习性模拟试验、生物毒理学试验、实地种植或放养试验等；或进行数学模拟，如种群增长模型的应用。

该方法需与生物学、地理学、水文学、数学及其他多学科相结合进行评价，才能得出较为客观的结果。

（4）景观生态学法

景观生态学法是通过研究某一区域、一定时段内的生态系统类群的格局、特点，综合资源状况等自然规律，以及人为干预下的演替趋势，揭示人类活动在改变生物与环境方面的作用的方法。

景观生态学法对生态质量状况的评判是通过两个方面进行的，一是空间结构分析，二是功能与稳定性分析。景观生态学认为，景观的结构与功能是匹配的，且增加景观异质性和共生性也是生态学和社会学整体论的基本原则。

空间结构分析基于景观，是高于生态系统的自然系统，是一个清晰的和可度量的单位。景观由斑块、基质和廊道组成，其中基质是景观的背景地块，是景观中一种可以控制环境质量的组分。因此，基质的判定是空间结构分析的重要内容。判定基质有 3 个标准，即相对面积大、连通程度高、有动态控制功能。基质的判定多借用传统生态学中计算植被重要值的方法。决定某一斑块类型在景观中的优势称为优势度值（Do）。

优势度值由密度（Rd）、频率（Rf）和景观比例（Lp）3 个参数计算得出，其数学表达式如下：

$$Rd = （斑块\ i\ 的数目/斑块总数）\times 100\%$$
$$Rf = （斑块\ i\ 出现的样方数/总样方数）\times 100\%$$
$$Lp = （斑块\ i\ 的面积/样地总面积）\times 100\%$$
$$Do = 0.5\times[0.5\times(Rd+Rf)+Lp]\times 100\%$$

上述分析同时反映自然组分在区域生态系统中的数量和分布，因此能较准确地表示生态系统的整体性。

景观的功能和稳定性分析包括以下 4 个方面：

①生物恢复力分析　分析景观基本元素的再生能力或高亚稳定性元素能否占主导地位。

②异质性分析　基质为绿地时，由于异质化程度高的基质很容易维护它的基质地位，从而达到增强景观稳定性的作用。

③种群源的持久性和可达性分析　分析动植物物种能否持久保持能量流、养分流，分析物种流可否顺利地从一种景观元素迁移到另一种元素，从而增强共生性。

④景观组织的开放性分析　分析景观组织与周边生境的交流渠道是否畅通，开放性强的景观组织可以增强抵抗力和恢复力。景观生态学方法既可以用于生态现状评价，也可以用于生境变化预测，目前是国内外生态影响评价学术领域中较先进的方法。

（5）指数法

指数法是利用同度量因素的相对值来表明因素变化状况的方法，是建设项目环境影响评价中规定的评价方法，同样可将其拓展而用于生态影响评价中。指数法简明扼要，且符合人们所熟悉的环境污染影响评价思路，但难点在于须明确建立表征生态质量的标准体系，且难以赋权和准确定量。

选定合适的评价标准，采集拟评价项目区的现状资料。可进行生态因子现状评价，如以同类型立地条件的森林植被覆盖率为标准，可评价项目建设区的植被覆盖现状情况；也可进行生态因子的预测评价，如以评价区现状植被盖度为评价标准可评价建设项目建成后植被盖度的变化率。

(6) 综合指数法

综合指数法是从确定同度量因素出发，把不能直接对比的事物变成能够同度量的方法。步骤如下：

①分析研究评价的生态因子的性质及变化规律。

②建立表征各生态因子特性的指标体系。

③确定评价标准。

④建立评价函数曲线，将评价的环境因子的现状值(开发建设活动前)与预测值(开发建设活动后)转换为统一的无量纲的环境质量指标。用1和0表示优劣，"1"表示最佳的、顶级的、原始或人类干预甚少的生态状况。"0"表示最差的、极度破坏的、几乎无生物性的生态状况。由此计算出开发建设活动前后环境因子质量的变化值。

⑤根据各评价因子的相对重要性赋予权重。

⑥将各因子的变化值综合，提出综合影响评价值。即：

$$\Delta E = \sum (E_{hi} - E_{qi}) \times W_i \tag{10-1}$$

式中　ΔE——开发建设活动日前后生态质量变化值；

E_{hi}——开发建设活动后 i 因子的质量指标；

E_{qi}——开发建设活动前 i 因子的质量指标；

W_i——i 因子的权值。

建立评价函数曲线须根据标准规定的指标值确定曲线的上、下限。对于空气和水这些已有明确质量标准的因子，可直接用不同级别的标准值作为上、下限；对于无明确标准的生态因子，须根据评价目的、评价要求和环境特点选择相应的环境质量标准值，再确定上、下限。

(7) 类比分析法

类比分析法是一种比较常用的定性和半定量评价方法，一般有生态整体类比、生态因子类比和生态问题类比等。

①方法　根据已有的开发建设活动(项目、工程)对生态系统产生的影响来分析或预测拟进行的开发建设活动(项目、工程)可能产生的影响。选择好类比对象(类比项目)是进行类比分析或预测评价的基础，也是该法成败的关键。

类比对象的选择条件是：工程性质、工艺和规模与拟建项目相当，生态因子(地理、地质、气候、生物因素等)相似，项目建成已有一定时间，所产生的影响已基本显现。类比对象确定后，须选择和确定类比因子及指标，并对类比对象开展调查与评价，再分析拟建项目与类比对象的差异。根据类比对象与拟建项目的比较，得出类比分析结论。

②应用

• 进行生态影响识别和评价因子筛选。

• 以原始生态系统作为参照，评价目标生态系统的质量。

• 进行生态影响的定性分析与评价。

• 进行某一个或几个生态因子的影响评价。

● 预测生态问题的发生与发展趋势及其危害。

● 确定环保目标和寻求最有效、可行的生态保护措施。

(8)系统分析法

系统分析法是把要解决的问题作为一个系统，对系统要素进行综合分析，找出解决问题的可行方案的方法，具体步骤包括：限定问题、确定目标、调查研究收集数据、提出备选方案和评价标准、备选方案评估和提出最可行方案。

系统分析法因其能妥善地解决一些多目标动态性问题，目前已广泛应用于各行各业，尤其在进行区域开发或解决优化方案选择问题时，系统分析法显示出其他方法所不能达到的效果。

在生态系统质量评价中使用系统分析的具体方法有专家咨询法、层次分析法、模糊综合评判法、综合排序法、系统动力学法、灰色关联法等，这些方法原则上都适用于生态影响评价。这些方法的具体操作过程可查阅有关书籍。

(9)生物多样性评价法

生物多样性评价法是通过实地调查，分析生态系统和生物种的历史变迁、现状和存在主要问题的方法，评价目的是有效保护生物多样性。

生物多样性通常用香农–威纳指数(Shannon–Wiener Index)表征：

$$H = -\sum_{i=1}^{S} P_i \ln(P_i) \tag{10-2}$$

式中　H——群落的多样性指数；

　　　S——种数；

　　　P_i——样品中属于第 i 种的个体比例，如样品总个体数为 N，第 i 种个体数为 n_i，则 $P_i = n_i/N$。

此外，还有均匀度指数 E：

$$E = H/H_{max} \tag{10-3}$$

式中　H_{max}——香农–威纳指数的最大值，$H_{max} = \lg S$，S 为物种数。

(10)生态环境状况指数法

《生态环境状况评价技术规范》(HJ 192—2015)规定了生态环境状况评价指标体系和各指标的计算方法。

①生态环境状况指数(EI)　适用于县级(含)以上行政区域生态环境状况及变化趋势评价，该综合指数包含了生物丰度、植被覆盖、水网密度、土地胁迫、污染负荷 5 个分指数与一个约束性的环境限制指数，评价时应根据各类功能区的功能特点、主导功能等选择相应的评价指标与方法。

生态环境状况指数评价区域生态环境质量状况，数值范围为 0~100。

生物丰度指数评价区域内生物的丰富程度，利用生物栖息地质量和生物多样性综合表示。

植被覆盖指数评价区域植被覆盖的程度，利用评价区域单位面积归一化植被指数表示。

水网密度指数评价区域内水的丰富程度，利用评价区域内单位面积河流总长度、水域面积水资源量表示。当水网密度指数大于 100 时，取 100。

土地胁迫指数评价区域内土地质量遭受胁迫的程度，利用评价区域内单位面积上水土流失、土地沙化、土地开发等胁迫类型面积表示。当土地胁迫指数大于 100 时，取 100。

污染负荷指数评价区域内所受纳的环境污染压力，利用评价区域单位面积所受纳的污染负荷表示。当污染负荷指数小于 0 时，取 0。

环境限制指数是约束性指标，指根据区域内出现的严重影响人居生产生活安全的生态破坏和环境污染事项对生态环境状况进行限制。

各项指标的权重见表 10-2 所列。

表 10-2　各项评价指标权重

指标	生物丰度指数	植被覆盖指数	水网密度指数	土地胁迫指数	污染负荷指数	环境限制指数
权重	0.35	0.25	0.15	0.15	0.10	约束性指标

计算方法为：

生态环境状况指数 = 0.35×生物丰度指数 + 0.25×植被覆盖指数 + 0.15×水网密度指数 + 0.15×(100−土地胁迫指数) + 0.10×(100−污染负荷指数) + 环境限制指数

②生态功能区生态功能状况指数(FEI)　适用于地级(含)以上城市辖区及城市群生态环境质量状况及变化趋势评价，所采用的二级指标体系包括环境质量、污染负荷和生态建设 3 个分指数、18 个指标。

生态功能区生态功能状况指数评价防风固沙、水土保持、水源涵养、生物多样性维护等以提供生态产品为主体功能的地区的生态环境和生态功能状况，数值范围为 0~100。

根据生态功能区生态功能指数，将功能区的生态功能状况分为优、良、一般、较差和差 5 级，见表 10-3 所列。

表 10-3　生态功能区生态功能状况分级

级别	优	良	一般	较差	差
指数	$FEI \geqslant 70$	$60 \leqslant FEI < 70$	$50 \leqslant FEI < 60$	$40 \leqslant FEI < 50$	$FEI < 40$
描述	自然生态优越，生态系统承载力高，生态功能稳定，自我调节力强	自然生态相对较好，生态功能相对稳定，存在一定的生态环境问题	自然生态一般，存在一定的生态环境问题，生态功能相对脆弱	自然生态差，存在明显的生态环境问题，生态功能脆弱；或生态类型结构单一，生态功能不稳定	自然生态严酷，存在突出的生态环境问题，生态功能极脆弱；或生态类型结构单一，生态功能极不稳定

环境质量指数评价区域内环境质量状况，根据评价主体对象特征选择评价指标，生态功能区的环境质量指数主要以地表水质量、空气质量和集中式饮用水源地质量等方面表示；城市环境质量主要以大气环境质量、水环境质量、声环境质量等方面表示。

城市生态环境状况指数评价城市或城市群的生态环境质量状况，数值范围为 0~1。

生态建设指数评价城市的生态建设和环境管理水平，主要以生态用地比例、绿地覆盖率、环保投入资金占 GDP 比例等方面表示。

③自然保护区生态环境保护状况指数(NEI)　适用于自然保护区生态环境保护状况及变化趋势评价，也适用于与自然保护区重叠的国家公园、风景名胜区等生态区的评价，其评价指标体系包含面积适宜指数、外来物种入侵指数、生境质量指数和开发干扰指数 4 个

指标。

自然保护区生态环境保护状况指数评价自然保护区生态环境保护状况，数值范围为0~100。

面积适宜指数评价自然保护区核心区、缓冲区和实验区面积等功能区划的合理程度，用核心区面积百分比表示。

外来物种入侵指数评价自然保护区受到外来入侵物种干扰的程度，利用外来入侵物种数表示。

生境质量指数评价自然保护区主要保护对象生境质量的适宜性，利用主要保护对象的栖息地质量表示。

开发干扰指数评价人类生产生活对自然保护区的干扰程度，利用与开发活动有关的用地类型表示。

各项评价指标权重见表 10-4 所列。

表 10-4　各项评价指标权重

指标	面积适宜指数	外来物种入侵指数	生境质量指数	开发干扰指数
权重	0.10	0.10	0.40	0.40

计算方法为：

自然保护区生态环境保护状况指数 = 0.10×面积适宜指数 + 0.10×（100−外来物种入侵指数）+ 0.40×生境质量指数 + 0.40×（100−开发干扰指数）

（11）海洋及水生生物资源影响评价法

海洋生物资源影响评价技术方法可参考《建设项目对海洋生物资源影响评价技术规程》（SC/T 9110—2007），以及其他推荐的生态影响评价和预测适用方法，水生生物资源影响评价技术方法可适当参照该技术规程及其他推荐的适用方法进行。

（12）土壤侵蚀预测法

土壤侵蚀预测法参见《生产建设项目水土保持技术标准》（GB 50433—2018）。

10.3　生态环境影响预测与评价

10.3.1　生态影响预测与评价内容

生态影响预测与评价内容应与现状评价内容相对应，依据区域生态保护的需要和受影响生态系统的主导生态功能选择预测评价指标。

①评价工作范围内涉及的生态系统及其主要生态因子的影响评价。通过分析影响作用的方式、范围、强度和持续时间来判别生态系统受影响的范围、强度和持续时间；预测生态系统组成和服务功能的变化趋势，重点关注其中的不利影响、不可逆影响和累积生态影响。

②敏感生态保护目标的影响评价应在明确保护目标的性质、特点、法律地位和保护要求的情况下，分析评价项目的影响途径、影响方式和影响程度，预测潜在的后果。

③预测评价项目对区域现存主要生态问题的影响趋势。

10.3.2　生态影响预测与评价方法

生态影响预测与评价方法应根据评价对象的生态学特性，在调查、判定该区主要的、辅助的生态功能以及完成功能所必需的生态过程的基础上，采用定量分析与定性分析相结合的方法进行预测与评价。

常用的方法包括列表清单法、图形叠置法、生态机理分析法、景观生态学法、指数法与综合指数法、类比分析法、系统分析法和生物多样性评价等，可参见 10.2.2.3 相关内容。

10.3.3　生态影响评价图件规范与要求

10.3.3.1　一般原则

生态影响评价图件是指以图形、图像的形式对生态影响评价有关空间内容的描述、表达或定量分析，是生态影响评价报告的必要组成内容，是评价的主要依据和成果的重要表示形式，是指导生态保护措施设计的重要依据。

对于在生态影响评价工作中表达地理空间信息的地图应遵循有效、实用、规范的原则，根据评价工作等级、成图范围以及所表达的主题内容选择适当的成图精度和图件构成，充分反映出评价项目、生态因子构成、空间分布以及评价项目与影响区域生态系统的空间作用关系、途径或规模。

10.3.3.2　图件构成

根据评价项目自身特点、评价工作等级以及区域生态敏感性不同，生态影响评价图件由基本图件和推荐图件构成。

（1）基本图件

基本图件是指根据生态影响评价工作等级不同，各级生态影响评价工作需提供的必要图件。当评价项目涉及特殊生态敏感区和重要生态敏感区时必须提供能反映生态敏感特征的专题图，如保护物种空间分布图；当开展生态监测工作时必须提供相应的生态监测点位图。

基本图件由三部分组成，包括反映项目特点的图件、反映生态现状调查—评价—影响预测的图件和反映保护措施的图件。项目特点图件包括项目区域地理位置图、工程平面图等；生态现状调查—评价—影响预测图件包括土地利用现状图、植被类型图、地表水系图、特殊生态敏感区和重要生态敏感区空间分布图、生态监测布点图、主要评价因子的评价成果和预测图等；反映保护措施图件包括典型生态保护措施平面布置示意图等。

根据生态影响评价导则，评价等级不同时，基本图件的要求不同。

评价工作等级为一级时，基本图件的要求包括：项目区域地理位置图，工程平面图，土地利用现状图，地表水系图，植被类型图，特殊生态敏感区和重要生态敏感区空间分布图，主要评价因子的评价成果和预测图，生态监测布点图，典型生态保护措施平面布置示意图。

评价工作等级为二级时，基本图件的要求包括：项目区域地理位置图，工程平面图，土地利用现状图，地表水系图，特殊生态敏感区和重要生态敏感区空间分布图，主要评价因子的评价成果和预测图，典型生态保护措施平面布置示意图。

评价工作等级为三级时，基本图件的要求包括：项目区域地理位置图，工程平面图，土地利用或水体利用现状图，典型生态保护措施平面布置示意图。

（2）推荐图件

推荐图件是指在现有技术条件下可以图形图像形式表达的、有助于阐明生态影响评价结果的选作图件。推荐图件针对评价工作范围涉及山岭、水体、生态敏感区及相关生态区划等不同情景，提出了可供选作的图件类型。

根据生态影响评价导则，评价等级不同时，推荐图件的要求也不同。

①评价工作等级为一级时，推荐图件的要求包括：

● 当评价工作范围内涉及山岭重丘区时，可提供地形地貌图、土壤类型图和土壤侵蚀分布图。

● 当评价工作范围内涉及河流、湖泊等地表水时，可提供水环境功能区划图；当涉及地下水时，可提供水文地质图件等。

● 当评价工作范围内涉及海洋和海岸带时，可提供海域岸线图、海洋功能区划图，根据评价需要选作海洋渔业资源分布图、主要经济鱼类产卵场分布图、滩涂分布现状图。

● 当评价工作范围内已有土地利用规划时，可提供已有土地利用规划图和生态功能分区图。

● 当评价工作范围内涉及地表塌陷时，可提供塌陷等值线图。

● 可根据评价工作范围内涉及的不同生态系统类型，选作动植物资源分布图、珍稀濒危物种分布图、基本农田分布图、绿化布置图、荒漠化土地分布图等。

②评价工作等级为二级时，推荐图件的要求为：

● 当评价工作范围内涉及山岭重丘区时，可提供地形地貌图和土壤侵蚀分布图。

● 当评价工作范围内涉及河流、湖泊等地表水时，可提供水环境功能区划图；当涉及地下水时，可提供水文地质图件。

● 当评价工作范围内涉及海域时，可提供海域岸线图和海洋功能区划图。

● 当评价工作范围内已有土地利用规划时，可提供已有土地利用规划图和生态功能分区图。

● 评价工作范围内，陆域可根据评价需要选作植被类型图或绿化布置图。

③评价工作等级为三级时，推荐图件的要求包括：

● 评价工作范围内，陆域可根据评价需要选作植被类型图或绿化布置图。

● 当评价工作范围内涉及山岭重丘区时，可提供地形地貌图。

● 当评价工作范围内涉及河流、湖泊等地表水时，可提供地表水系图。

● 当评价工作范围内涉及海域时，可提供海洋功能区划图。

● 当涉及重要生态敏感区时，可提供关键评价因子的评价成果图。

10.3.3.3　图件制作规范与要求

（1）数据来源与要求

生态影响评价制图数据的来源通常包括：已有图件资料、采样、实验、地面勘测和遥感信息等。如通过统计年鉴资料获取人口、经济环境质量等数据；通过对现有背景图件的扫描、配准、矢量化或者数据格式的转换获取背景专题数据；通过采样获取生物量、生物群落等数据；通过生态监测获取受保护物种生境、物种迁徙及非生物因子的变化趋势等数据；通过遥感解译获取植被、土地等数据等。

（2）数据时效要求

图件基础数据来源应满足生态影响评价的时效要求，选择与评价基准时段相匹配的数据源。当图件主题内容无显著变化时，制图数据源的时效要求可在无显著变化期内适当放宽，但必须经过现场勘验校核。

（3）制图与成图精度要求

生态影响评价制图的工作精度一般不低于工程可行性研究制图精度，成图精度应满足生态影响判别和生态保护措施的实施。

生态影响评价成图应能准确、清晰地反映评价主体内容，除项目区域地理位置图外，成图比例不应低于表 10-5 所列的要求。

当成图范围过大时，可采用点线面相结合的方式，分幅成图；当涉及敏感生态保护目标时，应分幅单独成图，以提高成图精度。

表 10-5　生态影响评价图件成图比例规范

成图范围		成图比例尺		
		一级评价	二级评价	三级评价
面积（km²）	≥100	≥1∶10 万	≥1∶10 万	≥1∶25 万
	20~100	≥1∶5 万	≥1∶5 万	≥1∶10 万
	2~20	≥1∶1 万	≥1∶1 万	≥1∶2.5 万
	≤2	≥1∶5 000	≥1∶5 000	≥1∶1 万
长度（km）	≥100	≥1∶25 万	≥1∶25 万	≥1∶25 万
	50~100	≥1∶10 万	≥1∶10 万	≥1∶25 万
	10~50	≥1∶5 万	≥1∶10 万	≥1∶10 万
	≤10	≥1∶1 万	≥1∶1 万	≥1∶5 万

（4）图形整饰规范

生态影响评价图件应符合专题地图制图的整饰规范要求，成图应包括图名比例尺、方向标/经纬度、图例、注记、制图数据源（调查数据、实验数据、遥感信息源或其他）、成图时间等要素。

10.4　生态影响的防护、恢复与替代方案

10.4.1　生态影响的防护、恢复与补偿原则

①应按照避让、减缓、补偿和重建的次序提出生态影响防护与恢复的措施；所采取措施的效果应有利于修复和增强区域生态功能。

②凡涉及不可替代、极具价值、极敏感、被破坏后很难恢复的敏感生态保护目标(如特殊生态敏感区、珍稀濒危物种)时，必须提出可靠的避让措施或生境替代方案。

③涉及采取措施后可恢复或修复的生态目标时，也应尽可能提出避让措施；否则，应制定恢复、修复和补偿措施。各项生态保护措施应按项目实施阶段分别提出，并提出实施时限和估算经费。

10.4.2　替代方案

①替代方案主要指项目中的选线、选址替代方案，项目的组成和内容替代方案，工艺和生产技术的替代方案，施工和运营方案的替代方案，生态保护措施的替代方案。

②生态影响评价应对替代方案进行生态可行性论证，优先选择生态影响最小的替代方案，最终选定的方案至少应该是生态保护可行的方案。

10.4.3　生态保护措施

①生态保护措施应包括保护对象及目标、内容、规模及工艺、实施空间和时序、保障措施和预期效果分析，绘制生态保护措施平面布置示意图和典型措施设施工艺图，估算或概算生态保护投资。

②对于可能具有重大、敏感生态影响的建设项目，区域、流域开发项目，应提出长期的生态监测计划、科技支撑方案，明确监测因子、方法、频次等。

③明确施工期和运营期管理原则与技术要求，可提出环境保护工程分标与招投标原则、施工期工程环境监理、环境保护阶段验收和总体验收、环境影响后评价等环保管理技术方案。

思考与练习

1. 什么是生态影响？它有哪些特点？
2. 生态影响评价的原则是什么？
3. 如何确定生态影响的评价等级和评价范围？
4. 生态环境影响工程分析的内容有哪些？
5. 生态现状调查的主要方法有哪些？
6. 生态影响预测与评价的主要方法有哪些？
7. 生态影响的防护、恢复与补偿原则是什么？

单元11 环境风险评价

随着全球经济的快速发展，环境问题日益突出，特别是各种突发性事故频现，如在世界上影响很大的 1984 年印度博帕尔农药厂爆炸事故、1986 年苏联切尔诺贝利核电站事故以及 2005 年中国石油吉化分公司双苯厂爆炸事件等，这些重大突发性事故造成很多有毒有害物质进入环境，对人体健康和生态环境造成了长期严重的危害，各国花费了大量的人力、物力和财力进行治理，但有些危害是不可逆的，无法治理，因此，人们越来越重视从源头上防范环境风险。

20 世纪 70 年代后，各国学者开展了评价环境中的不确定性和突发性问题的工作，关注事件发生的可能性和发生后的影响，从而产生了一个新兴的领域——环境风险评价（ERA）。它的出现标志着环境保护工作的一次重要战略转折——由事故后被动治理转向事故前预测和有效管理，这也是环境科学发展的必然结果。

进入 21 世纪，中国经济发展进入重要转型期，发展速度快、总量扩张、法律法规尚不配套、相关社会意识尚未同步，面临更多的潜在风险因素，因此环境风险评价是我国环境保护管理工作中重点提倡的基本工作之一。2012 年中国环境与发展国际合作委员会 20 周年主题即"在发展中加强环境保护，在保护中促进经济发展"。

11.1 概述

11.1.1 环境风险评价相关概念

11.1.1.1 风险

风险是指生命与财产发生不幸事件的概率，是一个事件产生人们所不希望的后果的可能性。风险广泛存在于日常生活与工作之中，较常见的有灾害风险、投资风险、工程风险、决策风险、健康风险、污染风险等。风险表征了在一定时间条件下和空间范围内，事件发生的可能性，与时空条件和事件的性质有关，符合一定的统计规律。由于客观存在着产生不利后果的可能性，才使一定范围内的人或事物处于危险的状态或环境之中，因此，可以把风险看作危险的根源。

11.1.1.2 环境风险

环境风险是指由自然活动或人类活动的叠加引起的，通过环境介质传播的，对人类与环境产生破坏、损失乃至毁灭性作用等不利后果的事件发生的概率。环境风险具有不确定性和危害性。不确定性是指人们对事件发生的概率、时间、地点、强度等事先难以准确预见；危害性是指风险事件对其承受者所造成的损失或危害，包括人身健康、经济财产、社会福利和生态系统带来的损失或危害。

环境风险分布广泛，复杂多样。

按其成因可分为化学风险、物理风险和自然灾害引发的风险。化学风险是指对人类、动物和植物能产生毒害或不利作用的化学物品的排放、泄漏或易燃易爆物品的泄漏而引发的风险；物理风险是指由机械设备或机械结构的故障所引发的风险；自然灾害引发的风险是指地震、火山、洪水、台风、滑坡等自然灾害带来的各种风险。

按危害性事件承受的对象，可分为人群风险、设施风险和生态风险。人群风险是指因危害事件而致人病、伤、死、残等损失的概率；设施风险是指危害事件对人类社会经济活动依托的设施，如水库大坝、房屋、桥梁等造成破坏的概率；生态风险是指危害性事件对生态系统中某些要素或生态系统本身造成破坏的概率，如生态系统中物种的减少或灭绝，生态系统结构与功能的变异等。

11.1.1.3 环境风险评价

环境风险评价也称事故风险评价，是对环境风险可能带来的损失进行评估，并以此进行环境管理和决策的过程。通过环境风险评价，可提出减少环境风险的方案和决策。环境风险评价主要是考虑与项目联系在一起的突发性灾难事故，包括易燃易爆物质、有毒物质和放射性物质在失控状态下的泄漏，大型技术系统(如桥梁、水坝等)的故障。环境风险广泛存在于人类的生活与生产等活动过程之中，与人类社会的经济发展密切相关。对于人类社会的经济发展所带来的或面临的不确定性影响，特别是一些重大的不确定性影响进行分析、预测和评价，有助于决策者做出更为科学、合理的决策。同时，从人类社会开发行为的效益与风险两方面评估人类的行为，也扩大了人们的认识范围，提高了人们的认识水平。

环境风险的性质和表现方式复杂多样，研究者关注的对象不同，分类方法也不同。

(1)按风险事件分类

可分为突发性环境事故风险评价和非突发性环境事故风险评价。

(2)按影响的受体分类

分为健康风险评价和生态风险评价。健康风险评价主要是指通过有害因子对人体不良影响发生概率的估算，评价暴露于该有害因子的个体健康受到影响的风险。生态风险评价是从健康风险评价的基础上发展起来的。生态风险评价的主要对象是生态系统或生态系统中的不同组分，健康风险评价则主要侧重于人群的健康风险。人群是生态系统的特殊种群，可把人体健康风险评价看成个体或种群水平的生态风险评价。

(3)按评价与风险事件发生的时间关系分类

可分为概率评价(probability risk assessment)、实时后果评价(real-time assessment)和事故后后果评价(over-event assessment 或 past accident assessment)。概率评价是在风险事件发生前，预测某设施(或项目)可能发生什么事故及其可能造成的环境风险或健康风险。实时后果评价是在事故发生期间给出实时的有毒物质的迁移轨迹及实时浓度分布，以便做出正确的防护措施决策，减少事故的危害。事故后后果评价主要研究事故停止后对环境的影响。

(4)按评价的范围分类

可分为微观风险评价(micro risk assessment)、系统风险评价(system risk assessment)和宏观风险评价(national risk assessment,macro risk assessment)。微观风险评价是指对某单一设施进行风险评价;系统风险评价是对整个项目中的不同设施(如运输、贮藏、加工等)、不同活动(如建设、运行、拆除)和不同的风险种类与不同的人群进行评价,其评价要素为空间范围、时间长度、人群和效应;宏观风险评价是指全国范围内的某一行业的风险评价。

(5)按环境风险评价的内容分类

可分为各种化学物品的环境风险评价和建设项目的环境风险评价。化学物品的环境风险评价是确定某种化学物品从生产、运输、消耗直至最终进入环境的整个过程中,乃至进入环境后,对人体健康、生态系统造成危害的可能性及其后果。对化学物品的环境风险评价,要从化学物品的生产技术、产量、化学物品的毒理性质等方面进行综合考虑,同时应考虑人体健康效应、生态效应和环境效应。如果对于目前数以百万种人工合成的化学物品和数以万种经常使用的人工合成的化学物品逐一进行风险评价,需要耗费大量的人力、物力和财力。因此,化学物品的环境风险评价应分门别类地加以识别,根据其对人体健康和环境的危害性进行排序,确定优先级,并根据优先程度进行评价。

(6)按应用层次分类

可分为建设项目环境风险评价、区域环境风险评价和战略环境风险评价。建设项目环境风险评价是针对建设项目本身引起的环境风险进行评价,是对建设项目建设和运行期间发生的可预测突发事件或事故引起有毒有害、易燃易爆等物质泄漏,或突发事件产生的新的有毒有害物质,对人身安全与环境所造成的急性与慢性损害,以及人为事故、自然灾害等外界因素对工程项目的破坏所引发的各种事故及其急性与慢性危害进行评估,提出防范、应急与减缓措施。建设项目的环境风险评价主要应用于核工业、化学工业、石油加工业、有害物质运输、水库、大坝、桥梁等建设项目。

区域环境风险评价是环境风险评价的一个分支,是在区域尺度上描述和评价环境污染、人为活动或自然灾害对区域内的生态系统结构和功能等产生不利作用的可能性和危害程度。区域环境风险是指区域开发过程中,由于人为活动或者自然因素引发的技术设施使用故障,在区域空间尺度上导致的可能会对人体健康、自然环境质量产生危害的突发性、不确定性事件。由于单个环境风险因素难以真实反映区域环境因素的综合效应,人们逐步从单因素环境风险评价转向区域环境风险综合评价。区域环境评价具有多源、多途径和多敏感目标的特点,区域环境风险评价重点关注功能布局、产业定位、项目选址等可能引发的大尺度环境风险。

战略环境评价(SEA)是环境影响评价在战略层次上的应用,它是对一项战略,如法律、政策、计划、规划,以及其替代方案的环境影响进行正式、系统和综合评价的过程。战略环境评价通过对战略可能产生的环境影响进行分析评价,提出预防和减缓不良环境影响的措施,并提出相应的环境保护对策及战略调整建议,从决策源头控制环境问题的出现,促进社会经济环境系统的可持续发展。

战略环境评价是将环境和社会问题纳入战略层面的发展规划、决策及其实施过程中产生影响的参与过程。目前战略环境评价在国外环保领域仍处于探索阶段，在我国也是刚刚起步，主要集中在某些领域和某一层次的研究。目前已被诸多行业如土地利用、能源开发等所关注。战略环境评价是环境问题日渐凸显过程中人类认识的加深，将环境风险评价的技术性与政治性相结合并加以平衡的有机体，为环境风险评价提供解决环境问题的新思路。

11.1.1.4 环境风险评价的标准

在环境风险评价中常用的标准有以下 3 类。

（1）补偿极限标准

风险所造成的损失主要有两类：一是事故造成的物质损失；二是事故造成的人员伤亡。物质损失可核算成经济损失，其相应的风险标准常用补偿极限标准，即随着减少风险的措施投资的增加，年事故发生率就会下降，但当达到某点时，如果继续增加投资，从减少事故损失中得到的补偿就很少，此时的风险度可作为风险评价的标准。

（2）人员伤亡风险标准

普通人受自然灾害的危害或从事某种职业而造成伤亡的概率是客观存在的，且一般人能接受，将这种风险度作为评价标准。根据 1999 年陆雍林提出的风险背景值，每年不同年龄人群的自然死亡率，由各种原因而造成的死亡率在 1×10^{-4} 以上是不可接受的，而降到 $1 \times 10^{-8} \sim 1 \times 10^{-4}$ 范围内是可接受的，$1 \times 10^{-6} \sim 1 \times 10^{-5}$ 是通过一定措施可降低的风险水平范畴；风险数值为 1×10^{-8} 以下属于一般可忽略的风险水平。以上符合一般公众对风险的认识，可认为是风险背景，也可看作评价标准。

（3）恒定风险标准

当存在多种可能的事故，而每种事故无论其产生的后果强度如何，它的风险概率与风险后果强度的乘积规定为一个可接受的恒定值。当投资者有足够的资金去补偿事故的损失时，该恒定风险值作为评价和管理标准是最客观和合理的。但是，投资者往往只对其中某类事故更为关注，常常愿意花钱去降低低概率高强度的事故风险，而不愿花钱去降低高概率低强度的事故风险，尽管二者的乘积（即可能的风险损失）并无太大差异。

11.1.2 环境风险评价的内容

环境风险评价的内容，按照程序可分为环境风险识别、环境后果分析、环境风险评价和风险管理 4 个阶段。

环境风险识别阶段主要进行危害甄别、危害框定（或危害分析）、事故频率估算。通过危害识别确定是火灾、爆炸，还是有毒有害物质释放，对于有毒有害物质的释放，确定释放物质的种类、释放量、释放时间、物质行为和释放的频率，框定评价等级、评价范围、评价时间跨度和评价人群；环境后果分析就是确定环境污染途径、照射剂量估算、剂量-效应评价的环境风险和后果计算，如估算有毒有害物质在环境中的迁移、扩散、浓度分布及人员受到照射的剂量；环境风险评价阶段主要给出风险的计算结果以及评价范围内某给定群体的致死率或有害效应的发生率；风险管理是根据风险评价结果，采取适当的管理措施，以降低或消除风险。

11.1.2.1 环境风险评价与环境影响评价

环境风险评价与环境影响评价既有区别又有联系。二者的根本区别在于环境影响评价所考虑的是相对确定的事件，其影响程度也相对容易测量和预测；而环境风险评价所考虑的是不确定性的危害事件或潜在的危险事件，这类事件具有概率特征，危害后果发生的时间、范围、强度等都难以事先预测。例如，对热电厂而言，环境影响评价主要集中讨论正常工作条件下，SO_2 和 TSP 的排放对人群以及周围环境的影响；而环境风险评价则考虑非正常运转条件下的影响，如考虑火灾、爆炸、泄漏等意外事故的发生而导致的对环境的严重影响。环境风险评价与环境影响评价的主要不同点见表 11-1 所列。

环境影响评价在一定的条件下可以扩展为环境风险评价。例如，如果现有的数据表明实际的污染物浓度分布在估算浓度周围的一个很窄的范围内，则只需进行环境影响评价；如果证据表明浓度估值存在很大的不确定性，则进行环境风险评价有助于建设项目的决策。因此，环境风险评价是在环境影响评价确定了某些重大的危险因素的基础上所做的进一步分析与评价。

表 11-1　环境风险评价与环境影响评价的主要区别

序号	项目	环境风险评价	环境影响评价
1	分析重点	突发事故	正常运行工况
2	持续时间	很短	很长
3	应计算的污染物、物理效应	火、爆炸、向水和空气中释放污染物	向空气、水释放污染物、噪声、热污染等
4	释放类型	瞬时或短时间连续释放	长时间连续释放
5	应考虑的影响类型	突发性的、激烈的效应以及事故后期的长远效应	连续的、累积的效应
6	主要危害受体	人、建筑物、生态	人、生态
7	危害性质	急性的、灾难性的	慢性受毒
8	大气扩散模式	烟团模式，分段烟羽模式	连续烟羽模式
9	照射时间	很短	很长
10	源项确定	较大的不确定性	不确定性很小
11	评价方法	概率方法	确定论方法
12	防范措施与应急计划	需要	不需要

11.1.2.2 环境风险评价与安全评价

环境风险评价与安全评价两者联系紧密，是实际工作中最容易混淆的，但事实上，两者的侧重点不同，在研究内容上也存在差别。安全评价以实现工程和系统安全为目的，应用安全系统工程原理和方法，对工程、系统中存在的危险、有害因素进行辨识与分析，判断工程、系统发生事故和职业危害的可能性及其严重程度，从而为制定预防措施和管理决策提供科学依据。表 11-2 列出了常见事故类型下环境风险评价与安全评价的内容。从表中可以看出，环境风险评价侧重于通过自然环境如空气、水体和土壤等传递的突发性环境危害，而安全评价则主要针对人为因素和设备因素等引起的火灾、爆炸、中毒等重大安全危害。

表 11-2　常见事故类型下环境风险评价与安全评价的内容对比

序号	事故类型	环境风险评价	安全评价
1	石油化工厂输油管线油品泄漏	土壤污染和生态破坏	火灾、爆炸
2	大型码头油品泄漏	海洋污染	火灾、爆炸
3	储罐、工艺设备有毒物质泄漏	空气污染、人员毒害	火灾、爆炸；人员急性中毒
4	油井井喷	土壤污染和生态破坏	火灾、爆炸
5	高硫化氢井井喷	空气污染、人员毒害	火灾、爆炸
6	石化工艺设备易燃烃类泄漏	空气污染、人员毒害	火灾、爆炸；人员急性中毒
7	炼化厂二氧化硫等事故排放	空气污染、人员毒害	人员急性中毒

概括而言，环境风险评价与安全评价的主要区别是：

①环境风险评价主要关注事故对厂（场）界外环境和人群的影响，而安全评价主要关注事故对厂（场）界内环境和职工的影响。

②环境风险评价不仅关注由火灾产生的热辐射、爆炸产生的冲击波带来的破坏影响，更关注由发生火灾、爆炸产生、伴生或诱发的有毒有害物质泄漏对环境造成的危害或环境污染影响；安全评价主要关注火灾产生的热辐射、爆炸产生的冲击波带来的破坏影响。

③目前我国环境风险评价导则关注的是概率很小或极小但环境危害最严重的最大可信事故，而安全评价主要关注的是概率相对较大的各类事故。

11.2　环境风险的识别和度量

11.2.1　环境风险识别

11.2.1.1　风险识别的内容与目的

风险识别是环境风险评价的主要任务和基础工作，是环境风险评价的首要步骤。它是运用因果分析的原则，采用筛选、监控、诊断的方法从复杂的环境系统中找出具有风险的因素的过程。

风险识别的目的就是要回答环境系统中有哪些重大的风险需要评价，潜在的风险源是什么，从而合理地缩小环境系统风险事件引发的不确定性。风险识别的准确程度直接影响到环境风险评价的质量。风险评价中的风险识别与安全生产和管理中的事故分析以及安全评价分析方法相同，但是目的各有侧重。安全生产中的事故分析是为了找出事故的原因，提出预防事故的对策，从而减少和防止同类事故的发生；通过事故分析了解发生事故的特点和规律；发现新的危险因素和管理缺陷，从事故中引出新的工艺和新的技术。安全管理中的安全评价是通过分析，了解系统中的薄弱环节，消除潜在危险，达到系统的最优化和安全。风险评价中的风险识别是通过识别和诊断系统中存在的潜在危险和事故概率计算，筛选出最大可信事故，进而计算事故的可能危害，确定系统的风险值，通过与相关标准的比较，评价是否达到可接受的风险水平。其目的就是通过对评价系统进行危害识别和分析，正确筛选出最大可信事故及其源项，为其后果估算提供依据和基础资料。其中最重要也最困难的工作是事故概率的估算。

11.2.1.2 风险识别步骤

风险识别是用定性与定量的分析方法，对环境系统中潜在的危险因素进行分析，对识别和筛选进行系统性描述。主要包括对环境风险物质的筛选及其潜在危害分析；确定具有潜在危害的单元、子系统或系统；确定潜在的危害类型、可能的危害及其转移途径；同类危害类型的事故统计分析。就工程项目而言，风险识别的范围和对象涉及整个系统，包括物质、设备、装置、工艺及其相关的单元。与之相应的要进行物质危险性、工艺过程及反应危险性、设备、装置危险性和储运危险性的识别与评价。

风险识别的主要步骤如下：

①系统、子系统和单元的划分。

②危险性识别，以定性分析为主。

③对所识别的危险源的定量表征，筛选和确定最大可信灾害事故。

11.2.1.3 风险识别方法

风险识别就是通过定性分析与经验判断识别评价系统的危险源、危险类型，可能的危险程度，确定主要风险源。

风险识别的方法有专家调查法、幕景分析法、安全分析法和故障树-事件树分析法。

（1）专家调查法

环境风险因素多而复杂，很难在短时期内用统计方法、实验分析方法或因果论证方法得到证实，例如，河流或土壤污染对附近居民的癌症发病率的影响在短时期内是难以确定的，因此，专家调查法常常用于环境风险的识别中。专家调查法按照规定的程序对有关问题进行调查，可尽量准确地反映出专家的主观估计能力，是经验调查法中比较可靠、具有一定科学性的方法。

①智力激励法　智力激励法是一种刺激创造性，产生新思维的方法。它是将专家召集起来同他们提出并交流各自对建设项目的观点和对风险的识别。该方法一般由 10 个人参加，由单个人独立完成，并对每个人的意见加以汇集。智力激励法用于环境风险识别时应回答以下问题：所进行的项目会遇到哪些风险？这些危险危害各个方面的程度如何？同时应注意以下规则：对风险识别人员所发表的思想不得有任何非难；对参与人员的意见要进行分类、组合以及合理改进。参加风险识别的人员应由环境风险评价专家、某个相应专业领域内的专家和工程项目的设计人员组成。该方法适用于研究或探讨的问题比较单纯、目标比较明确的情况。

智力激励法能发挥专家的智力和技能优势，但是，由于一个工程项目面临的潜在危害的涉及面宽、专家的专业知识和业务水平的限制以及专家的能言善辩和有些人对专家权威的崇拜，可能使本方法代表性不全面，观点并不一定正确，甚至导致错误的认识。

②特尔斐法　特尔斐法是以匿名的方式寻求专家的意见。预测领导小组对每一轮的意见进行汇总整理，作为参考资料再发给每一位专家，供其分析判断，提出新的论证。如此反复多次，专家的意见趋于一致，可靠性增大。

特尔斐法是在意见和价值判断领域内的一种延伸。它突破了传统的数量分析限制，为更合理地制定决策开阔了思路。特尔斐法能够对未来发展中的各种可能出现和期待出现的前景做出概率估算，可为决策者提供多种选择方案。其匿名性、轮回反馈沟通性和评价结果统计性的特点消除了专家心理因素的影响，达到了互相启发和对结果定量处理的目的。

特尔斐法应用于环境风险识别中可以明确一些可以产生环境风险的因素，包括人为因素和自然因素、物理因素和化学因素、技术性因素和非技术性因素；对环境风险的发生及其时间做概率估算；利用专家评价环境风险的时间进程；检查某一危险在既定条件下的可能性；在缺乏客观数据和资料时，对工程项目等引发的环境风险做出主观定量预测。

（2）幕景分析法

幕景分析法是一种能帮助识别关键因素的方法。它可提醒决策者注意某种措施可能引发的风险或危害性后果，提供需要进行监控的风险范围。研究某些关键性因素对环境以及未来的影响，处理各种相互矛盾的情形。其研究重点是当某种能够引起环境风险的因素发生变化时，会有什么危险发生，又会对整个工程项目产生什么样的作用。

幕景分析法通常将筛选、监测和诊断应用于环境风险识别之中。筛选是用某种程序将具有潜在危险的产品、过程和现象进行分类选择的风险识别过程。监测是对应于某种危险及其后果，对产品、过程和现象进行观测、记录和分析的过程。诊断是根据症状或其后果，找出可疑的原因，并进行仔细的分析和检查。筛选、监测和诊断从不同的侧面对环境风险进行识别。3 种过程均使用相同的元素，只是顺序上存在差别。

筛选：仔细检查—征兆鉴别—疑因估计；

监测：疑因估计—仔细检查—征兆鉴别；

诊断：征兆鉴别—疑因估计—仔细检查。

（3）安全分析法

安全分析法是与安全系统工程相适应的一种系统分析方法。它将风险评价研究对象视为一个由相互作用、相互依赖、相互制约的，由多个能进一步分解为若干个单元的子系统结合而成的，具有特定功能的有机整体，可以运用系统分析理论，实现对系统的组织管理，为完成某项特定的任务提供决策、方案、方法和顺序等。安全系统工程是在设定的环境、时间、劳力、成本、能源和效益的条件下，使系统的功能和风险优化组合，达到可接受的水平。安全系统工程包括系统分析、危险评价、代价利益比较和最优化决策等内容。安全系统的分析方法，一是对所涉及的物质进行分析；二是对系统的可靠性、安全性进行评价。

①系统简化与划分　区域系统风险的识别是十分复杂的，系统简化是有效地进行源项分析的重要技术。系统简化是将确定范围内的评价对象看作一个系统，按照一定的法则分解成若干个子系统，每个子系统应为具有一定功能的单元，最小的子系统应包括一个毒物的主要储存容器或管道。子系统间设有隔离设施。

②系统的可靠性、安全性数量表征　系统的可靠性是指系统（设备）在规定条件下和规定的时间内，完成规定功能的能力。系统安全性是指系统的失效和人员失误的概率及其由失效可能导致的人员伤亡和财产损失。任何系统的可靠性和安全性与成本、效益之间的关系是在保证系统的可靠性指标的前提下，使系统的成本费用最低。可靠性的提高将导致生产成本的增加和安全成本的降低。系统安全分析就是在系统的安全费用与成本费用之间寻

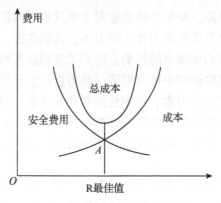

图 11-1 可靠性与成本的关系

找最优化点 A（图 11-1），即系统的总费用最低点。对于特定的系统，其可靠性和安全性可以通过计算量化。

（4）故障树–事件树分析法

故障树分析法是利用图解的形式将大的故障分解成各种小的故障，并对各种引起故障的原因进行分解。由于图的形状像树枝一样，越分越多，故形象地称为故障树。这是环境分析中常用的方法。

①故障树分析（fault tree analysis，FTA）　故障树分析是比较适合于大型复杂系统安全性和可靠性的常用方法，它是一种演绎分析工具，用以系统地描述导致工厂到达顶事件的某一特定危险状态的所有可能故障。顶事件可以是某一事故序列，也可以是风险定量分析中认为重要的任意状态。通过故障树的分析，能估算出某一特定事故（顶事件）的发生概率。

在应用故障树之前，先将复杂的环境风险系统分解为比较简单的、容易识别的小系统。例如，可以把建设化肥厂的环境风险分解为化学风险、物理风险等。化学风险可分解为：有毒原料的输送和储存，某个生产线上单元反应过程的控制和有毒物料的单元操作，有毒成品的储存和外运等。分解的原则是将风险问题单元化、明确化。

②事件树分析　以污染系统向环境的事故排放为顶事件的故障树分析，给出了导致事故排放的故障原因事件以及发生概率，而事故排放的源强或事故后果的各种可能性需要结合事件树做进一步分析。事件树分析是从初因事件出发，按照事件发展的时间顺序分成阶段，对后继事件一步一步地进行分析，每一步都从成功和失败（可能与不可能）两种或多种可能的状态进行考虑（分支），最后直到用水平树状图表示其可能后果的一种分析方法，以定性、定量地了解整个事故的动态变化过程及其各种状态的发生概率。

11.2.1.4 风险的识别

国民经济的发展需要不同材料制成的设备、装备，处置、使用、储存和运输各种不同原料、中间产品、副产品、产品和废弃物，它们具有不同的物理性质、化学性质和毒理特性，其中一些物质属于易燃、易爆和有毒物质，具有潜在的危险性。

建设项目生产过程中所涉及的物质、生产设施较多，须采用一定的方法识别出生产过程中的风险因素及风险类型。

物质风险的识别范围包括：主要原材料及辅助材料、燃料、中间产品、最终产品以及生产过程中排放的"三废"污染物等。

生产设施风险的识别范围为：主要生产装置、贮运系统、公用工程系统、环保设施及辅助生产设施等。风险类型包括火灾、爆炸和泄漏。

（1）物质的危险性识别

①易燃、易爆物质的识别　易燃、易爆物质指具有火灾爆炸危险性物质，分为爆炸性物质、氧化剂、可燃气体、自燃性物质、遇水燃烧物质、易燃与可燃液体、易燃与可燃固体等。

●爆炸性物质：是指受到高热、摩擦、撞击或受到一定物质激发能瞬间发生急剧的物理、化学变化，并伴有能量的快速释放，引起被作用介质的变形、移动和破坏的物质。爆炸性物质具有变化速度快、反应中释放的热量大或吸收热量快、生成大量的气体产物的特点。

爆炸性物质分为爆炸性化合物和爆炸性混合物。前者具有一定的化学组成，分子间含有不稳定的爆炸基团，包括硝基化合物、硝酸酯、硝胺、叠氮化合物、重氮化合物、雷酸盐、乙炔化合物、过氧化物、氮氧化物、氮的卤化物、氯酸盐和高氯酸盐等；后者通常由两个或两个以上的爆炸组分和非爆炸组分经机械混合而成，主要为硝铵炸药等。爆炸性物质重大危险源识别参考标准见表 11-3。

表 11-3　爆炸性物质重大危险源识别参考标准

序号	物质名称	生产场所临界量(t)	储存区临界量(t)
1	硝化丙三醇	0.1	1
2	二乙二醇二硝酸酯	0.1	1
3	叠氮(化)钡	0.1	1
4	叠氮(化)铅	0.1	1
5	2,4,6-三硝基苯酚	5	50
6	2,4,6-三硝基苯胺	5	50
7	三硝基苯甲醚	5	50
8	二硝基(苯)酚	5	50
9	2,4,6-三硝基甲苯	5	50
10	硝化纤维素	10	100
11	1,3,5-三硝基苯	5	50
12	2,4,6-三硝基间苯二酚	5	50
13	六硝基-1,2-二苯乙烯	5	50

●氧化剂：是指具有较强的氧化性能，能发生分解反应，并引起燃烧或爆炸的物质。氧化剂的分解温度小于 500℃。氧化剂分为有机氧化剂和无机氧化剂。其危险性在于氧化剂遇碱、潮湿、强热、摩擦、撞击或与易燃物、还原剂等接触时发生分解反应，释放氧，有些反应急剧，易引起燃烧或爆炸。

●可燃气体：是指遇火、受热或与氧化剂接触能引起燃烧或爆炸的气体，分为一级可燃气体和二级可燃气体。一级可燃气体的着火(爆炸)浓度下限≤10%，二级可燃气体的着火(爆炸)浓度下限>10%。可燃气体的危险性主要为其燃烧性、爆炸性和自燃性。可燃气体的易燃爆炸性用其燃烧(爆炸)极限来表征。可燃气体的燃烧(爆炸)极限是指一定的温度压力条件下，可燃气体与空气混合物遇火源发生燃烧(爆炸)时可燃气体的浓度范围，用可燃气体在空气中的体积百分比表示。燃烧极限的下限是着火的下限，燃烧极限的上限是着火的上限。

可燃气体受热到一定温度时发生自燃，发生自燃的最低温度为可燃气体的自燃点，反应当量浓度时的自燃点为标准自燃点。自燃点越低，自燃的危险性越大。自燃点与压力、浓度、容器直径等因素有关。

• 自燃性物质：是指不需要明火作用，因本身受空气氧化或外界温度、湿度影响发热达到自燃点而发生自行燃烧的物质。自燃物质分为一、二两级。一级物质是指黄磷、三乙基、硝化棉、铝铁溶剂等，它们具有在空气中能发生剧烈氧化、自燃点低、易于燃烧且燃烧剧烈、危险性大的特点。二级物质在空气中氧化比较缓慢、自燃点较低，在积热不散的条件下能够自燃，如油脂等物质。影响自燃性物质自燃的因素有热量的积累、热量发生率、压力分子结构和粒度等。

• 水燃烧物质：是指遇水或潮湿空气能分解产生可燃气体，并放出热量而引起燃烧或爆炸的物质。包括 Li、K 等金属及其氢氧化物和硼烷等。

• 易燃与可燃液体：是指遇火、受热或与氧化剂接触能燃烧和爆炸的液体、溶液、乳状液和悬浮液等燃烧液体。

• 易燃与可燃固体：是指燃点低，对热、撞击、摩擦敏感和与氧化剂接触能着火燃烧的固体。易燃与可燃固体分为一、二两级。一级易燃固体燃点低，易于燃烧和爆炸，燃烧速度快，并放出毒气，如磷及含磷化合物和硝基化合物等。二级易燃固体的燃烧性能、燃烧速度相对较差，如金属粉末、碱金属氨基化合物等。

易燃与可燃固体的危险性用熔点、燃点、自燃点、比表面积和热分解等参数表征。熔点低，闪点低，危险性大；燃点越低，危险性越大。一般 300℃ 以下为易燃固体，300~400℃ 为可燃固体；固体的自燃点一般为 180~400℃，低于可燃液体和气体。比表面积越大，危险性越大，粒度小于 10~3μm 时，可悬浮在空气中引起爆炸。热分解温度越低，火灾的危险性越大。易燃物质重大危险源识别参考标准见表 11-4 所列。

表 11-4　易燃物质重大危险源识别参考标准

序号	物质名称	生产场所临界量(t)	储存区临界量(t)
1	正戊烷	2	20
2	环戊烷	2	20
3	甲醇	2	20
4	乙醚	2	20
5	乙酸甲酯	2	20
6	汽油	2	20
7	乙酸正丁酯	10	100

(续)

序号	物质名称	生产场所临界量(t)	储存区临界量(t)
8	环己胺	10	100
9	乙酸	10	100
10	乙炔	1	10
11	1,3-丁二烯	1	10
12	环氧乙烷	1	10
13	石油气	1	10
14	天然气	1	10

②毒性物质 毒性物质是指一定量的物质进入机体后,能与体液和组织发生生物化学作用或生物物理变化,扰乱或破坏机体的正常生理功能,引起暂时性或持久性的病理状态,甚至危及生命的物质。如苯、氯、硝基苯、氨、有机磷农药、汽油、硫化氢等。

毒性物质毒性的表征一般以化学物质引起实验动物某种毒性反应所需的剂量来表示。常采用以下指标来表征。

- 绝对致死量或浓度(LD_{100} 或 LC_{100}):染毒动物全部死亡的最小剂量或浓度。
- 半数致死量或浓度(LD_{50} 或 LC_{50}):染毒动物半数致死的最小剂量或浓度。
- 最小致死量或浓度(MLD 或 MLC):全部染毒动物中个别动物死亡的剂量或浓度。
- 最大耐受量或浓度(LD_0 或 LC_0):染毒动物全部存活的最大剂量或浓度。

毒物的摄入有呼吸道吸入、皮肤吸收和消化道吸收 3 种形式。毒物的危害程度根据急性毒性、急性中毒发病情况、慢性中毒患病情况、慢性中毒后果、致癌性和最高容许浓度分为极度危害、高度危害、中度危害和轻度危害 4 类。有毒物质重大危险源识别参考标准见表 11-5 所列。

表 11-5 有毒物质重大危险源识别参考标准(部分)

序号	物质名称	生产场所临界量(t)	储存场所临界量(t)
1	氨	40	100
2	氯	10	25
3	碳酰胺	0.30	0.75
4	一氧化碳	2	5
5	三氧化硫	30	75
6	硫化氢	2	5
7	氟化氢	2	5
8	羟基硫	2	5
9	氰化氢	20	50
10	砷化氢	0.4	1
11	锑化氢	0.4	1
12	磷化氢	0.4	1

（续）

序号	物质名称	生产场所临界量（t）	储存场所临界量（t）
13	硒化氢	0.4	1
14	六氟化硒	0.4	1

（2）危险化学品危险性的识别

①危险物料的识别　应以有爆炸危险物料，有引起爆炸和火灾的活性物料（不稳定物料），可燃气体及易燃物料，能通过呼吸系统或皮肤吸收引起中毒的高毒和剧毒物料为识别重点。

②危险化学反应过程的识别　应以有活性物料参与或产生的化学反应，能释放大量反应热，又在高温、高压和汽液两相平衡状态下进行的化学反应为重点，分析研究反应失控的条件，反应失控的后果及防止反应失控的措施。化工单元过程是总结种化学生产过程中以化学为主的处理方法，概括为具有共同化学反应特点的基本过程。化工单元过程主要有卤化、硝化、氧化、还原、氢化、水解、电解、催化、裂化、氯化、烷基化、重氮化、胺化、聚合、碱熔等反应过程。

③危险的单元操作的识别　危险的单元操作，应以处理大量危险物料和处理含有活性物质的物料的单元操作过程为分析研究的重点。化工单元操作是指由各种化学生产过程中以物理为主的处理方法，概括为具有共同物理变化特点的基本操作。化工单元操作可归纳为物料输送、蒸发、蒸馏、加热、加压、干燥、冷却、冷凝、粉碎、混合、熔融、筛分、过滤等操作过程。

（3）工艺过程的危险因素识别

①识别方法　按工艺顺序，以每个工艺单元为研究对象，对工艺单元内部涉及每个工艺参数分别进行偏差分析，结合已有资料，找出可能的后果和相应的原因及对策措施，每一个工艺单元分析完后，对结果进行汇总，最后对整个工艺过程的分析结果进行归纳总结，得出该工艺过程中危险有害因素及其形成的原因和建议措施。如果需要，可以进一步分析各种危险有害因素的危险性和发生的可能性，以便后续工作。

②工艺过程危险因素识别程序　工艺过程危险有害因素分析过程如下。

a. 确定研究的对象、范围：根据工程或建设项目确定研究对象以及识别范围。

b. 进行相关资料的搜集：进行危险有害因素识别所应获取的资料信息包括生产过程中所涉及物料（包括原料、中间产品、副产品、产品、助剂和催化剂）的种类及其理化特性；工艺流程图；工艺过程各个阶段操作参数的数值，如温度、压力、流速、液位、物质状态等；所有化学反应、副反应以及过反应的机理和特性；安全操作规程；设备制造手册，设备设计、生产、安装、使用相应的资质证书或许可证，检测检验合格证书等；其他相关专著文献信息资料，如以往类似生产事故数据等。

c. 划分工艺单元，并进行工艺流程图标示：在工艺流程图上标注工艺单元。对于在役工艺，根据所获取的资料（如安全操作规程等）或实际调研资料，将操作参数、条件标注在流程图上；对于在设计或暂停工艺，参考设计说明书、相关专著资料信息以及操作说明书等，将操作参数、操作条件标注在流程图上。然后针对在流程图上标明的参数进行偏差分析。

d. 工艺单元偏差分析：工艺单元偏差分析为危险有害因素识别的主要和重要的部分。工业生产过程一般由各种各样的工艺设备、装置以及在工艺设备、装置中进行的化学反应、物理操作单元和物料输送等组成。从安全的角度来看两者是紧密联系、相辅相成的统一体，在进行危险有害因素分析时，应该同时进行，但是侧重点及考虑的内容不尽相同。

生产过程中的偏差分析，一般可以将工业生产过程分为四大部分，即原料的净化和原料物理状态的改变（化工单元操作）、化学反应、产物的分离和净化（化工单元操作）以及整个过程中的物料输送，如图 11-2 所示。

图 11-2 生产过程示意图

首先，进行化学反应的偏差分析，其主要内容为分析操作参数正负偏差和参数波动幅度对反应的影响及其影响后果。任何一个化学反应都伴有一定的热效应，每一个化学反应都有其最佳反应温度，应根据具体化学反应系统的能量分析来确定该反应的最佳反应温度（或温度范围）。一般来讲，反应温度过低，反应速度很低，可能造成反应中止；反应温度过高，副反应增加，反应的选择性降低，影响产品质量，而且对于强放热反应，反应容易失控，造成爆炸、燃烧、中毒等事故。温度波动幅度超过允许值，如升温过快，反应器内反应产生热量的速率远大于系统热量传递的速率，设备内部温度过高，容易出现物料泄漏，甚至爆炸等事故；降温过快，反应器内物料来不及反应，待再次恢复温度后，反应物料浓度过高，反应速度过快，容易失控，发生事故。

因此，对于某一具体的化学反应，首先应分析该反应的反应机理、特性，结合工艺流程了解反应工艺、加料顺序等；然后以反应为中心，分析各反应参数变化对反应的影响及其可能引发的次生事故，并且按工艺线路分析造成参数变动的可能原因，直至分析出最根本原因事件，将整个过程记录下来。

其次，进行化工单元操作的偏差分析，单元操作过程中的危险性主要是由所处理物料的危险性决定的。典型的单元操作如蒸馏、蒸发、冷凝、过滤、萃取等过程的危险、有害因素已经归纳总结在许多手册、规范、规程和规定中，可以借鉴其中所分析得出的结果，结合实际情况对具体的生产过程进行危险、有害因素辨识。

单元操作过程中一般没有化学反应（除了个别副反应和过反应），系统的工作参数（温度、压力、流速等）都比较稳定，因此应主要从设备的角度、外界环境因素、人为因素导致的参数偏差对过程的影响进行分析。

最后，进行物料输送的偏差分析，物料输送严格来说应属于单元操作的一种，在这个过程中对于液体气体输送的直接事故为泄漏和静电事故，根据物料特性的不同，泄漏和静电事故后将造成不同的二次事故。例如，运输有毒易燃液体，发生泄漏后，在地面形成液池，在空中形成有毒、易燃蒸气云团，遇点火源可以形成火灾和蒸气云爆炸，人吸入可造成中毒事故；如果无静电接地或静电接地失效，电荷积累到一定程度，在适当的时机可能会放电，发生燃烧爆炸事故。对于固体主要的危险有害因素为物体打击、机械伤害、高处

坠落等。

同样，物料输送过程中没有化学反应，一般来讲，系统的工作参数（温度、压力、流速等）都比较稳定，应主要考虑外界环境因素、人为因素导致的参数偏差对过程的影响。

一般来讲，工艺设备、装置的危险、有害因素在生产过程中随着参数的变化以及生产时间不断增加而体现出来，所以辨别其危险、有害因素应和上节内容结合起来同步进行。对工艺设备、装置进行危险、有害因素识别可从以下两个方面进行。

首先，进行单个设备的偏差分析。按照工艺顺序，对工艺单元内的设备进行单独的危险、有害因素分析，分析内容可以包括设备能否满足工艺条件的需要，同时是否有事故隐患。例如，设备的材料、结构、强度、防腐蚀能力、防震动能力、安全装置等；设备本身所带来的危险、有害因素，如转动的皮带有绞伤人的危险，应设置防护罩。

以上内容可以通过查阅资料和有经验人员现场实际观察进行。需要搜集的资料包括：设备制造手册，设备设计、生产、安装、使用相应的资质证书或许可证，检测检验合格证书等；此外还要请有经验工作者进行现场实际考察，对该设备现状、适应性做出评价。

其次，进行成套设备、装置的偏差分析。对工艺装置进行危险、有害因素识别，不仅要考虑单个设备，同时还要考虑工艺特性、介质特性以及操作人员等因素。一般来讲，其包括以下内容：设置各种安全检测、工艺报警和自动控制系统，防止参数的剧烈变化、反应失控以及人为误操作等；安全泄压、抑爆装置以及自动喷淋等，设置防止事故及机器破坏的装置。

e. 汇总分析结果：将以上所有资料、记录归纳总结，按工艺顺序列表，标示出主要项目，并列出和装置设备有关的项目，具体见表 11-6 所列。

表 11-6　生产工艺危险、有害因素分析记录表

工艺单元	工艺参数	偏差	可能原因	后果	必要政策	备注

f. 归纳、总结分析结果：在对工艺单元进行全面系统的危险、有害因素分析辨别后，应对结果进行归纳总结，按实际情况对所有参数根据其偏差危险性进行排序，找出主要危险、有害因素。建议进一步向有关人员了解工艺参数控制情况，对于那些控制效果良好的参数，因为其出现较大偏差的可能性比较小，甚至工艺连锁控制其不可能有允许值以外的偏差，所以可以考虑忽略该方面的危险、有害因素。

11.2.2　风险的度量

风险的定量分析是以实际经验和生产知识为基础、运用逻辑推理的过程去识别危险性并进行定量计算分析，其目的是对风险识别的主要危险源做进一步的分析、筛选，以确定最大可信灾害事故及其事故源项，为事故的环境风险评价提供依据。定量分析方法主要为指数法和概率法。前者以美国道化学公司的"火灾爆炸指数评价法"和英国帝国化学公司的"蒙德评价法"为代表，后者包括事件树分析法、故障树分析法和因果分析方法。

11.2.2.1　风险度量的概念

环境风险的度量是对风险进行定量的测量，它包括事件出现概率的大小和后果严重程

度的估计。如果说环境风险所回答的问题是工程项目引发的风险是什么，则环境风险度量所回答的问题是这风险有多大。风险度是将风险的概率特性进行量化的表示方式。其常用的量化公式是：

$$FD = \frac{\sigma}{M_x} \tag{11-1}$$

式中　σ——标准差；

　　　M_x——期望值。

风险度越大，就表示对将来越没有把握，风险也就越大，这应当成为决策时一个重要考虑因素。

以有毒物质泄漏到大气环境中的风险为例，说明如何度量这一风险。为使一个容纳有毒物质的储存罐不发生泄漏，需通过一个水循环系统制冷，当储存罐中的压力超过某一阈值，储存罐的安全阀起自动保护作用，通过安全阀将有毒物质引入充满水体的吸收池内。在此例中，我们将有毒物质泄漏到大气中作为最严重的危险事件。有毒物质泄漏到大气中有两种可能性，一种是储存罐破裂，另一种是保险控制失效。造成储存罐破裂的原因有正常操作条件下的破裂和非正常操作条件下的破裂，而保险控制失效主要是由于自动制冷系统失灵。具体时间关系如图 11-3 所示。

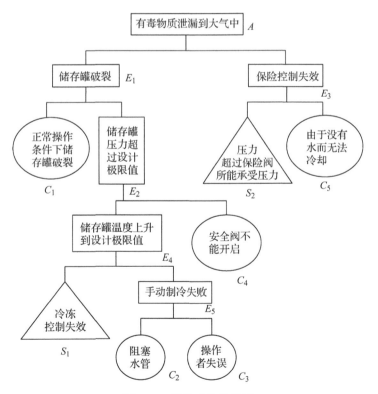

图 11-3　事件追踪故障树

根据图 11-3 故障树中各事件的关系，可以得到一系列有显著不同的事件集：

$$A = E_1 + E_3$$

$$E_1 = C_1 + E_2$$
$$E_3 = S_2 \times C_5$$
$$E_2 = E_4 \times C_4$$
$$E_4 = S_1 \times E_5$$
$$E_5 = C_2 + C_3$$

可以得到：

$$A = C_1 + S_1 \times C_2 \times C_4 + S_1 \times C_3 \times C_4 + S_2 \times C_5$$

由此看出，在事件集中，任何一个事故发生，都将导致有毒物质泄漏到大气中。从故障树上切割下来的这类事件集称为最小切割集。

$$C_1$$
$$S_1 \times C_2 \times C_4$$
$$S_1 \times C_3 \times C_4$$
$$S_2 \times C_5$$

每一个最小切割集发生的概率，是根据概率理论计算的。如最小切割集 $S_1 \times C_2 \times C_4$ 发生的概率为：

$$P(S_1 \times C_2 \times C_4) = P(S_1) \times P(C_2) \times P(C_4)$$

为了进一步说明环境风险的概率特性，可以设想一个由特尔菲法得到的各单元事件发生的概率(表11-7、表11-8)。

表 11-7　各单元发生事件概率表

事件名称	P
C_1 储存罐破裂	1×10^{-7}
C_2 水管堵塞	5×10^{-3}
C_3 操作者失误	4×10^{-3}
C_4 安全阀未开启	1×10^{-5}
C_5 没有水	5×10^{-2}
S_1 制冷系统失败	1×10^{-4}
S_2 压力控制系统失败	1×10^{-5}

注：表中概率均为假设，不可直接应用。

表 11-8　最小切割集发生概率

最小切割集	发生概率	所占全部事件的比重
C_1	$100\ 000 \times 10^{-12}$	17%
$S_1 \times C_2 \times C_4$	5×10^{-12}	0
$S_1 \times C_3 \times C_4$	4×10^{-12}	0
$S_2 \times C_5$	$500\ 000 \times 10^{-12}$	83%

在上述条件下，一年工作日的泄漏事件概率为最小切割集概率之和。

$$P(A) = 600\ 009 \times 10^{-12}$$

由表 11-8 中可见，压力控制系统失控 S_2 和吸收池无水 C_5 引起保险控制失效造成泄漏事件的可能性最大，占全部风险的 83%，因此对决策者来说，要减少泄漏事件的风险，应加强 S_2 和 C_5 的管理。

关于概率的计算，一般根据大量试验所取得的足够多的信息用统计方法进行。用这种方法得到的概率数值是客观的，不以计算者或决策者的意志而转移，故称为客观概率。但在环境风险评价中，经常不可能获得足够多的信息，如核电站的泄漏事故不可能做大量的试验，又因危险事件是将来发生的，因而很难计算客观概率。但由于决策的需要，要求对事件出现的可能性做出估计，只好由决策者或专家对事件出现的概率做出一个主观估计，这就是主观概率。主观概率是用较少信息量做出估计的一种方法。

下面对主观估计的量化做一个实例分析。近年来由于氟碳化合物（PFCs）的影响，臭氧层遭到破坏，紫外线透射增强，对皮肤癌的发病率有直接影响。关于影响大小问题的研究，可采用统计、相关分析和生理分析等方法，但所需时间、经费、人力较多，为了适应某种急需，可以使用主观估计法。

设在我们所研究范围内皮肤癌发病人数增长率与紫外线照射强度增长率之间呈线性关系，则：

$$\Delta U / U = \alpha \Delta C / C \tag{11-2}$$

式中　ΔU——皮肤癌病人增长数；

　　　U——皮肤癌病人数；

　　　ΔC——紫外线照射强度增长数；

　　　C——紫外线照射强度；

　　　α——比例系数。

由该式提出的问题，对比例系数 α 做出估计，拟采用专家调查的方法，要求被调查的专家 A、B、C、D、E（被调查人的代号）对有关环境风险度量的知识有了解，根据他们的长期经验和观察，对于 α 取值范围也有一个大致估计，因此需要制订调查表（表 11-9），表中将累计概率分为 5 个档次：

1%，是可能的最小值，说明 α 值小于该值的可能性仅有 1%；

25%，是 50% 与最小值之间的中间值；

50%，是最大值和最小值的中间值，说明 α 值大于或小于该数值的可能性各占 50%；

75%，是 50% 与最大值之间的中间值；

99%，是可能的最大值，说明 α 值小于或等于该值的可能性占 99%。

这样用不断将各区间分成两半的做法进行下去即可取得许多数值。采用这种方法是为了便于被调查人思考和回答。

表 11-9　被调查人代号××

累计概率	1%	25%	50%	75%	99%
α 值					
说明					

11.2.2.2 危害的估计

在分析了有害物质泄漏会造成什么样的不利事件之后，就需要定量地分析有害物质会造成多大的影响。

(1)有害物质泄漏量的计算

有害物质的泄漏主要分为有害液体的泄漏和有害气体的泄漏。根据伯努利流量方程计算有害液体从容器中排放的速率 Q：

$$Q = C_d A_r \rho_1 \sqrt{\frac{2(p_1 - p_0)}{\rho_1} + 2gh}$$ (11-3)

式中 C_d——排放系数，取决于孔的形状和流动状态，对于液体流动，一般取 0.6~0.64；

A_r——泄漏孔所对着的有效的开阔区域(或称释放面积)，m^2；

ρ_1——有害液体的密度，kg/m^3；

g——重力加速度，m/s^2；

h——流体的静力势差(高度差)，m；

p_1——容器内部压力，N/m^3；

p_0——大气压力，N/m^3。

上式假定储存有害液体的容器或者管道的长度与泄漏孔的直径比值很小(<12)，那么通过小孔排出的液体在排放时保持液态，不会挥发成气态。该式只适用于计算瞬间排放速率，而不适用于随着排放时间的延续，压力和液面势差下降的情况。

对于有害气体排放的速率计算，是假设在理想气体绝热可逆膨胀过程的条件下进行的。根据格林提供的公式计算排放速率，气体呈音速流动时，其泄漏速率为：

$$Q = C_d A_r p_1 \sqrt{\left(\frac{m\gamma}{RT_i}\right) \cdot \left(\frac{2}{r+1}\right)^{\frac{r+1}{r-1}}}$$ (11-4)

气体呈亚音速流动时，其泄漏速率为：

$$Q = Y C_d A_r p_1 \sqrt{\left(\frac{m\gamma}{RT_i}\right) \cdot \left(\frac{2}{r+1}\right)^{\frac{r+1}{r-1}}}$$ (11-5)

式中 Q——有害气体排放速率，m^3/h；

Y——泄漏系数；

T_i——液体的温度，K；

R——摩尔气体常数，$J/(mol \cdot K)$；

m——有害气体的量，mol；

γ——热辐射率；

r——气体绝热指数，是等压热容与等容热容的比值。

其他符号同前式。此公式适用于大储存容器或管道中的有害气体排放。

(2)有害物质泄漏后的扩散估算

有害液体泄漏后会迅速漫延到地面，如果没有人工阻界，如堤岸、围墙，它会一直漫延直至达到最小的厚度不能再漫延为止，或者是直至液体的蒸发率与排放率相等使积累的液体量不再增加。为了进行计算，必须研究有害液体扩散(漫延)过程，找出漫延半径随时间变化的函数关系。对此，沙(Shaw)和伯瑞斯考(Briscoe)提出了圆形积块的传播公式：

$$r = \left(\frac{t}{\beta}\right)^{\frac{1}{2}} \tag{11-6}$$

$$\beta = \left(\frac{\pi\rho_1}{8gm}\right)^{\frac{1}{2}} \tag{11-7}$$

对于连续现象，有：

$$r = \left(\frac{t}{\beta}\right)^{\frac{3}{4}} \tag{11-8}$$

$$\beta = \left(\frac{\pi\rho_1}{32gm}\right)^{\frac{1}{2}} \tag{11-9}$$

式中　m——质量，kg；

ρ_1——液体的密度，kg/m^3；

r——扩散半径，m；

t——时间，s。

其他符号同前。

$$D = D_0\sqrt{\rho_{a2}/\rho_{a1}} \tag{11-10}$$

式中　D_0——泄漏孔的直径，m；

ρ_{a2}——喷射情况下，相对于周围空气的瞬时密度，kg/m^3；

ρ_{a1}——常温下，相对于周围空气的密度，kg/m^3。

距孔源 x 处，喷射轴上的浓度为：

$$C = \frac{\dfrac{b_1 + b_2}{b_1}}{0.32\,\dfrac{x}{D} \cdot \dfrac{\rho_{a1}}{(\rho_{a2})^{1/2}} + 1 - \rho_1} \tag{11-11}$$

b_1、b_2 是形态常数，有：

$$b_1 = 50.5 + 48.2\rho_1 - 9.95\rho_1^2 \tag{11-12}$$

$$b_2 = 23.0 + 41.0\rho_1 \tag{11-13}$$

该公式可以估算蒸气高速喷射的扩散行为，但对于有毒气体的排放需用其他模式计算。

有害物质在大气中扩散的问题，近些年来引起人们广泛的重视，因而发展了许多不同扩散模式。随着对有毒物质分析的发展，人们开始注意到有害物质与空气的扩散行为有明显的不同。在环境风险分析中，通常认为比空气密度大的烟雾最重要，因为这种烟雾会下沉而造成危害。因此，这里主要介绍高密度气体扩散模式。在该模式中，认为瞬间泄漏的烟雾形成半径为 R、高为 h 的圆柱体，在重力作用下扩散，这些烟雾从中心沿半径方向扩散，其中心又随风移动，同时在夹卷作用和热力传递作用下改变烟雾体积。

在重力作用下的扩散速率 Q 的计算公式为：

$$Q = \frac{\mathrm{d}R}{\mathrm{d}T} = [Kgh(\rho_1 - 1)]^{\frac{1}{2}} \tag{11-14}$$

$$Q_e = \gamma \frac{\mathrm{d}R}{\mathrm{d}t} (\text{从烟雾的顶部夹卷}) \tag{11-15}$$

$$U_e = \frac{\alpha u_1}{Re} (\text{从烟雾的顶部夹卷}) \tag{11-16}$$

式中　γ——边缘夹卷系数，取 0.6；

　　　Re——雷诺数；

　　　α——顶部夹卷系数，取 0.1；

　　　u_1——风速，m/s；

　　　K——实验值，取 1.0。

热量传递作用主要是因为烟雾与地表的温差很大，地表的热量传递到烟雾中，使烟雾的体积发生变化。热传递量的公式为：

$$q_n = h_n(T_c - T_g)^{\frac{4}{3}} \tag{11-17}$$

式中　q_n——热传递量，J/(m² · s)；

　　　h_n——传导系数，取 2.7；

　　　T_c——烟体温度，K；

　　　T_g——地面温度，K。

需要指出的是，当湍流引起的扩散速率大于重力扩散速率时，高密度的扩散模式不再适用，过渡条件为：

$$Q = \frac{\mathrm{d}R}{\mathrm{d}t} = \frac{\mathrm{d}\sigma_y}{\mathrm{d}t} = \frac{\mathrm{d}\sigma_y}{\mathrm{d}x} \cdot u \tag{11-18}$$

σ_y 及后文出现的 σ_x、σ_z 为大气扩散参数。

(3)有毒物质泄漏的影响

有毒物质泄漏引起的影响程度，取决于暴露时间、暴露浓度和物质的毒性。但是，有毒物质对人体影响的资料大部分是通过动物实验获得的，这些实验结果用到人体上不一定适合。另外，不同人群的易损伤性也是不同的。因此，毒性影响表达式中的人群数只能表明某一特定人群所受的影响。

极限阈值浓度在给定暴露时间内不产生危害的极限接触浓度，一般应指出正常工作条件下的极限值浓度和紧急暴露极限浓度。

有毒气体的浓度一般采用有风点源扩散模式，连续排放时的地面浓度计算公式为：

$$C(x, y, 0) = \frac{C_i Q}{\pi u \sigma_y \sigma_z} \exp\left(-\frac{y^2}{2\sigma_y^2} - \frac{H_e^2}{2\sigma_z^2}\right) \tag{11-19}$$

式中　$C(x, y, 0)$——横向、纵向、地面处气体浓度，kg/m³；

　　　C_i——有害气体的排放效率系数，与温度、光照有关；

　　　Q——表示源强(源释放速率)，kg/s；

　　　u——表示平均风速，m/s；

　　　σ_y——表示水平扩散参数，m；

σ_z——表示垂直扩散参数，m；

H_e——表示泄漏源有效高度，m。

在一定时间内接触的毒性影响可用概率公式计算，概率为：

$$y = A_t + B_t \ln(C^n t_e) \tag{11-20}$$

式中　C^n——接触浓度，mg/m³；

t_e——接触时间，min；

A_t、B_t、n——分别为与有毒物质的性质有关的参数。

如果死亡率50%的概率$y = 5$，对于连续排放源，有：

$$\exp\left(\frac{5 - A_t}{B_t}\right) = C^n t_e \tag{11-21}$$

（4）爆炸的影响

爆炸是在极短时间内，释放出大量能量，产生高温，并放出大量气体，在周围造成高压的化学反应或状态变化的现象。常发生的爆炸有：

①易燃气体扩散时产生的爆炸性燃烧或缓慢性燃烧，即常说的自由烟气爆炸。

②在一个有限空间内易燃混合物的爆炸。

③加压容器由于泄漏反应或其他异常过程而引起的爆炸。

④加压容器内物质不发生化学反应的燃烧引起的爆炸。

前3种爆炸释放出化学能量，后一种爆炸释放出物理能量。物理性爆炸的影响只局限在某处，而化学性爆炸会产生广泛的影响。因此，对爆炸及其危害性的研究多数集中在化学爆炸上。

根据爆炸能量与产生危害之间的关系，可以估算爆炸的影响。下面给出一个直接估计爆炸危害程度的公式，此公式可用于预测伤害半径 R：

$$R = C \cdot (NE_e)^{\frac{1}{3}} \tag{11-22}$$

式中　C——实验常数，用来定义伤害程度，常数 C 和伤害程度的关系见表11-10所列；

E_e——爆炸的总能量，等于燃烧物质单位质量上释放的热量乘以燃烧物质的总质量，J；

N——冲击波产生的能量占爆炸总能量 E_e 的百分数。

表 11-10　常数 C 和伤害程度的关系

C	危害性	
	对设备	对人
0.03	对建筑物及设备产生重大危害	1%的人死于冲击波的伤害，50%以上的人耳膜破裂，50%以上的人受到爆炸飞片严重伤害
0.06	对建筑物造成可修复的损坏	1%的人耳膜破裂，1%的人受到爆炸飞片的严重伤害
0.15	玻璃破裂	受到爆炸飞片的轻微伤害
0.4	10%的玻璃受损	

11.3 环境风险与管理

11.3.1 环境风险评价的目的与标准

环境风险评价的最终目的是确定什么样的风险是社会可接受的，因此也可以说环境风险评价是评判环境风险的概率及其后果可接受性的过程。判断一种环境风险是否能被接受，通常采用比较的方法，即把这个环境风险同已经存在的其他风险、承担风险所带来的效益、减缓风险所消耗的成本等进行比较。

在环境风险评价中，有以下几种常用的比较方法。

(1)与自然背景风险和行业风险进行比较

理论上说，不存在没有风险的生活方式或生产活动，但这种自然背景风险值是社会能够接受的，有时也将这种风险值称为背景值。有的学者把人类遭受无法控制的自然灾害，如雷击、风暴、地震、火山爆发等对个人的风险值(1×10^{-6}/a)作为环境风险的背景值。也有的学者将人类遭受水灾、中毒、车祸等意外事故的风险值(1×10^{-5}/a)作为环境风险的背景值。美国环保局规定，小型人群可接受风险值为1×10^{-5}/a~1×10^{-4}/a，社会人群可接受风险值为1×10^{-7}/a~1×10^{-5}/a。行业风险评价标准是各行业相应的可接受风险值，分为最大可接受风险水平和可忽略风险水平。最大可接受风险水平是不可接受风险水平的下限，可忽略风险水平是指控制危害的次级效应可能超过其减小危害的利益。

(2)与减缓风险措施所需的费用及其效益进行比较

为了减少风险，需要采取措施付出一定的代价。把采取减缓风险措施的费用与效益进行比较的目的是找出最有效、费用最低的措施。

(3)与承受风险所带来的好处进行比较

承担了风险就应该有效益，一般来说，风险越大，效益就越高。

(4)与某些风险评价的标准进行比较

①补偿极限标准　随着减少风险措施投资的增加，年事故发生率会下降，为减少风险措施的投资可以得到补偿。但当达到某一投资值以后，如果继续增加投资，从减少事故损失中得到的补偿甚微，此时的风险可以作为风险评价的标准。

②人群可接受的风险标准　普通人受自然灾害的危害或从事某种职业造成伤亡的概率是客观存在的。如涉及有毒气体的化学工业，在一年内由于泄漏事故引起10人死亡的概率是1×10^{-3}，引起100人死亡的概率是1×10^{-6}。因此，存在社会可以接受的某一概率。这样的风险度可以作为环境风险评价的标准。

③恒定风险标准　当存在多种可能的事故，而每一种事故无论其强度如何，它的风险率与风险强度的乘积都相等时，就存在一个恒定风险水平。当投资者有足够的资金去补偿事故时，该恒定风险水平值作为评价和管理的标准是最客观与合理的。

11.3.2 环境风险评价的内容与范围

拟议开发行动或建设项目的风险评价内容和项目所处的自然与社会条件，乃至人群的风险意识等都有关系。

11.3.2.1　评价内容

拟议开发行动或建设项目的风险评价包括以下内容：①评估该拟议项目的重大风险给社会经济带来的损害，同时评估其是否从别的方面降低了带来的效益，据此全面评价项目风险的可接受性。②把拟议行动或开发项目及与之关联的周围环境作为一个整体，从风险源、初级控制条件、二级控制条件到目标进行评价。③从拟议行动或开发项目的具体问题出发，评价其风险的重大性和可接受性。

11.3.2.2　风险评价的范围

一般从以下 6 个方面来确定风险评价的范围。

(1)根据引起不利的危害事件的类型来确定

危害事件的类型有项目正常运行引起的不利事件；项目非正常状态下的事故；自然灾害等外界因素对工程项目的破坏引起的危害事件。

(2)根据接受风险的人群来判断

接受风险的人群分为项目工作人员(职业性风险)、一般公众和特殊敏感人群。

(3)根据工程材料流程的不同阶段来确定

有些危险物品除在其自身建筑边界附近会引起风险外，还会由于另外的因素引起风险，如原材料阶段、基本生产阶段、深加工阶段、存储阶段、运输阶段、产品作用阶段和废物处理阶段等。

(4)根据评价的地理边界来确定

一个项目的材料流程可以延伸到距场址很远的地方，因此，必须确定环境风险评价的适当的地理边界。

(5)根据项目建设的不同阶段来确定

根据项目规划、施工、调试、运营、服务期满后等不同阶段确定不同的环境风险评价边界。

(6)根据风险存在的可能时间来确定

有些建设项目产生的有毒材料被认为能在环境中无限地循环下去。因此，把评价时间仅限在使用期内是不合理的，另外，还应注意采用什么样的评价指标。

根据环境风险的可接受程度和环境风险管理的不同要求，按照前述的微观风险评价、系统风险评价和全国(或宏观)风险评价等不同程度进行。

11.3.2.3　风险的重大性和可接受性

评价风险的重大性的主要方法是将预测的环境风险与风险标准进行比较，超过标准可以判断为重大风险。对风险的可接受性主要包括发生概率的估计、后果与破坏范围及程度、人群健康影响大小和伤亡人数、生态系统损害和破坏程度以及人们的感觉和伦理等。

11.3.3　环境风险评价应注意的问题

环境风险是社会发展必然产生的一种现象，环境风险评价的目的就是了解风险、提出降低风险的措施和方法，通过与社会效益、经济效益比较，寻找社会经济发展的最佳

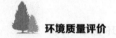

途径。

由于各种环境风险的不确定性、相互关联性，环境风险与社会效益、环境效益的联系和环境风险评价与评价者风险观的关系，决定了环境风险评价的不确定性和估计性，使得在降低一种风险的同时引起另一种风险。因此，应不断完善环境风险评价的理论、方法和内容，合理协调风险与社会、经济效益的关系，强化评价人员的比较风险的能力。

11.3.4 环境风险管理的内容

环境风险管理是指根据风险评价的结果，按照相关的法规条例，选用有效的控制技术，进行减缓风险的费用与效益分析，确定可接受风险度和可接受的损害水平，并进行政策分析和考虑社会经济与政治因素，确定适当的管理措施并付诸实践，以降低或消除风险，保护人群健康和生态系统安全。

现代化建设必然带来污染物的存在等客观事实，环境风险的零存在和人类社会与生态系统对风险的零接受实际上是不可能的。仅仅知道风险源的存在并不意味着什么，问题在于如何有效地控制风险源。因此，环境风险管理的目的是以环境风险评价为基础，寻求行动方案效益与其实际或潜在的风险以及降低风险的代价之间的平衡，从而选择最佳的管理方案。

环境风险管理的内容包括以下几个方面：制定毒物的环境管理条例和标准；提高环境影响评价的质量，强化环境管理；拟定特定区域、城市或工业的综合环境管理规划；加强对风险源的控制，包括风险源分布与现状、风险源控制管理规划、潜在风险预报、风险控制人员的培训与配备；风险的应急管理与恢复技术。

11.3.5 环境风险管理的目的

环境风险管理的目的是在环境风险基础之上，在行动方案效益与其实际或潜在的风险以及降低的代价之间谋求平衡，以选择较佳的管理方案。通常，环境风险管理者在需要对人体健康或生态风险做出管理决策时，有多种可能的选择。决策的过程必须在潜在风险和下列因素之间取得平衡。

①消费者的期望；

②宣传教育以使消费者做出选择；

③企业所需付出的代价及其最终转嫁到消费者身上的费用；

④控制与减轻人体或生态暴露的能力；

⑤对商贸的影响；

⑥采用危害较小替代物品的可能性；

⑦加强管理的能力；

⑧对未来法规政策的影响。

由于照射分析和低剂量外推存在很大的不确定性，常常会使人感觉到风险评价太不确定、太令人疑虑，不能作为环境风险管理的依据。尽管采用什么方法进行低剂量风险评价都会产生内在的不确定性，但是，目前的风险评价方法较之过去的纯粹猜测还是要好得多。近年来，环境风险评价已充分体现出其在风险识别与环境风险管理方面的重要价值。通过风险评价使科学家和管理者把注意力集中在能够获得巨大效益回报的风险管理上。因此，风险管理的一个主要内容就是正确地注意到那些显著的风险。

11.3.6　环境风险管理的方法

（1）政府的职责

风险管理建立在风险评价的基础之上，是政府的职责，是实施预防性政策的基础工作。风险分析和评价为风险管理者在两个主要方面创造了条件：①告诉决策者应如何计算风险，并将可能的代价和减少风险的效益在制定政策时考虑进去。与此相关联的是确定"可接受风险"。②使公众接受风险。一些较小的风险，公众往往不愿接受（如建核电站），而另外一些从客观标准看来风险较大的却被接受（如火电站）。这是有关人的价值观与心理学、社会学、伦理道德方面的复杂问题。但是，保护社会免受灾难始终是政府的职责。

作为政府行为，风险管理与灾害管理是密切联系的，灾害管理通常有 3 个层次：

企业级：要求其修改或采用与提高安全性有关的操作规程和技术措施。

部门级：形成良好的管理制度和工作方式。

社会级：制定和修改法规、管理条例等，要求全国或某地区达到确定的目标。例如，广东省环境保护局于 1997 年出台了《广东省危险废物经营许可证管理暂行规定》和《广东省危险废物转移报告联单管理暂行规定》。

（2）制订风险管理计划

环境风险计划包含以下内容：

①操作对象　把所有的风险源都纳入风险管理计划。

②计划目标　以尽可能少的资金或代价最大限度地减少风险。

③管理方法　对可能出现的和已出现的风险源开展风险评价；事先拟定可行的风险控制行动方案；由专家参与风险管理计划的评判；把潜在风险的状况及其控制方案和具体措施公之于众；风险控制人员队伍训练及应急行动方案的演习；风险管理计划实施效果的规范化核查。

（3）防范措施

依据风险的特性，环境风险管理主要可采取以下几种措施：

①避免风险　这是一种最简单的风险处理方法。它是指考虑到风险损失的存在或可能发生，主动放弃或拒绝实施某项可能引起风险损失的方案，如关闭造成环境风险的工厂或生产线。

②减轻风险　在风险无法避免的情况下，减轻风险就是在风险损失发生前，为了消除或减少可能引起损失的各种因素而采取的具体措施，其目的在于通过消除或减少风险因素而达到降低风险发生频率的目的。如采用较好的零部件，改进生产维护措施，加强培训来降低设备故障和人为失误频率。

③抑制风险　抑制风险是指在事故发生时或之后为减少损失而采取的各项措施。采用安全和控制系统来阻止事故蔓延，但这类措施必须是系统有效时才起作用，同时也引入报警与控制系统自身的失误率。缓冲系统是一种费用较少、效果较好的方法，它不能改变污染源的故障率，但能减轻损失，如突发性环境污染事故一旦发生，应立即切断污染源，隔离污染区，防止污染扩散。

④转移风险　转移风险是指改变风险发生的时间、地点及承受风险客体的一种处理方法。如通过迁移厂址或迁出居民的方法使环境风险发生转移；通过制定合理的保险费率，对环境风险进行投保，让保险公司承担环境风险的经济损失。

最根本的措施是将风险管理与全局管理相结合，实现"整体安全"。它不局限于技术，也包含提高效率、效益和产品质量。

11.3.7　环境风险管理的现状及问题

十多年来，我国环境风险防控与管理体系得到不断完善，但总体上仍处于事件驱动型的管理模式。例如，《重金属污染综合防治"十二五"规划》是在多起重金属污染事故发生后编制出台的。我国环境风险管理体系仍然处于起步阶段，管理上存在重应急、轻防范，重突发污染事故、轻长期慢性健康风险等问题；环境管理模式上尚未实现向以风险控制为目标导向的环境管理模式的转变。具体而言，主要体现在以下方面。

(1)环境风险"底数不清"，缺乏环境风险管理的目标和战略

构建与完善能满足新时期社会经济发展与公众对环境安全保障的环境风险管理模式，解决越来越凸显的环境风险水平与公众可接受风险水平之间的矛盾，将是我国未来环境风险管理的主要方向，需要通过制定和实施相应的目标、战略方案和专项规划来实现。

对环境风险"家底"有清晰的认识，是制定目标与战略、有效开展环境风险防控与管理的重要前提和基础。目前，我国缺乏综合的、完整的全国环境风险分析、评估与排序，对环境风险，尤其是长期慢性健康风险水平及其时空分布等情况底数不清，无法有效识别主要环境风险因子及其优先管理级，无法支撑环境风险的分区、分类、分级管理。也正因如此，我们只能针对已出现的环境风险问题，被动地由各类事件来驱动环境风险管理体系的完善。

(2)环境风险管理支撑体系不完善

①法律法规体系不完善　现有环境法律法规规定了环境风险管理的相关内容，如2015年的《中华人民共和国环境保护法》中提出了预防为主原则，对突发环境事件预警、应急和处置做出了规定，并提出建立、健全环境与健康监测、调查和风险评估制度；《中华人民共和国水污染防治法》《中华人民共和国固体废物污染环境防治法》等设有污染事故应对的条款；2016年的《中华人民共和国大气污染防治法》中初步纳入了风险管理的内容。但总体来看，现有环境法律法规中环境风险防控与管理的地位较低，相关条款仍然不够具体明晰，可操作性不强，长期慢性生态风险和健康风险防控还基本处于空白。此外还存在一些专项法律空白，如缺乏环境责任、污染场地修复与再利用管理、突发环境事件应对、化学品全生命周期风险管理的专项法律法规等。

②环境风险管理技术指南与标准体系不完善　国外较为成熟的环境风险管理体系都有一系列技术性文件、准则或指南作为支撑。随着国家对突发环境事件风险防控的日趋重视，我国环境风险管理指南与导则体系日趋完善。《建设项目环境风险评价技术导则》(HJ/T 169—2018)、《氯碱企业环境风险等级划分方法》《硫酸企业环境风险等级划分方法(试行)》《粗铅冶炼企业环境风险等级划分方法(试行)》《污染场地风险评估技术导则》(HJ 25.3—2014)、《企业突发环境事件风险分级方法》《行政区域突发环境事件风险评估

技术方法》等已经颁布。但总体上看，我国现有的指南或导则多依据现实需求制定，没有体现出系统性、层次性与针对性，缺乏顶层设计，尚不具备系统完整、涵盖风险全过程的环境风险评价与管理的技术导则与指南体系。

③环境风险应急能力有待提高　突发环境事件影响范围广，危及社会稳定，因此突发环境事件应急管理在今后仍是我国环境风险管理的重点之一。目前我国环境风险应急能力薄弱，突发环境事件发生后不能确保事件影响降到最低。虽然我国已经初步建成了由国家、部门、地方、企事业单位组成的环境应急预案网络，基本形成了环境应急预案管理体系，但我国绝大部分环境应急预案缺乏环境风险评估基础，可操作性较弱；在突发环境事件应急中，存在着跨部门、跨区域应急联动不足，信息共享和披露工作不到位，应急监测、预警、处理处置技术和设备水平不高等问题。

④环境风险的系统化基础研究和科技支撑能力不足　目前我国的环境风险研究尚处于起步阶段，对环境污染导致生态系统、人群健康损害的暴露途径、健康损害机理研究不足，缺乏本土化的生态毒理和人体健康暴露反应关系、公众环境风险感知，以及政策费用效益评估研究，无法为环境健康风险管理决策提供有效的理论依据和科学基础。

此外，我国环保科技和环保产业支撑能力仍处于较低水平，环境风险防控技术体系尚不完善，缺乏环境风险事前防范、事中应急、事后处置的全过程防控技术体系、关键技术和设备，相关环保产业落后，对环境风险防控和管理的科技支撑能力不足。

（3）环境风险信息公开与风险交流体系有待提升

公众对环境安全需求的不断提升使得新时期环境风险管理需要更加重视环境风险交流与公众参与的作用。其中环境风险信息公开是环境风险交流的重要基础。目前，我国环境质量信息公开领域长足改善，特别是遍布全国的空气质量监测点及地表水国控监测点能够保证大气、地表水质环境信息的精确度和及时性，但如土壤污染信息、地下水水质和部分地方水质监测信息仍存在全面性不足和数据质量差的问题，引起公众的广泛担忧。污染源信息公开环节较为薄弱，企业的环境信息公开积极性不高，2014 年出台的《企业事业单位环境信息公开办法》明确规定了有关单位的信息公开责任，但是企业的信息公开效果仍不够理想。

我国的环境风险交流与公众参与机制日趋完善，但仍需考虑公众参与方式及手段的可操作性。《环境保护公众参与办法》规定了公众参与环境保护的权利和方式，但如何保证有效传达公众的意见，防止公众参与流于形式，需要进行更详细的思考与实践。更重要的一点是，我国暂未形成环境风险控制目标与公众需求的协调机制，对于在了解了公众对环境风险的认知情况后，如何将风险管理政策中设定的可接受风险水平与公众期望相协调，暂无相关的规定。

我国社会经济的高速发展致使各类环境风险事件频发，环境风险防控形势严峻。我国需要制定国家和区域的环境风险管理的目标和战略；建立与完善环境风险管理的支撑体系，包括法律法规、技术标准与指南；提升环境应急能力，加强环境风险的基础研究工作，提升科技支撑能力；构建高效的环境风险交流体系。以此构建和完善环境风险管理体系，更好地推动我国社会经济稳定、有序、健康发展。

思考与练习

1. 什么是环境风险评价？
2. 什么是战略环境评价？
3. 简述人员伤亡风险标准。
4. 简述故障树分析法。
5. 环境风险评价中危险物质有哪些类别？
6. 环境风险管理的内容包括哪些？

参考文献

毕军，马宗伟，刘苗苗，等，2017. 我国环境风险管理的现状与重点[J]. 环境保护，45(5)：14-19.

蔡艳荣，2016. 环境影响评价[M]. 2 版. 北京：中国环境出版社.

陈振民，谢薇，赵伟，等，2016. 实用环境质量评价[M]. 上海：华东理工大学出版社.

丁桑岚，2002. 环境评价概论[M]. 北京：化学工业出版社.

郭文成，钟敏华，梁粤瑜，2001. 环境风险评价与环境风险管理[J]. 云南环境科学，20(增)：98-100.

李丽霞，王明贤，2007. 工艺过程危险有害因素辨识的研究[J]. 中国安全科学学报，17(9)：135-139.

李淑芹，孟宪林，2019. 环境影响评价[M]. 北京：化学工业出版社.

李晓冰，2007. 环境影响评价[M]. 北京：中国环境科学出版社.

刘绮，潘伟斌，2008. 环境质量评价[M]. 2 版. 广州：华南理工大学出版社.

刘志标，2020. 无人机遥感技术在生态环境影响评价中的应用研究[J]. 当代化工研究(15)：72-73.

罗建军，吴浩，2007. 第一次全国污染源普查放射性污染源普查的一些思考[J]. 核安全(3)：16-21.

罗跃，张统，朱宾，2020. 徐州市露天开采石灰石矿山生态环境影响评价及恢复对策研究[J]. 能源技术与管理，45(3)：168-170.

王党朝，申莹莹，杨震，2020. 胜利一号露天煤矿开发建设对生态环境的影响评价[J]. 中国煤炭，46(1)：58-66.

王罗春，2012. 环境影响评价[M]. 北京：冶金工业出版社.

王守标，2020. 高速公路项目路域生态环境影响评价[J]. 环境与发展，32(2)：15-16.

吴满昌，程飞鸿，2020. 论环境影响评价与排污许可制度的互动和衔接——从制度逻辑和构造建议的角度[J]. 北京理工大学学报：社会科学版，22(2)：117-124.

熊琼，林乐彬，王强，等，2009. 高速公路煤矸石路堤沿线水体和土壤环境影响评价方法及防治对策[J]. 中外公路，29(5)：13-17.

徐娟，2020. 刍议我国环境影响评价发展现状及问题对策[J]. 资源节约与环保，35(4)：136.

徐新阳，2004. 环境评价教程[M]. 北京：化学工业出版社.

徐新阳，2010. 环境评价教程[M]. 北京：化学工业出版社.

杨仁斌，2006. 环境质量评价[M]. 北京：中国农业出版社.

杨治广，2020. 固体废物处理与处置[M]. 上海：复旦大学出版社.

袁业畅，何飞，李燕，等，2013. 环境风险评价综述及案例讨论[J]. 环境科学与技术，36(6L)：455-463.

张甘霖，赵玉国，杨金玲，等，2007. 城市土壤环境问题及其研究进展[J]. 土壤学报，44(5)：925-933.

张蕾，2017. 固体废弃物处理与资源化利用[M]. 徐州：中国矿业大学出版社.

张守斌，魏峻山，胡世祥，等，2015. 中国环境噪声污染防治现状及建议[J]. 中国环境监测，31(3)：24-27.

张相如，朱坦，沈悦，1995. 经济技术开发小区环境影响识别[J]. 城市环境与城市生态，8(S1)：32-37.

张志刚，唐子泰，2017. 广西中小水电规划中的环境影响识别因子研究[J]. 广西水利水电(6)：85-88.

章丽萍，张春晖，2020. 环境影响评价[M]. 2 版. 北京：化学工业出版社.

赵锦慧，李海波，李兆华，等，2008. 校园餐饮场所的环境影响识别与评价分析——以运营中的湖北大学一期三食堂为例[J]. 湖北大学学报：自然科学版，30(1)：97-100.

朱亦仁，2008. 环境污染治理技术[M]. 北京：中国环境科学出版社.